高等学校“十三五”规划教材

# 应用化学实验

陈连清　主编

化学工业出版社

·北京·

《应用化学实验》是应用化学专业实验用书，共分3章，第1章为应用化学实验的一般知识；包括应用化学实验安全知识；应用化学实验常用仪器和装置；实验预习、实验记录和实验报告。第2章为应用化学实验，包括现代分析方向（14个）；精细化学品方向（11个）；绿色有机合成方向（16个）；高分子化学（7个）；能源催化材料（15个）；药物化学（6个），涵盖有机合成、无机合成、色谱、波谱、高分子化学、高分子物理、表面活性剂、日用化学品、涂料与黏合剂、轻工化学品、纳米材料、综合设计研究型实验等内容，共收录了69个实验项目，内容很丰富，涉及面很广。为了满足教学的实际需要，书的最后还提供了一些附录。

《应用化学实验》可供化学、应用化学、化工、制药、生物科学与生物工程、食品、环境、材料、医药等专业的学生使用，也可供相关人员参考。

**图书在版编目（CIP）数据**

应用化学实验/陈连清主编．—北京：化学工业出版社，2018.2（2024.8重印）
ISBN 978-7-122-31244-0

Ⅰ.①应… Ⅱ.①陈… Ⅲ.①应用化学-化学实验-高等学校-教材 Ⅳ.①069-33

中国版本图书馆CIP数据核字（2017）第315692号

---

责任编辑：李　琰
责任校对：宋　玮　　　　装帧设计：关　飞

---

出版发行：化学工业出版社（北京市东城区青年湖南街13号　邮政编码100011）
印　　装：北京科印技术咨询服务有限公司数码印刷分部
787mm×1092mm 1/16 印张12¾ 字数325千字　　2024年8月北京第1版第2次印刷

---

购书咨询：010-64518888　　　　售后服务：010-64518899
网　　址：http://www.cip.com.cn
凡购买本书，如有缺损质量问题，本社销售中心负责调换。

---

**定　　价：35.00元**　　**版权所有　违者必究**

# 前言

《应用化学实验》是一门有关应用化学专业本科实验教学专业课。按照应用化学专业人才实验技能培养的目标：厚基础、强能力、高素质、宽口径的要求，培养学生具备应用化学方面的基本技能以及相关的工程技术知识和较强的实验技能，具有应用化学专业研究方面的科学思维和科学实验训练，为此我们编写了这本符合应用化学专业人才培养目标的实验教学用书——《应用化学实验》。

《应用化学实验》根据国家民委高教司和教育部化学化工教学指导委员会关于应用化学专业实验的基本教学要求，并在教学实践的基础上编写而成，内容先进，课程教学内容丰富，更突出综合实验和研究设计实验，着重培养学生的动手实践能力，以及分析和解决问题的能力。每个实验项目均附有思考题和部分参考文献，书后附有部分实验参考数据。本书根据应用化学专业的原理和方法对人类生产、生活实践中与化学有关的问题进行应用基础理论和方法的研究以及实验开发与应用研究，涉及的实验范围涵盖了整个化学领域，融化学理论和实践于一体，并与多门学科相互渗透，在推动科学技术进步中显示出勃勃生机。本书专业性比较强、特色明显的实验不仅包括开发基本精细化学品，能源催化材料、有机合成化学、高分子材料和药物化学等基础实验，还包括在工农业生产、海洋开发、航天航空、信息产业、环境保护、生物工程、国防建设以及日常生活中发挥着重要作用的环保实验、精细化学品等。

由于应用化学专业知识领域范畴极其广泛，本书主要选择现代分析方向（14个）；精细化学品方向（11个）；绿色有机合成方向（16个）；高分子化学（7个）；能源催化材料（15个）；药物化学（6个）等实验，另外，为了满足教学的实际需要，书的最后还提供了一些附录。全书实验内容具有很强的应用性，学生可通过实验活动达到理论联系实际的目的，同时培养学生进行创造性的学习，提高学生实验技能及分析问题和解决问题的能力。通过综合设计性实验，培养学生独立思考、创新能力以及团结协作精神，使其初步具有独立开展试验工作的能力，为今后从事生产和相关领域的科学研究与技术开发工作，打下必要的坚实基础。

本书由中南民族大学应用化学教研室老师编写，其中第一章得到了赵新筠老师的大力帮助，唐定国老师、李覃老师、蒋青青老师、韩小彦老师分别编写了能源催化材料部分实验。部分内容得到了黄裕峰、张成江、杜艳婷等研究生的协助。由于编者水平有限，书中疏漏或不当之处在所难免，敬请读者批评指正。

**编　者**

**2017年9月**

# 目录

# 1 应用化学实验的一般知识

## 1.1 应用化学实验安全知识

由于应用化学实验所用的药品多数是有毒、有腐蚀性、可燃性的，有的甚至是爆炸性的，因此必须要注意安全。比如甲醇、硝基苯、有机磷化合物、有机锡化合物、氰化物等属于有毒药品；氯磺酸、浓硫酸、浓硝酸、浓盐酸、氢氧化钠及溴等属于强腐蚀性药品；乙醚、乙醇、丙酮和苯等溶剂是可以燃烧的；氢气、乙炔、金属有机试剂和干燥的苦味酸属于易燃、易爆物质。应用化学实验中常使用的仪器大部分是玻璃制品，具有易碎、易裂的特点。同时，还要使用电器设备等辅助仪器，如果使用不当也易引起触电或火灾。所以在实验室工作，若粗心大意就容易引发割伤、烧伤、中毒乃至引发火灾、以及爆炸等各种事故。因此，必须充分认识到应用化学实验室是具有潜在危险的场所，从思想上重视安全问题。进入实验室前，应认真预习，对实验原理、目的意义、实验步骤、仪器装置、实验注释及安全方面的问题有比较清楚的了解。在进行实验时也必须严格遵守正确的操作规程，加强安全措施。实验结束后，对化学药品进行整理，从而有效地避免事故的发生，维护个人和实验室的安全，确保实验能顺利完成。下面介绍应用化学实验室的安全规则、事故的预防和处理以及急救常识。

### 1.1.1 实验室安全守则

由于应用化学实验是化学药品、水、气、玻璃仪器、电器设备等多方面知识的综合应用，为了保证应用化学实验教学正常、安全、有序地进行，培养良好的实验习惯，并保证实验室的安全，学生进入实验室时要严格遵守应用化学实验室的安全规则，必须要熟悉水、电、气和灭火器的正确使用方法、摆放位置，掌握灭火、防护和急救的相关知识。

#### 1.1.1.1 应用化学实验药品

应用化学实验药品必须分类保管、安全取用。严禁把各类化学药品任意混合，以免发生意外事故。

(1) 取用时本着节约的原则，不得随意丢弃化学药品，试剂用毕，及时盖紧瓶盖。

(2) 易燃、易爆物品应远离火源，不能用明火加热，使用时最好在通风橱中进行。切勿把易燃的有机溶剂倒入废液缸中。

(3) 易燃、易挥发的溶剂不得用明火在敞口容器中或者密闭体系中加热，必须用水浴、油浴或者可调电压的电热套加热。加热的玻璃仪器外壁不得有水珠，也不能用厚壁玻璃仪器加热，以免因破裂引发火灾。

(4) 有毒、有腐蚀性化学品的取用，不得接触伤口。使用和处理有毒或腐蚀性物质时，应在通风橱中进行，并戴上防护用品，尽可能避免有机物蒸气扩散在实验室内。不得接触伤口。也不得随意倒入下水道中。取用酸、碱等腐蚀性的化学药品时必须小心，不能洒出。废酸应倒入废酸缸中，不能倒入废碱缸中。

(5) 对某些有机溶剂如苯、甲醇、硫酸二甲酯，使用时应特别注意。因为这些有机溶剂均为脂溶性液体，不仅对皮肤及黏膜有刺激性作用，而且对神经系统也有损伤。生物碱大多具有强烈毒性，皮肤亦可吸收，少量即可导致中毒甚至死亡。因此，必须穿上工作服、戴上手套和口罩才能使用这些试剂。

(6) 实验药品均不得入口。严禁在实验室中吸烟或饮食。实验完毕必须认真洗手。

(7) 废品的销毁。碎玻璃和其他棱角的废物不要丢入废纸篓或类似的容器中，应该使用专门的废物箱。不要把任何用剩的试剂倒回试剂瓶中，因为会对试剂造成污染，影响其他人的实验；危险的废品，如会放出毒气或能够自燃的废品（活性镍、磷、碱金属等），决不能丢弃在废物箱或水槽中。不稳定的化学品、不溶于水及与水不混溶的溶液也禁止倒入下水道。对倒掉后能与水混溶或能被水分解及腐蚀性液体，必须用大量的水冲洗。金属钾或钠的残渣应分批小量地加到大量的醇中予以分解（操作时必须戴防护目镜）。

#### 1.1.1.2 玻璃仪器

由于应用化学实验室使用的大多数都是玻璃仪器。使用时要特别小心，否则容易产生危险。

(1) 装配玻璃仪器时，不能用力过猛或装配不当，否则会造成一定的伤害。

(2) 正确使用温度计、玻璃棒和玻璃管，以免玻璃管、玻璃棒折断或破裂而划伤皮肤。

(3) 正确处理冷凝管的支管与橡皮管的连接通水问题。避免用力过猛，导致冷凝管的支管断裂而造成伤害。

(4) 使用玻璃温度计时，要特别小心，严禁打破。一旦打破，必须立即处理，先尽可能收集散落在地上的汞滴，撒落在地面难以收集的微小汞珠应立即撒上硫黄粉，使其形成毒性较小的硫化汞，或喷上用盐酸酸化过的高锰酸钾溶液（每升高锰酸钾溶液中加 5mL 浓盐酸），过 1～2h 后再清除，或喷上 20%三氯化铁的水溶液，干后再清除干净。切忌倒入下水道中。

(5) 常压蒸馏、回流和分馏反应，禁止采用密闭体系操作，一定要保持与大气相通。否则会由于蒸气的冲出而发生玻璃仪器的损坏，甚至引发爆炸。

(6) 减压过滤样品时，避免过大的负压造成玻璃抽滤瓶的超负荷而炸裂。因此减压蒸馏时，要用圆底烧瓶作为接收器，不可用锥形瓶，否则也可能会发生炸裂。

(7) 在用分液漏斗进行萃取操作时，要及时放气，放气时要朝向无人处。

#### 1.1.1.3 电器设备

使用电器时，应防止人体与金属导电部分直接接触，不能用湿手或手握湿的物体接触电插头，防止触电。更不能让水进入到插座里导致短路。实验完毕，应先切断电源，再将电器连接的总电源插头拔下。

(1) 红外灯

烘干样品时，样品距离红外灯不能太近，以免产生的水蒸气使红外灯发生爆炸。

(2) 可调电压的电热套

严禁水进入电热套的内部。对玻璃仪器进行加热时，一定要用抹布把外壁上沾的水擦拭干净再加热。同时要求通入冷凝水时水量适当，以免水量过大造成水漏入电热套的内部而发生电线短路。

(3) 油浴加热设备

使用油浴加热时，严禁水进入热油中而发生危险。

#### 1.1.1.4 冷凝水

(1) 仪器安装要在操作台的正中位置进行，尽量靠近水源，防止通冷凝水时由于橡皮管过短而使出水口中的水流到操作台上的插座里，造成短路。

(2) 冷凝水的水量大小刚好能让冷凝水流动就行。避免水量过大时造成水的浪费，同时可能出现水冲出台面发生水灾或者由于通入过大的冷凝水而导致水漏出而进入要求无水的反应体系中而发生危险。

(3) 用油浴加热蒸馏或回流时，必须避免冷凝用水溅入热油浴中致使油外溅到热源上，从而引起火灾。这主要是由于橡皮管套入冷凝管时不紧密，开动水阀过快，水流过猛把橡皮管冲出来，或者由于套不紧漏水。所以，要求橡皮管套入冷凝管侧管时要紧密，开动水阀时也要慢动作，使水流慢慢通入冷凝管内。

此外，还必须遵守如下的安全规定。

① 实验结束后，要仔细关闭好水、电、气及实验室门窗，防止其他意外事故的发生。

② 有可能发生危险的化学反应，应采取必要的防护措施，如戴防护手套、眼镜、面罩等，甚至要在通风橱内进行。

#### 1.1.1.5 安全用电

应用化学实验中实验的加热、搅拌、减压、干燥等过程都需要用电，触电事故会严重危害生命和财产安全。因此使用电器前，应检查电器是否完好，电源是否正确。为防止触电，应做到以下几点。

(1) 确保电器完好，工作状态正常，电线连接正确。

(2) 电源裸露部分应有绝缘装置，电器外壳应接地线。

(3) 电器连接正确的插座，电源线完好。修理或安装电器时，应先切断电源。

(4) 有正确等级的保险丝保护。

### 1.1.2 实验室事故的预防和处理

应用化学实验室的事故多为割伤、灼伤、中毒、着火、爆炸等。要想预防事故的发生，除了要了解有机实验室的安全知识外，还要熟悉实验室意外事故的预防和处理。当然还要熟悉灭火消防器材、紧急淋洗装置以及洗眼器的位置和正确使用方法。

#### 1.1.2.1 割伤

造成割伤的原因一般有下列几种情况：(1) 装配仪器时用力过猛或装配不当；(2) 装配仪器用力处远离连接部位；(3) 仪器口径不合而勉强连接；(4) 玻璃折断面未烧圆滑，有棱角。

预防玻璃割伤要注意以下几点：(1) 玻璃管（棒）切割后，断面应在火上烧熔，以消除棱角；(2) 注意仪器的配套连接；(3) 正确使用温度计、玻璃棒和玻璃管，以免玻璃管、玻璃棒折断或破裂而划伤皮肤。

如果不慎，发生割伤事故要及时处理，受伤后要仔细观察伤口有没有玻璃碎片，如有玻璃碎片，先将伤口处的玻璃碎片取出。若伤口不大，先用蒸馏水洗净伤口，再用3% $H_2O_2$洗，然后涂上紫药水或碘酒，再用绷带扎住。伤口较大或割破了主血管，则应用力按住主血管，防止大出血，及时送医院治疗。

#### 1.1.2.2 灼伤

皮肤接触了高温物质，如热的物体、火焰、蒸气；或者接触了低温物质，如固体二氧化碳、液态氮以及接触了腐蚀性物质，如强酸、强碱、溴等都会造成灼伤。因此，实验时，要避免皮肤与上述能引起灼伤的物质接触。因此取用有腐蚀性化学药品时，应戴上橡皮手套和防护眼镜。

实验中发生灼伤，要根据不同的灼伤情况分别采取不同的处理方法。对于不同的化学试剂灼伤，处理方法不一样。

(1) 酸灼伤　立即用大量水冲洗，再用3%～5%碳酸氢钠溶液淋洗，最后水洗10～15min。严重者将灼伤部位拭干包扎好，到医院治疗。

(2) 碱灼伤　立即用大量水冲洗，再用2%醋酸溶液或1%硼酸溶液淋洗，以中和碱，最后再水洗10～15min。

(3) 有机物灼伤　用酒精擦洗可以除去大部分有机物。然后再用肥皂和温水洗涤即可。如果皮肤被有机酸等有机物灼伤，将灼伤处浸在水中至少3h，然后请医生处置。

除金属钠外的大部分药品溅入眼内，都要立即用大量水冲洗。冲洗后，如果眼睛未恢复正常，应马上送医院就医。

#### 1.1.2.3 中毒

化学药品大多具有不同程度的毒性，中毒主要是由皮肤或呼吸道接触有毒化学药品所引起的。在实验中要防止中毒，必须做到如下几点。

(1) 对有毒药品应小心操作，妥善保管，不许乱放。实验中所用的剧毒物质应有专人负责收发，并向使用者指出必须注意遵守的操作规程。对实验后的有毒残渣必须作妥善、有效处理，不准乱丢。

(2) 有些有毒物质会渗入皮肤，因此，药品不要沾在皮肤上，尤其是极毒的药品。使用这些有毒物质时必须穿上工作服，戴上手套，称量任何药品都应使用工具，不得用手直接接触。操作后立即洗手，切勿让有毒药品沾及五官或伤口。

(3) 在反应过程中可能会产生有毒或有腐蚀性气体的实验应在通风橱内进行，尽可能避免有机物蒸气扩散在实验室内。实验过程中，应戴上防护用品，不要把头伸入通风橱内。

（4）对沾染过有毒物质的仪器和用具，实验完毕应立即采取适当方法处理以破坏或消除其毒性。一般药品溅到手上，通常是用水和乙醇洗去。实验时若有中毒特征，应到空气新鲜的地方休息，最好平卧，出现其他较严重的症状，如出现斑点、头昏、呕吐、瞳孔放大时应及时送医院就医。

#### 1.1.2.4 着火

预防着火要注意以下几点。

（1）在操作易燃溶剂时，应远离火源，最好在通风橱中进行。切勿将易燃溶剂放在敞口容器内用明火加热或放在密闭容器内加热。

（2）尽量防止或减少易燃气体的外逸，倾倒时要远离火源，且注意室内通风，及时排出室内的有机物蒸气。

（3）易燃或易挥发物质，不得倒入废液缸内。应倒入专门的回收容器中进行回收处理。

（4）实验室不准存放大量易燃物。

实验室如果发生了着火事故，应沉着镇静及时地采取措施，防止事故的扩大。首先，立即熄灭附近所有火源，切断电源，移开未着火的易燃物。然后，根据易燃物的性质和火势设法扑灭。

起火时，要立即由火场的周围逐渐向中心处扑灭。同时也要防止火势蔓延（如采取切断电源、移去易燃药品等措施）。若衣服着火，切勿在实验室惊慌乱跑，应赶紧脱下衣服，或用石棉布覆盖着火处，或立即就地打滚，或迅速以大量水扑灭。如果地面或桌面着火，如火势不大，可用淋湿的抹布、石棉布或沙子覆盖燃烧物来灭火；火势大时可使用泡沫灭火器。如果油类着火，要用砂或灭火器灭火，也可撒上干燥的固体碳酸氢钠粉末。如遇电线着火，应立即切断电源，切勿用水或导电的酸碱泡沫灭火器灭火，要用沙或二氧化碳灭火器灭火。如果电器着火，切勿用水泼救急。首先应切断电源，然后再用四氯化碳灭火器灭火（注意：四氯化碳蒸气有毒，在空气不流通的地方使用有危险!）。如果反应瓶内有机物着火，可用石棉板盖住瓶口，火即熄灭；必要的时候可以使用灭火器。

注意：大多数场合下不能用水来扑灭有机物的着火。因为一般有机物都比水轻，泼水后，火不但不熄，反而漂浮在水面燃烧，火随水流促其蔓延，扩大火场。

#### 1.1.2.5 爆炸

实验时，仪器堵塞或装配不当、减压蒸馏使用不耐压的仪器、违章使用易爆物、反应过于猛烈难以控制都有可能引起爆炸。

为了防止爆炸事故，应注意以下几点。

（1）一些本身容易爆炸的化合物，如硝酸盐类、硝酸酯类、三碘化氮、芳香族多硝基化合物、乙炔及其重金属盐、重氮盐、叠氮化物、有机过氧化物等化学药品不能随便混合。氧化剂和还原剂的混合物在受热、摩擦或撞击时也会发生爆炸。如过氧乙醚和过氧酸等，在受热或被敲击时会发生爆炸。强氧化剂与一些有机化合物接触，如乙醇和浓硝酸混合时会发生猛烈的爆炸反应。

（2）常压操作时，切勿在封闭系统内进行加热或反应，在反应进行时，必须经常检查仪器装置的各部分有无堵塞现象。

(3) 减压蒸馏时，不得使用机械强度不大的仪器（如锥形瓶、平底烧瓶等）。必要时，要戴上防护面罩或防护眼镜。

(4) 使用易燃、易爆物（如氢气、乙炔和过氧化物），要保持室内空气畅通，严禁明火。使用乙醚时，必须检验是否有过氧化物存在，如果发现有过氧化物存在，应立即用硫酸亚铁除去过氧化物后才能使用。

(5) 反应过于猛烈时，要根据不同情况采取冷冻和控制加料速度等措施避免爆炸的发生。必要时可设置防爆屏。

以下类别或组别的化合物为易燃易爆化合物，它们在受热、受撞击或摩擦下会发生爆炸，有的甚至会自发的发生爆炸。

(1) 乙炔气、乙炔的重金属盐、乙炔银或乙炔铜对于振动是极端敏感的。

(2) 叠氮酸和所有的叠氮化物，不管是有机物还是无机物（只有叠氮化钠是安全的）；芳基叠氮化物和叠氮化银在某些实验中很容易就会产生。

(3) 重氮盐（固态）和重氮化合物。

(4) 无机硝酸盐尤其是铵盐，多元醇的硝酸酯。

(5) 多硝基化合物，如苦味酸（苦味酸重金属盐或酯）、三硝基苯（TNB）、三硝基甲苯（TNT），在潮湿状态下是安全的。

(6) 硝基酚的金属盐。

(7) 过氧化物。

(8) 氮的三溴化物、三氯化物、三碘化物均是高敏感性的烈性爆炸物，除非绝对必要否则不能制备或者使用。

## 1.1.3 急救常识和急救用具

万一发生意外事故，切莫惊慌失措，应沉着冷静地利用掌握的消防知识应对处理。一定要熟悉安全器具的放置地点和使用方法，并妥善保管。急救药品和器具专供急救用，不准挪作他用或者改变放置位置。

### 1.1.3.1 灭火器

应用化学实验室一般不用水灭火，因为水能和一些化学药品（如钠）发生剧烈的反应，用水灭火会引起更大的火灾甚至爆炸，而且大多数有机溶剂不溶于水且比水轻，用水灭火时有机溶剂会浮在水的上面，反而扩大火场。在多数情况下可以使用灭火器灭火，干沙和石棉布也是实验室经济、常用的灭火材料。下面介绍实验室必备的几种灭火器材。

常用的灭火剂有二氧化碳灭火器、四氯化碳灭火器和泡沫灭火剂等。二氧化碳灭火器是应用化学实验室最常用的灭火器。灭火器内贮放压缩的二氧化碳。使用时，一手提灭火器，一手应握在喷二氧化碳喇叭筒的把手上（不能手握喇叭筒！以免冻伤）打开开关，二氧化碳即可喷出。这种灭火器灭火后的危害小，特别适用于油脂、电器及其他较贵重的仪器着火时灭火。四氯化碳灭火器和泡沫灭火器，虽然也都具有比较好的灭火性能，但由于存在一些问题，如四氯化碳在高温下能生成剧毒的光气，而且与金属钠接触会发生爆炸；泡沫灭火器喷出大量的硫酸氢钠、氢氧化铝，污染严重，给后处理带来麻烦。因此，除非万不得已，最好不用这两种灭火器。

#### 1.1.3.2 紧急冲淋洗眼装置和淋洗装置

当眼睛或者身体接触有毒有害以及具有腐蚀性的化学物质时，使用紧急冲淋洗眼装置和淋洗装置对眼睛和身体可以进行紧急冲洗或者冲淋，避免化学物质对人体造成进一步伤害。但是这些设备只是对眼睛和身体进行初步的处理，不能代替医学治疗。情况严重的，必须尽快进行医学治疗。当发生意外伤害事故时，通过这些装置的快速喷淋、冲洗，把伤害程度减轻到最低限度。因此必须事先了解这两个装置的使用方法，一旦化学药品溅入眼内，立即用大量水缓缓彻底冲洗。洗眼时要保持眼皮张开，可由他人帮助翻开眼睑，持续冲洗 15min。忌用稀酸中和溅入眼内的碱性物质，反之亦然。对因溅入碱金属、溴、磷、浓酸、浓碱或其他刺激性物质的眼睛灼伤者，急救后必须迅速送往医院检查治疗。

#### 1.1.3.3 实验室常用的医药箱

医药箱中包含急救药品和急救用具。其中常见的急救药品有：碘酒、双氧水、饱和硼砂溶液、1%醋酸溶液、5%碳酸氢钠溶液、70%酒精、2%硫代硫酸钠溶液、玉树油、烫伤油膏、万花油、药用蓖麻油、硼酸膏或凡士林、磺胺药粉。常用的急救用具有：洗眼杯、消毒棉花、棉签，纱布、胶布、绷带、创可贴、剪刀、镊子、橡皮管等。

#### 1.1.3.4 其他的安全器具

除了上面所述的安全器具外，应用化学实验室还需准备砂、石棉布、毛毡、棉胎等作为灭火用具。

### 1.1.4 药品的贮藏和废品的回收

#### 1.1.4.1 实验室化学品的贮藏

化学品不能长时间放置于台面或者通风橱中，应该在使用后放回药品柜。不相容的化学品应该分开存放。危险化学品在使用后应立即放回药品储存柜。有机溶剂必须严格按规定存放于指定实验室防火的不锈钢柜中，柜门需要密闭，该空间场所必须标识并且配备防火防毒的安全措施。

所有化学品的容器（试剂瓶、玻璃瓶等）必须贴上明确的标签，标识出内容物的特性、危害标志、风险、安全概述等。如果标签遗失，必须重新贴上标签，如果内容物存疑，应该进行安全处置。

#### 1.1.4.2 废弃物处理

在实验室使用和管理中，废弃物处理是最为重要也是最难的一个方面。实验室中绝不允许废弃物积累，而应该置于适当容器中定期从实验区域转移至贮存场所从而方便进行恰当的处理。对于不同的废弃物，应该准备不同的配备适当箱盖的废物箱，并分类为破损的玻璃仪器、可燃废料如擦拭过可燃原料的纸、布等。无害的固体废料可置于废物箱中，有毒的固体废弃物应密封于塑料袋中置于单独的废物箱中。每种废物箱都要明确标示出来。废弃的溶剂应置于合适的容器中并严格标识，但要注意避免不加选择地将溶剂随意混合。卤化物溶液应该尤其注意与其他溶剂区分开来。

# 1.2 应用化学实验常用仪器和装置

## 1.2.1 常用普通玻璃仪器

应用化学实验常用的玻璃仪器，可分为普通仪器及标准接口仪器两类。普通玻璃仪器有烧杯、锥形瓶、抽滤瓶、玻璃漏斗、布氏漏斗、分液漏斗、量筒等，如图 1.1 所示：

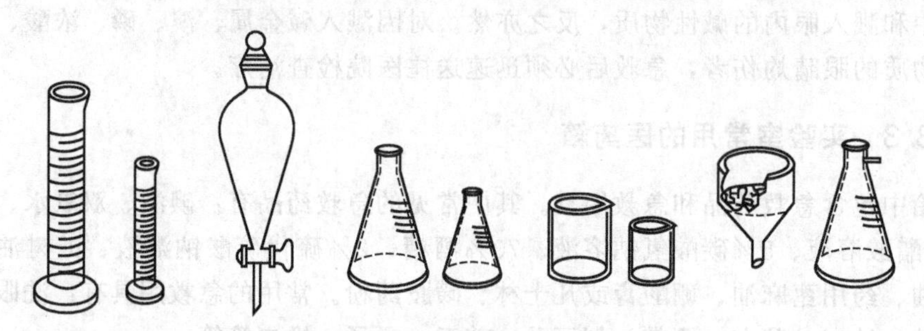

图 1.1 常用普通玻璃仪器

## 1.2.2 常用的标准接口玻璃仪器

### 1.2.2.1 标准接口玻璃仪器简介

标准接口玻璃仪器是具有标准磨口或磨塞的玻璃仪器，如图 1.2 所示。由于口塞尺寸的标准化、系统化，磨砂密合，凡属于同类规格的接口，均可任意对接，各部件能组装成各种配套仪器。当不同规格的部件无法直接组装时，可使用转换接头使之连接起来。使用标准接口玻璃仪器既可免去配塞子的麻烦，又能避免反应或产物被塞子沾污；口塞磨砂性能良好，其密合性可满足达到较高真空度的要求，对蒸馏尤其减压蒸馏有利，对于毒物或挥发性液体的实验较为安全。

标准接口玻璃仪器，均按国际通用的技术标准制造。当某个部件损坏时，可以选配。

### 1.2.2.2 使用标准接口玻璃仪器注意事项

(1) 标准口塞应经常保持清洁，使用前宜用软布擦拭干净，但不能附上棉絮。

(2) 使用前在磨砂口塞表面涂以少量真空油脂或凡士林，以增强磨砂接口的密合性，避免磨面的相互磨损，同时也便于接口的装拆。

(3) 装配时，把磨口和磨塞轻微地对旋连接，不宜用力过猛。但不能装得太紧，只要达到润滑密闭要求即可。

(4) 用后应立即拆卸洗净。长期不使用时最好在磨口和磨塞之间夹入纸片，否则对接处常会粘牢，以致拆卸困难，损坏仪器。

(5) 装、拆时应注意相对的角度，不能在有角度偏差时强行扭转。

(6) 磨口套管和磨塞应该配套使用，不得随意调换。

图 1.2　应用化学实验常用的标准接口玻璃仪器

## 1.2.3　常用装置

### 1.2.3.1　回流装置

当反应需要在反应体系的溶剂或反应物的沸点附近进行时需用回流装置。图 1.3(a)适用于一般的反应体系；图 1.3(b)适用于需要防潮的回流体系；图 1.3(c)适用于产生有害气体（如溴化氢、氯化氢、二氧化硫等）的反应体系；图 1.3(d)适用于边滴加边回流的反应体系；图 1.3(e)适用于回流分水装置；图 1.3(f)适用于监测反应温度的回流分水装置。

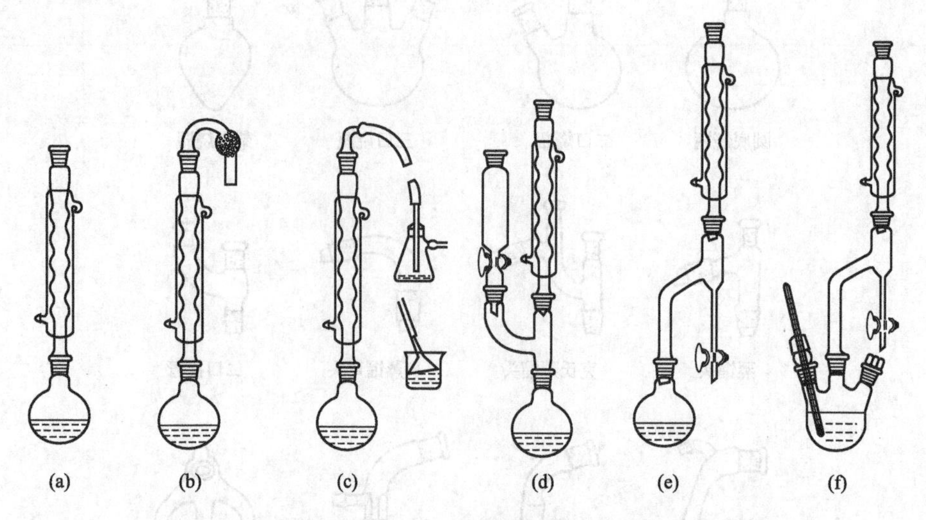


(a) 回流；(b) 带干燥管的回流；(c) 带气体吸收的回流；(d) 带滴液漏斗的回流；
(e) 带分水器的回流；(f) 带温度计、分水器的回流

图 1.3　应用化学实验常用的回流装置

### 1.2.3.2　蒸馏装置

用蒸馏法分离和提纯液体有机化合物时需要使用蒸馏装置。图 1.4（a）是带直形冷凝管（A：温度计水银球的上沿对准支管口的下沿）的蒸馏装置，是最常用的一种蒸馏装置，它适用于低沸点物质的蒸馏（沸点＜140℃），既可在尾部侧管处连接干燥管，用作防潮蒸馏，也可连上橡皮管把易挥发的低沸点馏出物（如乙醚）的尾气导向水槽或室外。图 1.4（b）是带空气冷凝管的蒸馏装置，适用于蒸馏高沸点物质（沸点＞140℃）。图 1.4（c）是边滴加边蒸馏装置，是闪蒸装置，适用于大量溶剂的蒸除，或用于少量物质的富积。由于液体可由滴液漏斗中不断加入，避免了使用较大的蒸馏瓶。但在蒸馏的时候要加沸石。

### 1.2.3.3　搅拌装置

如果反应在互不相溶的两种液体或固液两相的非均相体系中进行，或其中一种原料需逐渐滴加进料时，必须使用搅拌装置。搅拌方式有两种：机械搅拌和磁力搅拌。图 1.5 中的搅拌类型为机械搅拌。图 1.5（a）适用于搅拌下滴加回流的反应；图 1.5（b）适用于搅拌下滴加并需测温的反应；图 1.5（c）是带回流、滴加、干燥管的搅拌装置。在反应原料较少的情况下，也可以根据实验的需要，选用磁力搅拌装置代替机械搅拌装置。

### 1.2.3.4　水蒸气蒸馏装置

水蒸气蒸馏是分离和提纯有机物质的一种常用方法。目前实验室的水蒸气蒸馏装置由水蒸气发生装置、安全玻璃管、蒸馏烧瓶、冷凝管、接收瓶组成。图 1.6 为简单的水蒸气蒸馏装置，适用于产物或杂质与水不混溶、沸点高、高温容易分解、能与水共沸的有机物的分离、纯化。

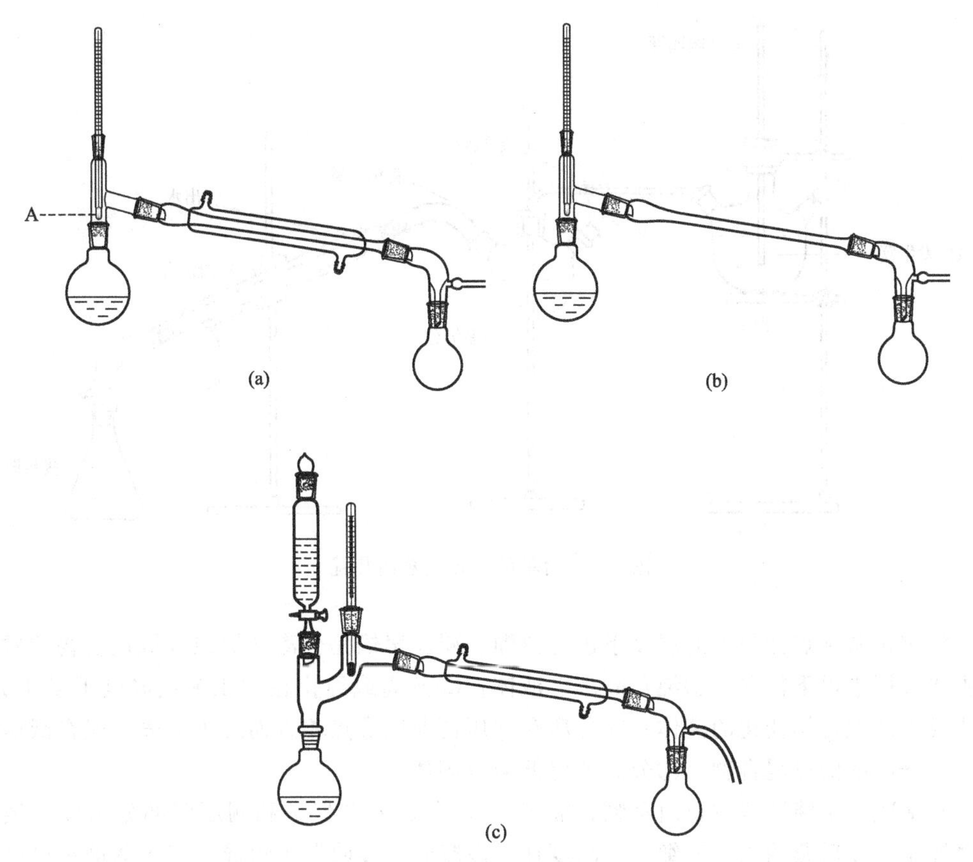


图 1.4　应用化学实验常用的蒸馏装置

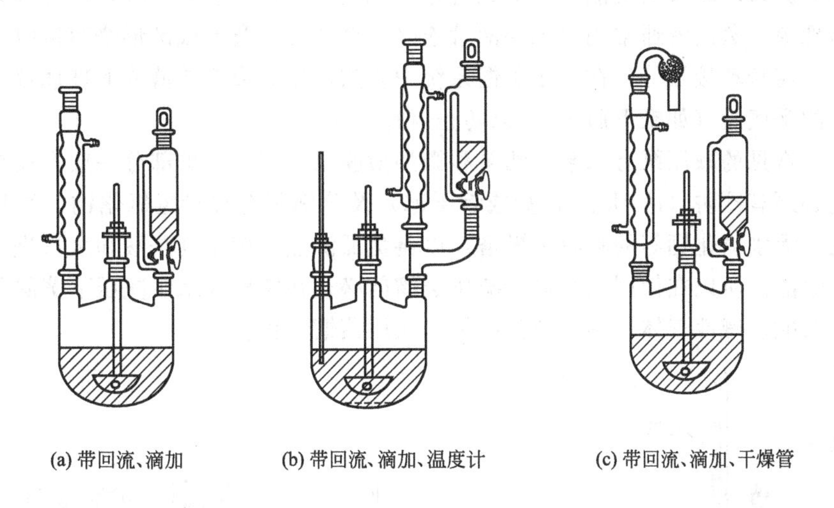

(a) 带回流、滴加　　(b) 带回流、滴加、温度计　　(c) 带回流、滴加、干燥管

图 1.5　应用化学实验常用的机械搅拌装置

### 1.2.3.5　减压蒸馏装置

液体的沸点是指物质蒸气压等于外界压力时的温度，外界压力降低时，其沸腾温度随之降低。在蒸馏操作中，一些有机物加热到其正常沸点附近时，会由于温度过高而发生氧化、分解或聚合等反应，使其无法在常压下蒸馏。如果借助于真空泵降低系统内的压力，就可以

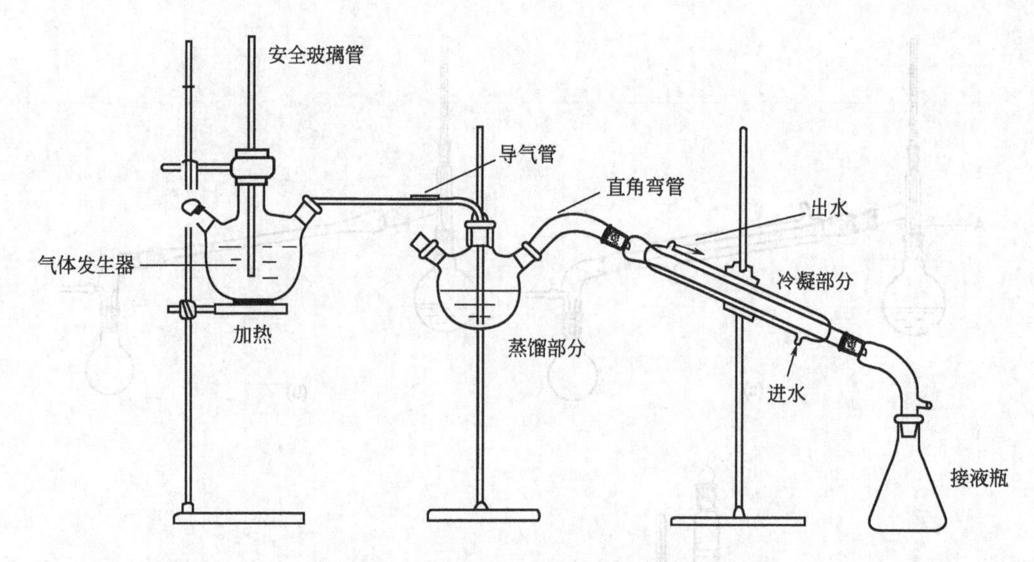

图 1.6　简单的水蒸气蒸馏装置

在比有机物正常沸点低得多的温度下进行蒸馏。减压蒸馏是分离和提纯有机化合物的常用方法，主要应用于以下情况：①纯化高沸点液体；②分离或纯化在常压沸点温度下易于分解、氧化或发生其他化学变化的液体；③分离在常压情况因沸点相近而难于分离，但在减压条件下可有效分离的液体混合物；④分离纯化低熔点固体。

实验室减压蒸馏装置主要由蒸馏、抽气（减压）、安全保护和测压四部分组成。蒸馏部分由蒸馏瓶、克氏蒸馏头、毛细管、温度计及冷凝管、接收器等组成。克氏蒸馏头可减少由于液体暴沸而溅入冷凝管的可能性；毛细管作为气化中心，使蒸馏平稳，避免液体过热而产生暴沸冲出现象。蒸出液通常用多尾接液管连接两个或三个梨形或圆形烧瓶接收，在接收不同馏分时，只需转动接液管，在减压蒸馏系统中切勿使用有裂缝或薄壁的玻璃仪器。尤其不能用不耐压的平底瓶（如锥形瓶等），以防止爆炸。

抽气部分常见的减压泵有水泵、油泵和微型薄膜泵。安全保护部分一般有安全瓶，若使用油泵，还必须有冷阱（冰-水、冰-盐或者干冰）及分别装有粒状氢氧化钠、块状石蜡及活性炭或硅胶、无水氯化钙等的吸收干燥塔，以避免低沸点溶剂特别是酸和水汽进入油泵而降低泵的真空效能。所以在使用油泵进行减压蒸馏前必须在常压或水泵减压下蒸除所有低沸点液体和水以及酸、碱性气体。图 1.7 为简易的减压蒸馏装置。

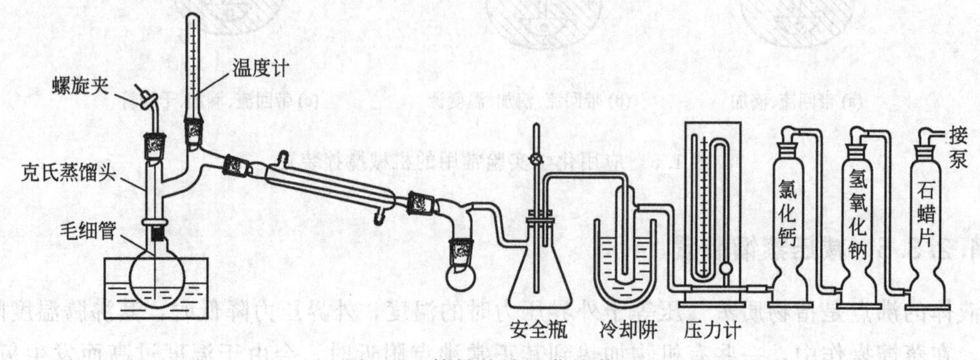

图 1.7　简易的减压蒸馏装置

#### 1.2.3.6 分馏装置

分馏是分离提纯沸点很接近的有机液体混合物的一种很重要的方法，装置如图1.8所示。它是根据混合液沸腾后蒸气进入分馏柱中被部分冷凝，冷凝液在下降途中与继续上升的蒸气接触，二者进行热交换，蒸气中高沸点组分被冷凝，低沸点组分仍呈蒸气形式上升，而冷凝液中低沸点组分受热汽化，高沸点组分仍呈液态下降。结果是上升的蒸气中低沸点组分增多，下降的冷凝液中高沸点组分增多。如此经过多次热交换，就相当于连续多次的普通蒸馏。以致低沸点组分的蒸气不断上升，而被蒸馏出来；高沸点组分则不断流回蒸馏瓶中，从而将它们分离。

#### 1.2.3.7 索氏提取装置

利用溶剂回流及虹吸原理，使固体物质连续不断地被纯溶剂提取，既节约溶剂，提取效率又高。图1.9是简易的索氏提取装置。提取前先将固体物质研碎，以增加固液接触的面积。然后将固体物质放在滤纸套内，置于提取器中，提取器的下端与盛有溶剂的圆底烧瓶相连接，上面接回流冷凝管。加热圆底烧瓶5，使溶剂沸腾，蒸气通过提取器的支管4上升，被冷凝后滴入提取器中，溶剂和固体接触进行提取，当溶剂面超过虹吸管3的最高处时，含有提取物的溶剂虹吸回烧瓶，因而提取出一部分物质，如此重复，使固体物质不断被纯的溶剂所提取，将提取出的物质富集在烧瓶中。这种方法适用于提取溶解度较小的物质，但当物质受热易分解或萃取剂沸点较高时，不宜用此种方法。

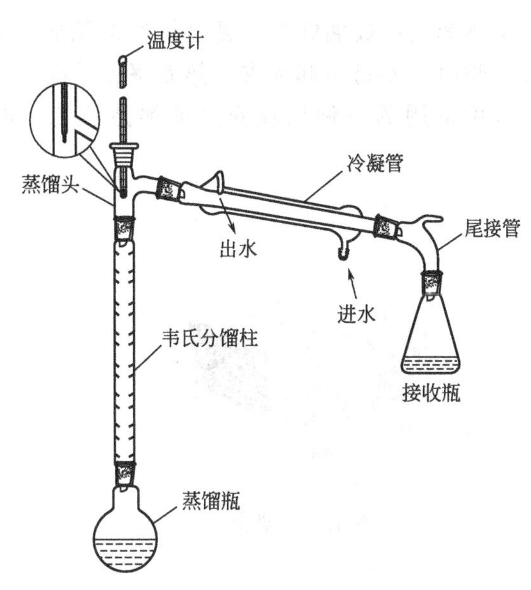


图1.8 简易的分馏装置

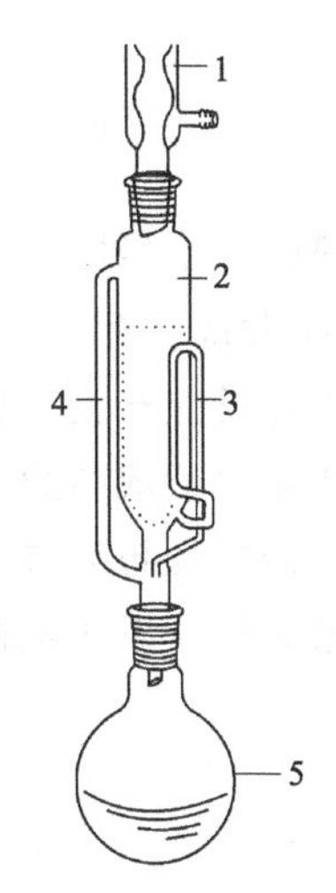


图1.9 简易的索氏提取装置

### 1.2.4 常用仪器设备

#### 1.2.4.1 烘箱

烘箱（见图1.10）主要用来干燥玻璃仪器或烘干无腐蚀性、热稳定性比较好的药品，如变色硅胶等。挥发性易燃物或用酒精、丙酮淋洗过的玻璃仪器不能放入烘箱，以免发生爆炸。烘箱一般都有鼓风和自动控温的功能。使用时应注意温度的调节与控制。干燥玻璃仪器时应先将其沥干，当无水滴下时才放入烘箱，升温加热将温度控制在100～120℃，在指示灯明灭交替处即为恒温定点。实验室中的烘箱是公用仪器，往烘箱里放玻璃仪器时应由上而下依次放入，以免残留的水滴流下使下层已烘热的玻璃仪器炸裂。取出烘干后的仪器时，应使用棉手套，防止烫伤。取出后不能接触冷水，以防炸裂。取出后的热玻璃器皿，若任其自行冷却，则器壁常会凝上水汽，可用电吹风吹入冷风助其冷却。

#### 1.2.4.2 搅拌器

实验室常用的搅拌器有电动机械搅拌器和磁力搅拌器。电动机械搅拌器通过调速电机带动搅拌棒实现搅拌，用于反应混合，特别是黏度大或含有固体的反应体系的混合。磁力搅拌器是利用旋转磁场驱使反应容器内的磁子转动，达到搅拌的目的，同时可以加热、调速。磁力搅拌器适用于体积小、黏度低、密闭体系的混合过程。

#### 1.2.4.3 电热套

电热套是用玻璃纤维包裹电热丝编织成套状的一种加热器。用电热套对反应加热或蒸馏产物时，不易引起火灾，热效率也较高，加热温度可用与之相连的调压变压器控制，是实验中常用的一种比较安全的加热装置。电热套由于容积、加热功率不同而有各种规格。

图 1.10 烘箱

图 1.11 真空干燥箱

#### 1.2.4.4 真空干燥箱和气流烘干器

真空干燥箱用于真空干燥（见图 1.11）。气流烘干器可以用热风把仪器吹干（见图 1.12）。

#### 1.2.4.5 旋转蒸发仪

旋转蒸发仪是由电机带动可旋转的蒸发器（如圆底烧瓶或者梨形瓶）、冷凝器、接收器或减压泵组成（如图 1.13 所示）。可以在常压或减压下操作，连续蒸馏大量易挥发性溶剂。尤其用于对萃取液的浓缩和色谱分离时的接收液的蒸馏，可以分离和纯化反应产物。由于蒸发器的不断旋转，不加沸石也不会暴沸。蒸发器旋转时，会使料液附于瓶壁形成薄膜，蒸发面大大增加，加快了蒸发速率。因此，旋转蒸发仪是浓缩溶液、回收溶剂的理想装置。使用时，应先减压，再开动电动机转动蒸馏烧瓶，结束时，应先停机，再通大气，以防蒸馏烧瓶在转动中脱落。作为蒸馏的热源，常配有相应的恒温水槽。

#### 1.2.4.6 熔点仪

熔点是指在大气压力下固态与液态物质处于平衡时的温度。固体物质熔点的测定通常是将晶体物质加热到一定温度时，晶体就开始由固态转变为液态，测定此时的温度就是该晶体

物质的熔点。熔点测定是辨认物质本性的基本手段，也是纯度测定的重要方法之一。纯净的

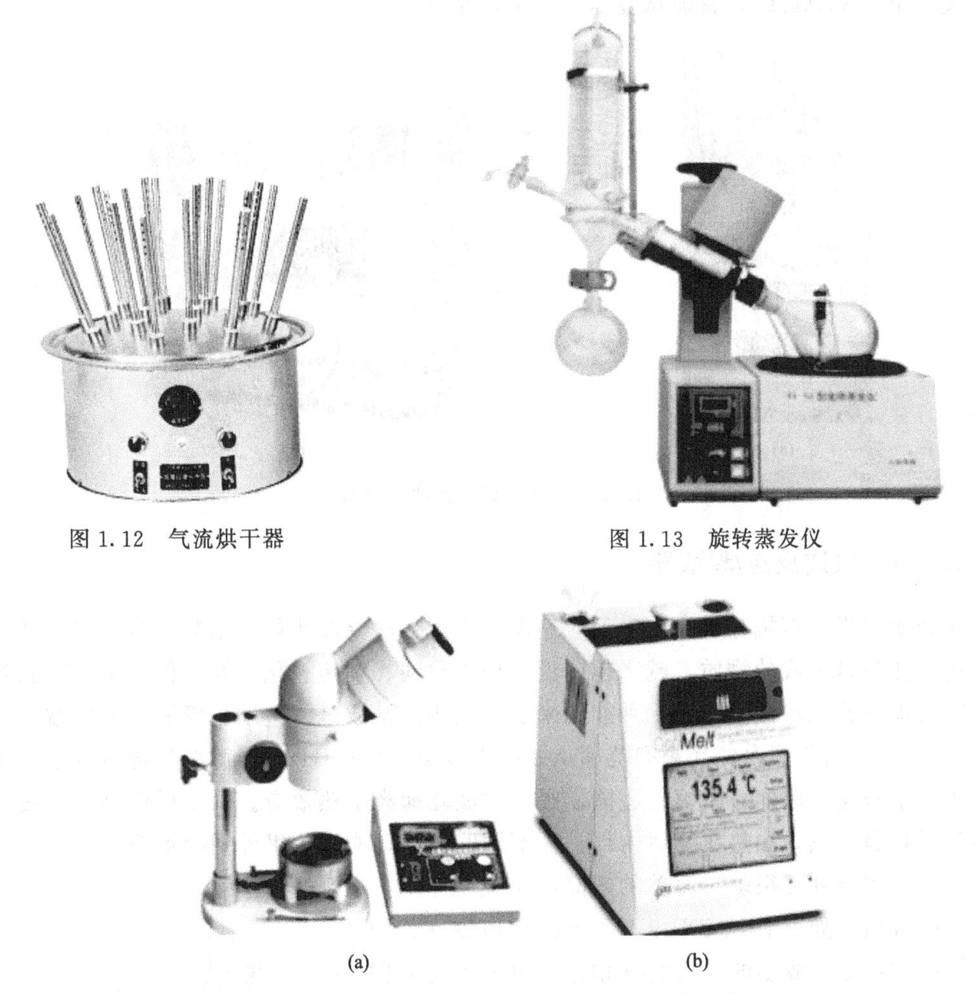


图 1.12　气流烘干器

图 1.13　旋转蒸发仪

(a)　(b)

图 1.14　显微熔点仪和 MPA100 全自动熔点仪

固体有机物，一般都有固定的熔点，而且熔点范围（又称熔程或熔距，是指由始熔至全熔的温度间隔）很小，一般不超过 0.5～1℃；若物质不纯时，熔点就会下降，且熔点范围就会扩大，利用这一性质来判断物质的纯度和鉴别未知化合物。因此，熔点仪是实验室常用的测定熔点的仪器。

测熔点的仪器各种各样，有显微熔点仪，如 X-4 显微熔点仪［如图 1.14（a）］。该仪器采用热台控制系统和显微镜组合成一体的结构，利用反光镜元件引进光源，照亮被测物体，经过显微物镜放大，在目镜视场里可以清晰地看到从固态→液态熔融时的全过程。可用载玻片方法测定物质的熔点、形变、色变等。要测物质的熔点时，只要在两片玻璃片之间放入被测物质，一起放在热台腔内。使被测物质放在热台孔之间，盖上隔热片，旋转反光镜，使光线照亮热台小孔，上下移动工作台，至从目镜视野里能清晰地看到被测物质为止。随着科技的进步与发展，熔点仪也不断地更新换代，实现了许多实用性功能，且操作方便，数据精确。目前全球使用最广泛的熔点仪是 MPA100 全自动熔点仪［如图 1.14(b)］。MPA100 熔点仪采用毛细管作为样品管，通过高分辨率的数码成像检测器观察毛细管内样品的熔化过

程，清晰直观。同时它也利用电子技术实现温度程控，只要选择起始温度、温度梯度、终止温度，按一下［START］，就能从显示屏上读出结果。

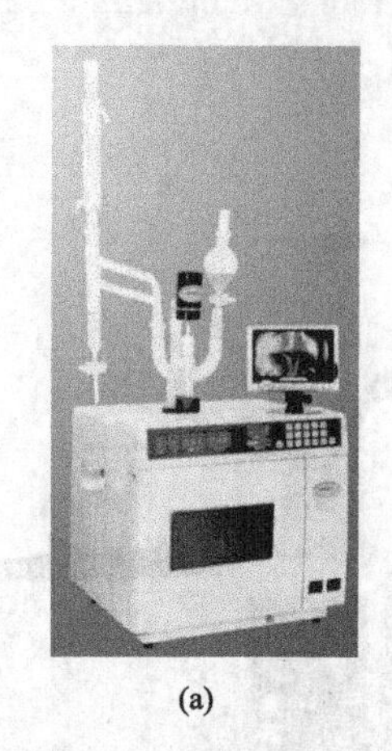

(a)

(b)

图 1.15　不同类型的微波反应器

### 1.2.4.7　微波反应/萃取器

微波技术应用于有机合成反应，反应速度比常规方法要加快数十倍甚至数千倍，并且能合成常规方法难以生成的物质，越来越广泛运用于材料、制药、化工及其他相关科研和教学领域。微波加热就是将微波作为一种能源来加以利用。微波是一种波长极短的电磁波，波长位于1mm到1m的范围内，其频率范围从300MHz到300kMHz。当微波与物质分子相互作用，产生分子极化、取向、摩擦、碰撞、吸收微波能而产生热效应。微波反应是物体吸收微波的能量后自身发热，加热在物体内部、外部同时开始，能做到里外同时加热。

微波反应器的种类很多，简单的产品有点类似于对家用微波炉的改造。如BXS12-SXL9-1型微波反应器［如图1.15(a)］，体系是开放型的，与大气相通。可进行冷凝回流、滴液和分水等操作，适合于高沸点的溶剂体系。当然也有体系是密闭的微波装置，对低沸点的溶剂体系也使用［如图1.15(b)］。

该仪器还可用于微波萃取反应，它是利用微波来提高萃取率的一种新技术。其应用原理是在微波场中，吸收微波能力的差异使得基体物质的某些区域或萃取体系中的某些组分被选择性加热，从而使被萃取物质从基体和体系中分离，进入到介电常数较小、微波吸收能力相对差的萃取剂中。

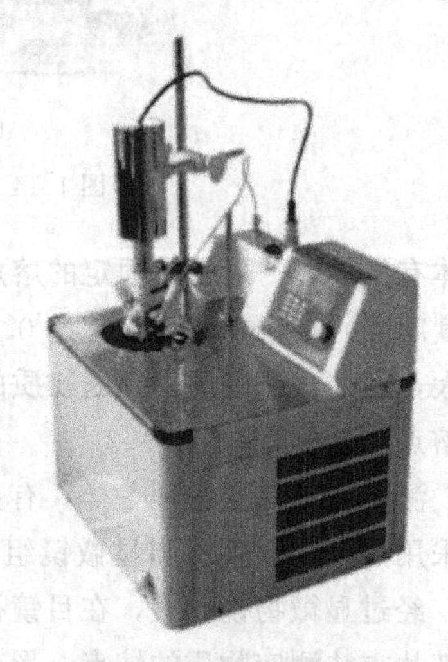

图 1.16　智能温控低温超声波催化合成/萃取仪

### 1.2.4.8　超声波合成/萃取仪

超声波是指频率高于20000Hz的声波。它在媒质中传播能引起媒质分子间的剧烈摩擦和热量耗散，从而产生各种初级和次级的超声波效应，如超声波热效应、化学效应、空化效应及其他物理效应等。由于超声波的“空化”作用可造成反应体系活性的变化，产生足以引发化学反应的瞬时高温高压，形成了局部高能中心，促进化学反应的顺利进行，这是超声波催化化学反应的主要因素。超声波的次级效应如机械震荡、乳化、扩散、击碎等都有利于反应物的充分混合，比一般相转移催化和机械搅拌更为有效地促使反应顺利进行。

超声波合成/萃取仪就是应用现代超声波技术结合智能的低温恒温系统作为物理手段的新型超声波合成和萃取装置。其作用可破坏分子结构，改善反应活性，分散粉碎粒子，使其线度进一步缩小，有利于反应的发生。利用超声波的空化作用和超声波的次级效应也可以加速有效成分的浸出提取、扩散释放并充分与溶剂混合，有利于提取。该技术具有提取时间短、产率高、无需加热、低温提取保护有效成分等优点。

如图 1.16 所示是 XH-2008D 型智能温控低温超声波催化合成/萃取仪，主要由大功率超声波发生系统、加热系统、压缩机制冷系统、测温控温系统、搅拌系统等组成。既可以用于超声波催化合成，也可以用于超声波萃取。

#### 1.2.4.9 循环水式多用真空泵

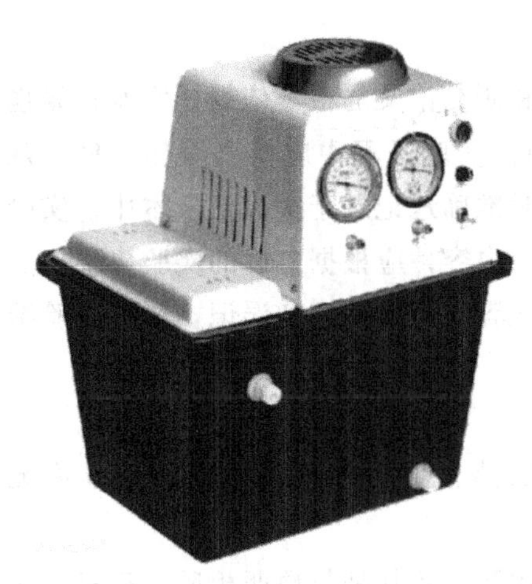

图 1.17 循环水式多用真空泵

如图 1.17 所示是应用化学实验室常用的循环水式多用真空泵，是以循环水作为工作流体的喷射泵。它是根据射流技术产生负压而设计的一种新型的真空多用泵。其特点是体积小、节约水。适用于真空过滤、真空蒸发、减压蒸馏等实验中。它的工作原理是：靠泵腔容积的变化来实现吸气、压缩和排气的。当叶轮顺时针方向旋转时，水被叶轮抛向四周。由于离心力的作用，水形成了一个封闭圆环。叶轮轮毂和水环之间形成一个月牙形的空间。当叶轮旋转时，空腔的容积发生变化，从而实现吸气、压缩和排气功能。

## 1.3 实验预习、实验记录和实验报告

### 1.3.1 实验预习

在进行实验之前做好充分的预习是做好应用化学实验的前提。对实验成功与否、收获大小起关键的作用。为了避免照方抓药，积极主动、准确地完成实验，必须认真做好实验预习。

首先明确应用化学实验的目的、要求，了解实验室安全规则。仔细阅读实验内容、领会实验原理、了解有关实验步骤和注意事项，此外还需要查阅有关化合物的物理常数，熟悉所用试剂的性质和仪器的使用方法，安排好实验计划并按要求在实验记录本上写出预习报告。预习时要清楚书后的实验指导和思考题，特别是对实验指导的理解。

预习报告应包括以下几方面：

(1) 了解实验目的是什么。

(2) 了解实验原理是什么。

(3) 了解实验所需仪器的规格和药品用量是多少。

(4) 了解原料及主、副产物的物理常数。查物理常数的目的不仅是学会物理常数手册的查阅方法，更重要的是要知道物理常数在某种程度上可以指导实验操作。例如：相对密度——通常可以告诉我们在洗涤操作中哪个组分在上层，哪个组分在下层。溶解度——可以帮助我们正确地选择溶剂。

(5) 画出实验装置图。

(6) 写出详尽实验操作步骤的流程图，以简要形式写出主要实验步骤，教材中的文字叙述可用符号、箭头等简化形式表示。

## 1.3.2 实验记录

实验记录是研究工作的原始记载，是整理实验报告和研究论文的根本依据，实验记录也是培养学生严谨的科学作风和良好工作习惯的重要环节。实验过程中应认真操作，仔细观察，积极思考，并将观察到的现象及测得的各种数据及时准确地记录于实验记录本中。实验记录应该反映实验中的真实情况，不得抄袭他人的数据或内容，应根据自己的实验事实如实地、科学地记录，绝不可臆造。实验时要边做边记，回忆容易造成漏记和误记，影响实验结果的准确性和可靠性。

在实验记录中应包括以下内容。

(1) 每一步操作所观察到的现象，如：是否放热或吸热、颜色变化、pH 值变化、有无气体产生、是否有固体产生、是否分层、是否混溶。

相关操作细节，如：反应温度、反应时间、加料方式等。尤其是与预期相反或教材、文献资料所述不一致的现象更应如实记载。

(2) 实验后处理工序，如：萃取、洗涤所用容积、干燥剂及用量、干燥时间、蒸馏时间、压力，温度。纯化步骤，如：重结晶、溶剂、体积、温度，是否用活性炭处理；蒸馏等实验中测得的各种数据，如：沸程、熔点、相对密度、折射率、称量数据（质量或体积）等。

(3) 产品的色泽、状态等。

实验结束后应将实验预习报告，实验的原始记录交给教师批阅，产品交给老师查验，并及时在指定的地点回收实验产品。

## 1.3.3 实验报告

写实验报告分析实验现象、归纳整理实验结果是把实验中直接得到的感性认识上升到理性思维阶段的必要一步。实验操作完成后，必须根据自己的实验记录进行归纳总结。用简明扼要的文字，条理清晰地写出实验报告，对反应现象给予讨论，对操作中的经验教训和实验中存在的问题提出改进性建议。一般实验报告应包含如下部分。

(1) 实验目的

写实验目的通常包括以下三个方面。

① 了解本实验的基本原理；

② 了解需要掌握哪些基本操作；

③ 进一步熟悉和巩固的已学过的某些操作。

(2) 实验原理

本项内容在写法上应包括以下两部分内容。

① 文字叙述，要求简单明了、准确无误、切中要害。

② 主、副反应的反应方程式。

(3) 实验所需仪器的名称、规格以及药品名称、用量，按实验中的要求列出即可。

(4) 实验步骤和实验现象

① 每个实验步骤要求简单、明了。

② 每个实验现象都要写清楚。

③ 实验步骤与实验现象要一一对应，要求实事求是，文字简明扼要，字迹整洁。

④ 产品外观（如颜色、状态）、气味、产量等。

(5) 实验装置图

画实验装置图的目的是：进一步了解本实验所需仪器的名称、各部件之间的连接次序即在纸面上进行一次仪器安装。画实验装置图的基本要求是横平竖直、比例适当。

① 图形要正确，线条要清楚、合适；图面要清洁整齐。

② 要点：按仪器本身的比例；先画中间，后画两边，再连接；适当画些辅助线，但最后必须擦掉。

(6) 产品产率计算

在实验前，应根据主反应的反应方程式计算出理论产量。计算方法是以相对用量最少的原料为基准，按其全部转化为产物来计算。

(7) 讨论

讨论主要针对自己做实验的具体情况，对实验操作和实验结果进行讨论。也可以对实验中遇到的疑难问题或实验方法、实验装置等提出自己的见解或建议。

(8) 思考题

对于一个具体的化学实验，思考题是为了让学生能更好地理解整个实验本身的操作过程、原理，尤其是理解每一步操作的目的。

## 1.4 应用化学实验评分标准

(1) 应用化学实验，针对不同的专业每学期开设 4～6 个实验，每个实验成绩分实验过程及结果（100 分）与实验报告（100 分）两部分。一般取所做实验的平均成绩。

(2) 应用化学实验过程及结果的评分：

① 操作的规范性　　(50 分)

② 实验结果（产率及产品的品质）　　(50 分)

(3) 实验报告的评分方式如下

① 实验目的　　(8 分)

② 实验反应原理 (5分)
③ 主要试剂及产物的物理常数 (5分)
④ 主要试剂用量及规格 (2分)
⑤ 实验步骤及实验现象 (20分)
⑥ 实验装置图 (20分)
⑦ 产量及产率计算过程 (10分)
⑧ 问题讨论 (10分)
⑨ 思考题 (10分)
⑩ 实验报告格式 (10分)

# 2 应用化学实验

## 2.1 现代分析方向

### 实验一　食盐中碘含量的测定

**【实验目的】**

（1）掌握752型分光光度计使用方法。

（2）掌握用分光光度法测定碘含量的原理和方法。

**【实验原理】**

食盐中碘以$KIO_3$形式存在，$KIO_3$在酸性条件下被KI还原成单质$I_2$，反应方程式如下：$IO_3^- + 5I^- + 6H^+ \longrightarrow 3I_2 + 3H_2O$，生成的$I_2$与淀粉作用呈蓝色，并在595nm波长处有最大吸收，通过测定其在595nm波长的吸光度$A$，可求得食盐中碘的含量。

**【仪器与试剂】**

仪器：752分光光度计，电子天平，1mL、2mL、5mL、10mL吸量管，50mL、100mL容量瓶，25mL烧杯。

试剂：$100\mu g \cdot mL^{-1}$ $KIO_3$储备液，$1mol \cdot L^{-1}$ $H_2SO_4$溶液，KI-淀粉混合液，碘盐。

注：淀粉溶液的配制：可溶性淀粉加水溶解后倾入250mL沸腾的水中，煮至清亮。

**【实验步骤】**

（1）溶液的配制

① 用10mL吸量管取10mL $100\mu g \cdot mL^{-1}$ $KIO_3$储备液，置于100mL容量瓶中，用蒸馏水定容至刻度，摇匀，得$10\mu g \cdot mL^{-1}$ $KIO_3$标准溶液。

② 取序号为1～6的6只50mL容量瓶，用吸量管分别吸取$10\mu g \cdot mL^{-1}$ $KIO_3$标准溶液0.00mL、1.00mL、2.00mL、3.00mL、4.00mL和5.00mL于各容量瓶中，然后各加$1mol \cdot L^{-1}$ $H_2SO_4$溶液3mL，摇匀，再各加入2mL KI-淀粉混合液，显色后静置2min，最

后稀释至刻度。

（2）标准曲线绘制

① 在752分光光度计上，用1cm比色皿，以1号为参比溶液，波长540～620nm每隔10nm测定一次待测溶液（5号）的吸光度（在570～600nm波长范围间隔5nm测量一次），确定最大吸收波长。

② 以1号为参比溶液，在最大吸收波长下测定2～6号溶液的吸光度。以1～6号$KIO_3$的浓度（$\mu g \cdot mL^{-1}$）为横坐标、相应的吸光度为纵坐标，绘制标准曲线。

（3）食盐中碘含量的测定

准确称取0.6g碘盐，在烧杯中加水溶解后转移至50mL容量瓶中，对试液进行显色，并测定其吸光度。根据吸光度从标准曲线上查出试液中的碘含量，进而求算出食盐中的碘的含量，以$\mu g \cdot g^{-1}$表示。

**【数据处理】**

（1）确定最大吸收波长$\lambda_{max}$（5号溶液）

| $\lambda$/nm | 540 | 550 | 560 | 570 | 575 | 580 | 585 | 590 | 595 | 600 | 610 | 620 |
|---|---|---|---|---|---|---|---|---|---|---|---|---|
| $A$ | | | | | | | | | | | | |

（2）标准曲线的绘制

| 序号 | 1 | 2 | 3 | 4 | 5 | 6 |
|---|---|---|---|---|---|---|
| $KIO_3$标准溶液($10\mu g \cdot mL^{-1}$)/mL | 0.0 | 1.0 | 2.0 | 3.0 | 4.0 | 5.0 |
| 吸光度$A$ | 0 | | | | | |

（3）食盐中碘含量的计算

$$w(KIO_3)=m_x/m$$

式中　$w$——样品中碘含量；

$m_x$——从标准曲线上查得的测定用样液中的$KIO_3$量；

$m$——样品质量。

**【思考题】**

（1）食盐中为什么加碘？

（2）食盐中添加的碘以什么形式存在？如何检验？

# 实验二　工业硫酸纯度的测定

**【实验目的】**

（1）掌握工业硫酸中 $H_2SO_4$ 含量的测定方法。

（2）掌握称量液体试样的方法。

（3）掌握混合指示剂的使用。

（4）熟练掌握容量瓶及移液管的使用。

**【实验原理】**

工业硫酸可用 NaOH 标准溶液直接进行滴定，反应式为

$$2NaOH + H_2SO_4 = Na_2SO_4 + 2H_2O$$

指示剂为甲基红-亚甲基蓝混合指示剂（变色范围 5.2～5.6），滴定终点溶液由红紫色变为灰绿色。

**【仪器与试剂】**

仪器：电子天平，752 分光光度计，1mL、2mL、5mL、10mL 吸量管；50mL、100mL、250mL 容量瓶，50mL 烧杯，锥形瓶。

试剂：工业硫酸（浓硫酸），甲基红-亚甲基蓝混合指示剂［将 50mL 甲基红溶液（$2g \cdot L^{-1}$）和 50mL 亚甲基蓝溶液（$1g \cdot L^{-1}$）混合］，酚酞指示剂，固体 NaOH，邻苯二甲酸氢钾。

**【实验步骤】**

（1）$0.1mol \cdot L^{-1}$ NaOH 标准溶液的配制与标定

在台秤上用小烧杯称取 4g NaOH，加水溶解，将溶液倾入洁净的聚乙烯塑料瓶中，加水稀释至 1L，盖紧，混匀，贴上标签备用。

用减量法准确称取邻苯二甲酸氢钾 0.4～0.6g 于锥形瓶中，平行称三份，各加 50mL 蒸馏水溶解，必要时可小火温热溶解，冷却后加 2 滴酚酞指示剂，用待标定的 NaOH 标准溶液滴定，临近终点时要逐滴或半滴加入，直至被滴定溶液由无色变成粉红色，摇动 30s 内不褪色为终点。

（2）工业硫酸纯度的测定

用减量法准确称取工业硫酸试样 1.0～1.25g 于预先装有 100mL 蒸馏水的 250mL 容量瓶中，冷却至室温，加水稀释至刻度，充分摇匀。用移液管移取 25.00mL 试液于锥形瓶中，加入 2 滴混合指示剂，溶液呈紫红色，用 $0.1mol \cdot L^{-1}$ NaOH 标准溶液滴定至溶液呈灰绿色即为终点。

**【结果计算】**

以质量分数表示的浓硫酸的含量按下式计算：

$$w(\%)=\frac{cV\times 98}{2m}\times 10^{-2}$$

式中　$c$——NaOH 标准溶液的浓度，$mol \cdot L^{-1}$；

$V$——消耗的 NaOH 标准溶液体积，mL；

$m$——工业硫酸的质量，g；

98——$H_2SO_4$ 的摩尔质量，$g \cdot mol^{-1}$。

**【注意事项】**

（1）浓硫酸具有强烈的腐蚀性，称量时应特别小心。

（2）浓硫酸有吸水性，用减量法称量。

（3）称量时容量瓶内应预先放一定量的蒸馏水，边称量边摇动容量瓶，使其充分散热。

**【思考题】**

（1）为什么要用混合指示剂？用甲基红可不可以？

（2）液体试样的称取有哪些方法？分别适用于哪种类型的液体？

## 实验三　工业硫酸中 $SO_2$ 含量的测定

**【实验目的】**

(1) 了解 $SO_2$ 的测定方法。

(2) 掌握碘量法测定 $SO_2$ 的含量。

**【实验原理】**

利用 $I_2$ 与 $SO_2$ 发生氧化还原作用，用 $I_2$ 标准溶液作滴定剂，以淀粉为指示剂，测定工业硫酸中 $SO_2$ 的含量。

$$I_2 + SO_2 + 2H_2O = H_2SO_4 + 2HI$$

**【仪器与试剂】**

仪器：白瓷研钵，棕色试剂瓶，电子天平，1mL、2mL、5mL、10mL 吸量管，50mL、100mL、250mL 容量瓶，50mL 烧杯，锥形瓶，棕色滴定管。

试剂：工业硫酸（浓硫酸），淀粉指示剂，碘单质，碘化钾，硫代硫酸钠标准溶液。

**【实验步骤】**

(1) 0.02mol/L $I_2$ 标准溶液的配制与标定

在台秤上称取碘约 5.1g、碘化钾 10g，同置于洁净的白瓷研钵内，加入少量水研至碘完全溶解，用水稀释至 1L，混匀，移入棕色试剂瓶中保存在阴凉处，静置 12h 后再标定。

准确移取已知浓度的硫代硫酸钠标准溶液 25.00mL 于碘量瓶中，加入 50mL 水，再加入 2mL 淀粉指示剂，用棕色滴定管盛装待标定的碘溶液，滴定至溶液呈稳定的蓝色为终点。平行测定 3 次，取平均值。

(2) 工业硫酸中 $SO_2$ 含量的测定

用减量法称取 40g 浓硫酸于预先放有 100mL 蒸馏水的锥形瓶中，冷却，加入 1mL 淀粉指示剂，溶液呈无色，用 $0.02mol \cdot L^{-1}$ $I_2$ 标准溶液滴定至溶液呈淡蓝色即为终点。

**【结果计算】**

以质量分数表示的 $SO_2$ 的含量按下式计算：

$$w(\%) = \frac{cV \times 64}{m} \div 1000$$

式中　$c$——$I_2$ 标准溶液的浓度，$mol \cdot L^{-1}$；

$V$——消耗的 $I_2$ 标准溶液体积，mL；

$m$——工业硫酸的质量，g；

64——$SO_2$ 的摩尔质量，$g \cdot mol^{-1}$。

**【注意事项】**

(1) 称取浓硫酸时锥形瓶内应放一定量的蒸馏水，边称边摇动。

（2）由于称取的浓硫酸的量较多，应注意散热，必要时可用水冷却。

**【思考题】**

（1）浓硫酸中为什么会存在 $SO_2$？

（2）淀粉指示剂应如何配制？

（3）硫代硫酸钠标准溶液应如何标定？

# 实验四　邻二氮菲分光光度法测定微量铁

## 【目的要求】

(1) 了解分光光度计的基本结构及其使用方法。

(2) 掌握邻二氮菲分光光度法测定铁的实验技术。

(3) 了解分光光度分析与测量条件的关系及其依据。

## 【基本原理】

(1) 光度法测定的条件

分光光度法测定物质含量时应该注意显色反应的条件和测量吸光度的条件。显色反应的条件有显色剂用量、介质的酸度、显色时溶液的温度、显色时间及干扰物质的消除方法等；测量吸光度的条件包含应选择的入射光波长、吸光度范围和参比溶液等。

(2) 邻二氮菲-亚铁络合物

邻二氮菲（Phen）是测定微量铁的一种较好试剂，在 pH＝2～9 的范围内（一般控制在5～6 间），$Fe^{2+}$ 与邻二氮菲生成稳定的橙红色络合物 $Fe(phen)_3{}^{2+}$，反应式如下：

$$Fe^{2+} + 3\,\text{phen} \longrightarrow [Fe(phen)_3]^{2+}$$

此络合物的 $\lg K_{稳}=21.3$，摩尔吸光系数 $\varepsilon=1.1\times10^4\ L\cdot mol^{-1}\cdot cm^{-1}$。

铁含量在 0.1～$6\mu g\cdot mL^{-1}$ 范围内遵守朗伯-比尔定律。

$Fe^{3+}$ 能与邻二氮菲生成 3∶1 络合物，呈淡蓝色，$\lg K_{稳}=14.1$。所以，在加入显色剂邻二氮菲前，应用盐酸羟胺将 $Fe^{3+}$ 还原为 $Fe^{2+}$，其反应式如下：

$$2Fe^{3+}+2NH_2OH\cdot HCl \longrightarrow 2Fe^{2+}+N_2\uparrow+H_2O+4H^++2Cl^-$$

测定时，酸度高，反应进行较慢；酸度太低，则 $Fe^{2+}$ 易水解，影响显色。所以加入 NaAc 形成醋酸-醋酸钠缓冲溶液（pH 为 5～6）可使显色反应完全。

$Ba^{2+}$、$Cd^{2+}$、$Hg^+$、$Ag^+$、$Zn^{2+}$ 等离子与显色剂生成沉淀，$Ca^{2+}$、$Cu^{2+}$、$Ni^{2+}$ 等离子则形成有色配合物。当有这些离子共存时，应注意它们的干扰作用。

## 【仪器与试剂】

仪器：752 型分光光度计，50mL 容量瓶，1mL、2mL、5mL 吸量管。

试剂：$100\mu g\cdot mL^{-1}$ 铁标准溶液，$10.0\mu g\cdot mL^{-1}$ 铁标准溶液，0.15%邻二氮菲水溶液（新鲜配制），10%盐酸羟胺水溶液（新鲜配制），$1mol\cdot L^{-1}$ NaAc 溶液。

① $100\mu g\cdot mL^{-1}$ 铁标准溶液：准确称取 0.8634g 铁铵矾 $NH_4Fe(SO_4)_2\cdot 12H_2O$ 于小烧杯中，加水溶解，加入 20mL $6mol\cdot L^{-1}$ HCl 溶液和少量水，定量转移至 1L 容量瓶中，用水稀释至刻度，摇匀。

② $10.0\mu g\cdot mL^{-1}$ 铁标准溶液的配制：准确吸取 $100\mu g\cdot mL^{-1}$ 铁标准溶液 10.00mL 于

100mL 容量瓶中，用水稀释至刻度，摇匀。

**【实验步骤】**

（1）显色标准溶液的配制

取序号为 1～6 的 6 支 50mL 容量瓶，用吸量管分别吸取 10.0μg·mL$^{-1}$ 铁标准溶液 0.00mL、2.00mL、5.00mL、6.00mL、8.00mL 和 10.00mL 于各容量瓶中，各加 10% 盐酸羟胺溶液 1mL，摇匀，放置 2min。再各加入 1mol·L$^{-1}$ NaAc 溶液 5mL、0.15% 邻二氮菲溶液 2mL，以水稀释至刻度，摇匀。

（2）吸收曲线的绘制

在 752 分光光度计上，用 1cm 比色皿，以试剂空白溶液（1 号）为参比，从 440～560nm 每隔 10nm 测定一次待测溶液（5 号）的吸光度（在 500～520nm 之间，间隔 5nm 测量一次）。以波长为横坐标，吸光度为纵坐标，绘制吸收曲线，从吸收曲线上确定测量的适宜波长（一般选用最大吸收波长）。

（3）标准曲线的绘制

在 752 分光光度计上，用 1cm 比色皿，以试剂空白溶液（1 号）为参比，在最大吸收波长（510nm）下测 2、3、4、6 号溶液的吸光度。以铁的浓度（μg·mL$^{-1}$）为横坐标、相应的吸光度为纵坐标，绘制标准曲线。

（4）试液中铁含量的测定

准确吸取 5.00mL 试液于 50mL 容量瓶中，按照上述溶液配制相同的操作方法对试液进行显色，并测定其吸光度。根据吸光度从标准曲线上查出试液中的铁含量，并计算出原试液中的铁的含量，以 μg·mL$^{-1}$表示。

**【数据处理】**

（1）绘制吸收曲线

| 编号 | 1 | 2 | 3 | 4 | 5 | 6 | 7 | 8 | 9 | 10 | 11 | 12 | 13 | 14 | 15 |
|---|---|---|---|---|---|---|---|---|---|---|---|---|---|---|---|
| 波长/nm | 440 | 450 | 460 | 470 | 480 | 490 | 500 | 505 | 510 | 515 | 520 | 530 | 540 | 550 | 560 |
| 吸光度 $A$ | | | | | | | | | | | | | | | |

（2）拟定最大吸收波长

由吸收曲线拟定出邻二氮菲光度法测铁的最大吸收波长。

（3）绘制标准曲线

| 序号 | 1 | 2 | 3 | 4 | 5 | 6 | 试液 |
|---|---|---|---|---|---|---|---|
| 铁标准溶液(10.0μg·mL$^{-1}$)/mL | 0.00 | 2.00 | 4.00 | 6.00 | 8.00 | 10.00 | 5.00 |
| 吸光度 $A$ | 0.00 | | | | | | |

（4）计算出原试液中铁的含量（μg·mL$^{-1}$）。

**【注意事项】**

（1）溶液

① 显色标准溶液的配制和试样溶液的配制可同时进行。

② 容量瓶做好标记，以免溶液配错、弄混。

（2）比色皿

① 测定波长在 360nm 以上时，可用玻璃比色皿；波长在 360nm 以下时，要用石英比色皿。比色皿外部要用吸水纸吸干，不能用手触摸透光面。

② 仪器配套的比色皿不能与其他仪器的比色皿单个调换。如需增补，应经校正后方可使用。

③ 装溶液时，先用待测液润洗比色皿内壁至少 3 次；测定系列溶液时，通常按由稀到浓的顺序测定，溶液不能有气泡。

④ 待测液以装至比色皿的 2/3～3/4 高度为宜。

⑤ 每次倒溶液时应小心操作，减少对透光面的擦洗次数。装好溶液后，先用滤纸轻轻吸去比色皿外部的液体，再用擦镜纸小心擦拭透光面，直到洁净透明。

⑥ 实验完毕，应及时用蒸馏水把比色皿洗净、晾干，放回比色皿盒中。比色皿污染严重的要用重铬酸钾洗液清洗。

（3）分光光度计

① 分光光度计需预热使用，一般为 30min。

② 开关样品室盖时，应小心操作，防止损坏光门开关。

③ 不测量时，应使样品室盖处于开启状态，否则会使光电管疲劳，数字显示不稳定。

④ 当光线波长调整幅度较大时，需稍等数分钟才能工作。因光电管受光后，需有一段响应时间。

⑤ 仪器要保持干燥、清洁，不要将装有待测液的比色皿放在仪器上，以免玷污和腐蚀仪器。

（4）在绘制吸收曲线时，每更换一次测定波长，均需重新用参比溶液调节吸光度至 0 后，再测定溶液的吸光度。

（5）试样溶液应与标准系列溶液同时进行显色，以保证显色时间一致。

**【思考题】**

（1）在配制溶液时，加入试剂的顺序能否任意改变？为什么？

（2）用邻二氮菲测定铁时，为什么要加入盐酸羟胺？其作用是什么？

# >>> 实验五　工业氨水纯度的测定 >>>

**【实验目的】**

(1) 了解工业氨水中 $NH_3$ 含量的测定方法。

(2) 掌握直接滴定法和酸量法测定工业氨水中的 $NH_3$ 含量。

**【实验原理】**

直接滴定法：以甲基红（变色范围 4.4～6.2）为指示剂，用 HCl 标准溶液直接滴定氨水中的 $NH_3$。

酸量法：与过量的盐酸标准溶液作用，以甲基红-亚甲基蓝（变色范围 5.2～5.6）为指示剂，用 NaOH 标准溶液返滴定过量的盐酸。

**【仪器与试剂】**

仪器：752 分光光度计，电子天平，1mL、2mL、5mL、10mL 吸量管，50mL、100mL、250mL 容量瓶，50mL 烧杯，锥形瓶，滴定管。

试剂：0.1mol·L$^{-1}$盐酸标准溶液，0.1mol·L$^{-1}$ NaOH 标准溶液，甲基红指示剂，甲基红-亚甲基蓝混合指示剂 [将 50mL 甲基红溶液（2g/L）和 50mL 亚甲基蓝溶液（1g/L）混合]。

**【实验步骤】**

(1) 直接滴定法

准确称取 0.2g 左右的工业氨水加入预先装有 100mL 蒸馏水的锥形瓶中，摇匀，滴加 2～3滴甲基红指示剂，溶液呈黄色，用 0.1mol·L$^{-1}$ HCl 标准溶液滴定至溶液呈红色即为终点。

(2) 酸量法

移取 50.00mL 0.1mol·L$^{-1}$ HCl 标准溶液于锥形瓶中，准确称取 0.2g 左右的工业氨水于此锥形瓶中，摇匀，滴加 2～3 滴混合指示剂，溶液呈紫红色，用 0.1mol·L$^{-1}$ NaOH 标准溶液滴定至溶液呈灰绿色即为终点。

**【结果计算】**

直接滴定法：
$$w(\%)=\frac{c_{HCl}V_{HCl}\times 17}{m}\times 10^{-3}$$

酸量法：
$$w(\%)=\frac{(c_{HCl}\cdot 50.00-c_{NaOH}V_{NaOH})\times 17}{m}\times 10^{-3}$$

式中　$c_{HCl}$——HCl 标准溶液的浓度，mol·L$^{-1}$；

$V_{HCl}$——消耗的 HCl 标准溶液体积，mL；

$c_{NaOH}$——NaOH 标准溶液的浓度，mol·L$^{-1}$；

$V_{NaOH}$——消耗的 NaOH 标准溶液体积，mL；

$m$——工业硫酸的质量，g。

**【思考题】**

为什么该实验不选择酚酞作为指示剂？

# 实验六　农用 $NH_4HCO_3$ 中氨态氮含量的测定

## 【实验目的】

（1）了解氨态氮的测定方法。

（2）掌握各种方法的原理及适用范围。

（3）掌握直接滴定法和酸量法测定氨态氮。

## 【实验原理】

直接滴定法：以甲基红为指示剂，直接用盐酸标准溶液进行滴定。

酸量法：碳酸氢铵与过量盐酸标准溶液反应，以甲基红-亚甲基蓝为指示剂，用氢氧化钠标准滴定溶液返滴定过量的盐酸。

## 【仪器与试剂】

仪器：752 分光光度计，电子天平，1mL、2mL、5mL、10mL 吸量管，50mL、100mL、250mL 容量瓶，50mL 烧杯，锥形瓶，滴定管。

试剂：0.1mol·$L^{-1}$盐酸标准溶液，0.1mol·$L^{-1}$ NaOH 标准溶液，甲基红指示剂，甲基红-亚甲基蓝混合指示液［将 50mL 甲基红溶液（2g·$L^{-1}$）和 50mL 亚甲基蓝溶液（1g·$L^{-1}$）混合］。

## 【实验步骤】

（1）直接滴定法

准确称取 0.2g 左右的试样于预先装有 100mL 蒸馏水的锥形瓶中，摇匀，滴加 2～3 滴甲基红指示剂，溶液呈黄色，用 0.1mol·$L^{-1}$ HCl 标准溶液滴定至溶液呈红色即为终点。

（2）酸量法

在已知质量的干燥的带盖称量瓶中，迅速称取约 0.2g 试样，精确至 0.001g，然后立即用水将试样洗入已盛有 40.00mL 0.1mol·$L^{-1}$盐酸标准溶液的 250mL 锥形瓶中，摇匀使试样完全溶解，加热煮沸 3～5min，以驱除二氧化碳。冷却后，加 2～3 滴混合指示液，用氢氧化钠标准溶液滴定至溶液呈现灰绿色即为终点。

按上述步骤进行空白试验。除不加试样外，需与试样测定采用完全相同的分析步骤、试剂和用量（氢氧化钠标准滴定溶液的用量除外）进行。

## 【结果计算】

氮含量以质量分数表示

（1）直接滴定法

$$w=\frac{c_{\mathrm{HCl}}V_{\mathrm{HCl}}\times 14}{m}\times 10^{-3}$$

（2）酸量法

$$w=\frac{(c_{HCl}\times 40.00-c_{NaOH}V_{NaOH})\times 14}{m}\times 10^{-3}$$

式中 $c_{HCl}$——HCl 标准溶液的浓度，$mol \cdot L^{-1}$；

$V_{HCl}$——消耗的 HCl 标准溶液体积，mL；

$c_{NaOH}$——NaOH 标准溶液的浓度，$mol \cdot L^{-1}$；

$V_{NaOH}$——消耗的 NaOH 标准溶液体积，mL；

$m$——试样质量，g。

# 实验七　食品中 $NO_2^-$ 含量的测定

**【实验目的】**

（1）掌握 $NO_2^-$ 测定的原理和方法。

（2）练习分光光度计的使用操作。

**【实验原理】**

亚硝酸盐作为一种食品添加剂，能够保持腌肉制品等的色香味，并具有一定的防腐性。但同时也具有较强的致癌作用，过量食用会对人体产生危害。因此，食品加工中需严格控制亚硝酸盐的加入量。

在弱酸性溶液中亚硝酸盐与对氨基苯磺酸发生重氮反应，生成的重氮化合物与盐酸萘乙二胺偶联成紫红色的偶氮染料，可用分光光度法测定，有关反应如下：

$$NO_2^- + 2H^+ + H_2N\text{—}C_6H_4\text{—}SO_3H \longrightarrow N{\equiv}N^+\text{—}C_6H_4\text{—}SO_3H + 2H_2O$$

$$N{\equiv}N^+\text{—}C_6H_4\text{—}SO_3H + C_{10}H_7\text{—}NHCH_2CH_2NH_2\cdot HCl \longrightarrow$$

$$SO_3H\text{—}C_6H_4\text{—}N{=}N\text{—}C_{10}H_6\text{—}NHCH_2CH_2NH_2\cdot HCl + H^+$$

**【仪器与试剂】**

仪器：752 分光光度计，托盘天平，300mL 烧杯，电热套，50mL 容量瓶，1mL、2mL、5mL、10mL 吸量管。

试剂：饱和硼砂溶液，1.0mol·$L^{-1}$ $ZnSO_4$ 溶液，4g·$L^{-1}$（0.4%）对氨基苯磺酸溶液，2g·$L^{-1}$（0.2%）盐酸萘乙二胺，0.2g·$L^{-1}$$NaNO_2$ 标准溶液。

**【实验步骤】**

（1）样品中亚硝酸钠的提取（试样预处理）

① 称取 5g 磨细的香肠试样放于 300mL 烧杯中，加 12.5mL 饱和硼砂溶液搅拌均匀。（在将香肠放入烧杯之前，用 250mL 容量瓶量取 250mL 水倒入烧杯，记录刻度，为后面定容准备）

② 加 150～200mL 左右 70℃以上的热水，在电热套上（或沸水浴）加热 15min，将烧杯取出，轻轻摇动下加入 2.5mL1.0mol·$L^{-1}$ $ZnSO_4$ 溶液以沉淀蛋白质，冷却至室温后，加水稀释至 250mL，摇匀，静置 15min。

③ 除去上层脂肪，（必须定容后再去脂肪，否则将损失 $NaNO_2$，上层漂浮一层油，很难去掉）用滤纸过滤，弃去最初 10mL 滤液，过滤约 30mL 滤液备用。

（2）溶液的配制和测定

① 取 5mL 0.2g·L$^{-1}$ $NaNO_2$ 标准溶液于 100mL 容量瓶中，加水稀释至刻度，摇匀，作为操作液（10μg·mL$^{-1}$）。

② 取 6 支 50mL 容量瓶编号（1～6）后，分别向 1～5 号容量瓶中加 10μg·mL$^{-1}$ 的 $NaNO_2$ 0mL，0.4mL，0.8mL，1.2mL，1.6mL，各加水 30mL，然后向每个容量瓶中加入 2mL 对氨基苯磺酸溶液，摇匀。静置 3～5min 后，再分别加入 1mL 盐酸萘乙二胺溶液，加水至刻度，摇匀，静置 15min。向 6 号瓶中加提取液 20mL，加入 2mL 对氨基苯磺酸溶液，摇匀。静置 3～5min 后，再分别加入 1mL 盐酸萘乙二胺溶液，静置 15min。

(3) 测定

① 标准曲线的绘制

在 752 分光光度计上，用 1cm 比色皿，以 1 号溶液为参比，在 540nm 波长下测定 2～5 号溶液的吸光度，以 $NaNO_2$ 的浓度（μg·mL$^{-1}$）为横坐标，相应的吸光度为纵坐标，绘制标准曲线。

② 试样测定

用 1cm 比色皿，以 1 号溶液为参比，在 540nm 波长下测定 6 号溶液的吸光度，根据测得的吸光度，从标准曲线上查出相应的 $NaNO_2$ 的浓度。最后计算试样中 $NaNO_2$ 的质量分数（以 mg·kg$^{-1}$表示）。

**【数据处理】**

(1) 确定的最大吸收波长

(2) 绘制标准曲线

波长：540nm

| 编号 | 1 | 2 | 3 | 4 | 5 | 6 |
|---|---|---|---|---|---|---|
| 浓度/μg·mL$^{-1}$ | 0 | 0.08 | 0.16 | 0.24 | 0.32 | $c$ |
| 吸光度 $A$ | 0 | | | | | |

(3) 计算出试样中 $NaNO_2$ 的质量分数

$$w=\frac{c\times 23\times\frac{250}{20}}{5}\times 100\%$$

**【注意事项】**

(1) 容量瓶

① 检查瓶塞是否严密，不漏水。

② 瓶塞应系在瓶颈上。

③ 先用自来水洗再用蒸馏水洗三次。

④ 用洗瓶加蒸馏水定容，当溶液加到瓶中 2/3 处以后，将容量瓶水平方向摇转几周（勿倒转），使溶液混匀。然后，把容量瓶平放在桌子上，慢慢加水到距标线 1cm 左右，等待 1～2min，使粘附在瓶颈内壁的溶液流下，用滴管伸入瓶颈接近液面处，眼睛平视标线，加水至弯月面下部与标线相切。立即盖好瓶塞，用一只手的食指按住瓶塞，另一只手的手指托住瓶底，注意不要用手掌握住瓶身，以免体温使液体膨胀，影响容积的准确。

(2) 吸量管

① 用蒸馏水洗，然后用待取液润洗 2～3 次，用待取液润洗时，吸量管尖端内外的水用吸水纸除去，尽量勿使溶液流回。

② 待液体全部流出后，约等 15s，取出吸量管。

**【思考题】**

(1) 亚硝酸盐作为一种食品添加剂，具有哪些特点？能否找到一种优于亚硝酸盐的替代品？

(2) 承接滤液时，为什么要弃去最初的 10mL 滤液？

# 实验八　工业硼酸纯度的测定

## 【实验目的】

（1）了解弱酸的测定原理和方法。

（2）掌握强化法测定硼酸的含量。

## 【实验原理】

硼酸是很弱的酸，其 $K_a=5.7\times10^{-10}$，不能用 NaOH 标准溶液直接滴定。硼酸与甘油作用生成甘油硼酸，其 $K_a=8.4\times10^{-6}$，可以用 NaOH 标准溶液直接滴定。用酚酞作指示剂，滴定终点为微红色。

## 【仪器与试剂】

仪器：752 分光光度计，电子天平，锥形瓶，1mL、2mL、5mL、10mL 吸量瓶，50mL、100mL、250mL 容量瓶，50mL 烧杯，滴定管。

试剂：硼酸试样，1＋1 中性甘油混合液酚酞指示剂（取 50mL 甘油，加入 50mL 水，混合均匀。滴加 2 滴酚酞指示剂，用 $0.01\text{mol}\cdot\text{L}^{-1}$ 的 NaOH 溶液滴至微红色），$0.1\text{mol}\cdot\text{L}^{-1}$ NaOH 标准溶液。

## 【实验步骤】

准确称取 0.2～0.3g 试样于锥形瓶中，加入 20mL 中性甘油混合液，微热使其溶解，冷却后滴加 2 滴酚酞指示剂，用 NaOH 标准溶液滴定至微红色。再加入 3mL 甘油混合液，若微红色不消失即为终点，否则继续滴定，再加中性甘油混合液，重复操作至微红色不消失为终点。

## 【结果计算】

以质量分数表示的工业硼酸的含量按下式计算：

$$w(\%)=\frac{cV\times61.8}{m}\times10^{-3}$$

式中　$c$——NaOH 标准溶液的浓度，$\text{mol}\cdot\text{L}^{-1}$；

$V$——消耗的 NaOH 标准溶液体积，mL；

$m$——工业硼酸的质量，g；

61.8——$H_3BO_3$ 的摩尔质量，$\text{g}\cdot\text{mol}^{-1}$。

# 实验九　磷肥中游离酸的测定

**【实验目的】**

（1）了解游离酸的定义及测定意义。

（2）掌握游离酸含量的测定方法。

**【实验原理】**

磷肥中的游离酸主要为$H_3PO_4$，其含量可以用NaOH标准溶液直接进行滴定，滴定终点的pH值为5.2，可以用溴甲酚绿（变色范围3.8～5.4）作为指示剂，滴定终点由黄色变为绿色。

$$H_3PO_4 + NaOH \longrightarrow NaH_2PO_4 + H_2O$$

**【仪器与试剂】**

仪器：电子天平，锥形瓶，1mL、2mL、5mL、10mL吸量瓶，50mL、100mL、250mL容量瓶，50mL烧杯，滴定管。

试剂：磷酸试液，溴甲酚绿指示剂，$0.1mol \cdot L^{-1}$ NaOH标准溶液。

**【实验步骤】**

移取10.00mL试液于锥形瓶中，向锥形瓶中加入2～3滴溴甲酚绿指示剂，溶液呈黄色，用$0.1mol \cdot L^{-1}$NaOH标准溶液滴定至绿色即为终点。

**【结果计算】**

以质量分数表示的游离酸的含量按下式计算：

$$w(g/L) = \frac{cV \times 98}{V_0}$$

式中　$c$——NaOH标准溶液的浓度，$mol \cdot L^{-1}$；

$V$——消耗的NaOH标准溶液体积，mL；

$V_0$——磷酸试样的体积，mL；

98——$H_3PO_4$的摩尔质量，$g \cdot mol^{-1}$。

# 实验十　原子吸收法测定水中镁的含量

**【实验目的】**

(1) 掌握原子吸收光谱法的基本原理。

(2) 了解原子吸收光谱仪的基本结构及使用方法。

(3) 掌握用标准曲线法测定自来水中镁含量的方法。

**【实验原理】**

原子吸收光谱法的工作原理是：从光源发射出的具有待测元素的特征谱线的光，通过试样蒸气时，被蒸气中待测元素的基态原子所吸收，由发射光被减弱的程度来求得试样中待测组分的含量，其吸收的程度与火焰中原子蒸气浓度的关系符合朗伯-比尔定律，即：$A=\lg(I_0/I)=KNL$，式中，$A$ 为吸光度；I 为透光度；$L$ 为原子蒸气的厚度；$K$ 为吸光系数；$N$ 为单位体积原子蒸气中吸收辐射共振线的基态原子数，原子蒸气浓度 $N$ 与溶液中离子的浓度成正比，当测定条件一定时 $A=Kc$，$c$ 为溶液中待测离子的浓度；$K$ 为与测定条件有关的比例系数。

在既定条件下，测一系列不同镁含量的标准溶液的 $A$ 值，得 $A$-$c$ 的标准曲线，再根据未知溶液的吸光度值即可求出未知液中镁的浓度。

若自来水中除镁离子外还含有其他的阴离子如 $PO_4^{3-}$ 和阳离子如 $Al^{3+}$ 等，会一定程度上对测定产生干扰。可加入镧盐或锶盐作为镁离子释放剂，以得到准确的结果。

**【仪器与试剂】**

仪器：热电 S4 原子吸收光谱仪，镁空心阴极灯，乙炔钢瓶，空气压缩机，50mL、100mL 容量瓶，10mL 移液管，1mL、10mL 吸量管，洗瓶。

试剂：去离子水，1000 mg·L$^{-1}$镁标准储备液，燃料（乙炔，用钢瓶气供给，也可用乙炔发生器供给，但要适当纯化），助燃气（空气，一般由空气压缩机供给，浸入燃烧器前需要进行适当过滤，以除去其中的水、油和其他杂质）。

**【实验步骤】**

(1) 镁系列标准溶液的配制

配制浓度分别为 0.10mg·L$^{-1}$，0.20mg·L$^{-1}$，0.30mg·L$^{-1}$，0.40mg·L$^{-1}$，0.50 mg·L$^{-1}$的镁系列标准溶液。

(2) 按原子吸收光谱仪使用说明，熟悉使用方法，并按表 1 所给测定条件，调好仪器参数，并用去离子水喷雾调仪器零点。

(3) 镁的测定

① 用吸量管移取 1.0mL 自来水于 100mL 容量瓶中，用去离子水稀释至刻度，摇匀。

② 在仪器测定条件下，以去离子水为空白，分别吸取镁标准溶液测定吸光度，记录相应离子浓度的吸光度值。将水样与标准溶液在相同的条件下测其吸光度。做平行样 3 份，记录。

(4) 实验结束后，用去离子水喷洗原子化系统 2min，按关机程序关机。最后关闭乙炔钢瓶阀门，旋松乙炔稳压阀，关闭空压机和通风机电源。

(5) 绘制镁的 $A$-$c$ 标准曲线，由未知样的吸光度 $A_x$，求算出自来水中镁含量（$mg \cdot L^{-1}$）。

**表 1　仪器测定参数**

| 检测元素 | 吸收线波长/nm | 灯电流/mA | 空气流量/$L \cdot mm^{-1}$ | 乙炔流量/$L \cdot mm^{-1}$ | 狭缝/mm | 燃烧器长度/mm |
|---|---|---|---|---|---|---|
| Mg | 285.2 | 6 | 5.5 | 1.1 | 0.2 | 9 |

## 【数据处理】

(1) 记录测试参数与测试条件

(2) 记录原始数据并绘制工作曲线

| 实验编号 | 1 | 2 | 3 | 4 | 5 |
|---|---|---|---|---|---|
| 镁标准溶液浓度 $c/mg \cdot L^{-1}$ | 0.10 | 0.20 | 0.30 | 0.40 | 0.50 |
| 吸光度值 | | | | | |
| 水样吸光度值 | | | | | |

绘制标准曲线：以标准溶液浓度 $c$（$mg \cdot L^{-1}$）为横坐标，对应的吸光度为纵坐标，绘制标准曲线。

(3) 在标准曲线上查出水样中镁的含量。

$$水样中镁的含量（mg \cdot L^{-1}）= c_{标} \times 100 / V_{水}$$

式中　$c_{标}$——由标准曲线上查出镁的含量，$mg \cdot L^{-1}$；

$V_{水}$——取水样的体积，mL；

100——水样稀释至最后体积，mL。

## 【注意事项】

(1) 原子吸收光谱仪是精密贵重仪器，在未熟悉仪器的性能及操作方法之前，不得随意拨动主机记录器的各个开关和旋钮。

(2) 仪器操作必须严格按照仪器操作方法进行。

(3) 本实验使用易燃气体乙炔，故在实验室严禁烟火，以免发生事故。

(4) 点燃火焰时，必须先开空气，后开乙炔，熄灭火焰时，则应先关乙炔，后关空气，防止回火、爆炸事故的发生。

(5) 单光束仪器一般预热 10～30min。

(6) 启动空气压缩机压力不允许大于 0.2MPa，乙炔压力最好不要超过 0.1MPa。

## 【思考题】

(1) 原子吸收光谱仪由哪几部分组成？其测定原理是什么？

(2) 原子吸收光谱测定不同元素时，对光源有什么要求？

# 实验十一　有机酸摩尔质量的测定

**【实验目的】**

（1）掌握用基准物标定 NaOH 溶液浓度的方法。

（2）了解有机酸摩尔质量测定的原理和方法。

**【实验原理】**

绝大多数有机酸为弱酸，它们和 NaOH 溶液的反应为：

$$n\mathrm{NaOH}+\mathrm{H}_n\mathrm{A} = \mathrm{Na}_n\mathrm{A}+n\mathrm{H_2O}$$

当有机酸的各级离解常数与浓度的乘积均大于 $10^{-8}$ 时，有机酸中的氢均能被准确滴定。用酸碱滴定法可以测得有机酸的摩尔质量。测定时，$n$ 值必须已知。由于滴定产物是强碱弱酸盐，滴定突跃在碱性范围内，因此可选用酚酞作指示剂。

**【仪器与试剂】**

仪器：电子天平，250mL 锥形瓶，1mL、2mL、5mL、10mL 吸量管，50mL、100mL、250mL 容量瓶，100mL 烧杯，滴定管。

试剂：酚酞指示剂（0.2%乙醇溶液），0.1mol·L$^{-1}$ NaOH 标准滴定溶液。

**【实验步骤】**

用减量法准确称取试样 1.7～1.9g 于 100mL 烧杯中，加 40～50mL 水溶解，定量转入 250mL 容量瓶中，用水冲洗烧杯数次，一并转入容量瓶中，然后用水稀释至刻度，摇匀。用移液管平行移取 25.00mL 试液两份，分别放入 250mL 锥形瓶中，加酚酞指示剂 1～2 滴。用 NaOH 标准溶液滴定至溶液由无色变为微红色，半分钟内不褪色，即为终点。计算有机酸摩尔质量及相对平均偏差（小于 0.2%）。

**【结果计算】**

有机酸摩尔质量的计算公式：

$$M=\frac{mn\times1000}{cV\times10}$$

式中　$c$——NaOH 标准溶液的浓度，mol·L$^{-1}$；

$V$——消耗的 NaOH 标准溶液体积，mL；

$m$——试样的质量，g；

$n$——有机酸的质子数。

**【思考题】**

（1）如 NaOH 标准溶液在保存过程中吸收了空气中的 $CO_2$，用该标准溶液测定某有机酸的含量，NaOH 浓度是否会改变？测定结果有何影响？

（2）草酸、柠檬酸、酒石酸等多元有机酸能否用 NaOH 溶液分步滴定？

（3）$Na_2C_2O_4$ 能否作为酸碱滴定的基准物质？为什么？

# 实验十二　天然水中碳酸盐和总碱度的测定

**【实验目的】**

(1) 掌握不同指示剂的变色范围。

(2) 掌握酸碱滴定法测定水中的碳酸盐和总碱度含量。

**【实验原理】**

用 HCl 测定水样时，以酚酞（变色范围 8.2～10.0）作指示剂，滴定到化学计量点时，pH 值为 8.4，此时消耗的酸量相当于 $CO_3^{2-}$ 含量的一半。再加入甲基橙（变色范围 3.1～4.4）指示剂，继续滴定到化学计量点时溶液的 pH 值为 4.4，这时滴定的是由碳酸根离子所转变的碳酸氢根和水样中原有的碳酸氢根的总和。

**【仪器与试剂】**

仪器：电子天平，振荡器，紫外-可见分光光度计，250mL 锥形瓶，1mL、2mL、5mL、10mL 吸量管，50mL、100mL、250mL 容量瓶，100mL 烧杯，滴定管。

试剂：水样，酚酞指示剂，甲基橙指示剂，0.1mol·L⁻¹ HCl 标准溶液。

**【实验步骤】**

移取水样 50.00mL 于 250mL 锥形瓶中，加 2 滴酚酞指示剂，如出现红色，则用 0.05mol·$L^{-1}$ HCl 标准溶液滴定至红色刚刚消失，记录消耗盐酸标准溶液的体积（$V_1$）。然后在此无色溶液中加入 2 滴甲基橙指示剂，溶液呈黄色，继续用 0.05mol·$L^{-1}$ HCl 标准溶液滴定至溶液由黄色变为橙色，记录此时盐酸标准溶液的消耗量（$V_2$）。

**【结果计算】**

$$c_1=\frac{2V_1\times c\times 1000}{V}\times 60.01$$

$$c_2=\frac{(V_2-V_1)\times c\times 1000}{V}\times 61.01$$

式中　$c_1$——水样中碳酸根（$CO_3^{2-}$）含量，mg·$L^{-1}$；

$c_2$——水样中碳酸氢根（$HCO_3^-$）含量，mg·$L^{-1}$；

$c$——盐酸标准溶液浓度，mol·$L^{-1}$；

$V$——所吸取水样的体积，mL；

60.01——$CO_3^{2-}$ 的摩尔质量，mol·$L^{-1}$；

61.01——$HCO_3^-$ 的摩尔质量，mol·$L^{-1}$。

**【注意事项】**

① 若水样先以酚酞为指示剂，用盐酸标准溶液滴定，所得碱度以 $P$ 表示；继以甲基橙为指示剂，所得碱度以 $M$ 表示；总碱度以 $A$ 表示。各种碱度的关系见下表。

| $P$、$M$、$A$ 关系 | 定量结果 | $OH^-$ | $CO_3^{2-}$ | $HCO_3^-$ |
|---|---|---|---|---|
| $A=P+M$ | $P=0$ | 0 | 0 | $M$ |
| | $P<M$ | 0 | $2P$ | $M-P$ |
| | $P=M$ | 0 | $2P$ | 0 |
| | $P>M$ | $P-M$ | $2M$ | 0 |
| | $M=0$ | $P$ | 0 | 0 |

② 水样碱度较大时，当用甲基橙作为指示剂，由于大量二氧化碳的存在，滴定至化学计量点前就会变色，因此在临近终点时应加热，煮沸水样，以排除二氧化碳，迅速冷却后继续滴定至终点，或通惰性气体去除二氧化碳。

**【思考题】**

(1) $CO_2$ 对测定有何影响？如何消除？

(2) 测定碱度时，如何严格控制终点？应注意哪些事项？

(3) 用酚酞和甲基橙作指示剂，分别测定的是什么碱度？

# 实验十三　稻壳多孔炭的制备及对孔雀石绿的吸附性能研究

**【实验目的】**

(1) 掌握稻壳多孔炭的制备方法。

(2) 通过实验加深理解多孔炭吸附的基本原理。

(3) 了解多孔炭对水中孔雀石绿的吸附性能。

(4) 熟练掌握多孔炭吸附孔雀石绿的测定方法。

**【实验原理】**

多孔炭是一种多孔性含碳材料，具有发达的孔隙结构、巨大的比表面积和优良的吸附性能，被广泛应用于环保、食品、医药、化工等领域。近年来，随着人们对环保问题的日趋重视，各行业对多孔炭的需求逐年增加。目前，制备多孔炭的原料主要为植物性木质原料、煤炭原料、石油原料等，这类原料成本较高，给广泛应用带来困难，而农业副产品大都具有一定的含碳量，且廉价易得，是一类优良的多孔炭生产原料，稻壳作为农业副产品中的一种，其产量巨大，目前大部分稻壳并未被高效利用，因此以稻壳为原料制备高性能多孔炭，并研究产品在吸附领域的应用具有重要意义。

本实验采用KOH为活化试剂，将稻壳在一定温度下进行处理制备高比表面积、高孔容量的多孔炭，其活化机理如下所示：

$$4KOH+2CO_2 \rightleftharpoons 2K_2CO_3+2H_2O \quad (1) \qquad 4KOH+C \rightleftharpoons 4K+CO_2+2H_2O \quad (2)$$

$$6KOH+2C \rightleftharpoons 2K+3H_2+2K_2CO_3 \quad (3) \qquad K_2O+C \rightleftharpoons 2K+CO \quad (4)$$

$$K_2CO_3+C \rightleftharpoons 2K+3CO \quad (5) \qquad K_2CO_3 \rightleftharpoons K_2O+CO_2 \quad (6)$$

$$C+H_2O \rightleftharpoons H_2+CO \quad (7) \qquad CO+H_2O \rightleftharpoons H_2+CO_2 \quad (8)$$

$$2KOH \rightleftharpoons K_2O+H_2O \quad (9) \qquad K_2O+SiO_2 \rightleftharpoons K_2SiO_3 \quad (10)$$

将得到产品用于后续对孔雀石绿的吸附研究。

孔雀石绿（Malachite Green，MG）又名中国绿、苯胺绿、碱性孔雀石绿、品绿和盐基块绿，是一种合成的有毒的三苯甲烷类化合物，既是染料又是一种杀菌剂，为绿色有金属光泽的晶体，易溶于水，溶于乙醇、甲醇和戊醇，水溶液呈蓝绿色。孔雀石绿被广泛地用作食品染色剂、食品添加剂、杀菌剂、驱虫剂和水产业的生物杀灭剂，同时作为一种碱性染料，可用于丝绸、羊毛、黄麻、皮革、棉、造纸和塑胶等。

然而，孔雀石绿对哺乳动物细胞具有高毒性，很难被微生物降解，并可引发肝癌。对人体而言，如果吸入会刺激呼吸道，误食会刺激肠胃，皮肤接触会出现红点并感觉疼痛，眼部接触会导致永久性眼部损伤。由于其致癌性，孔雀石绿在很多国家已经禁用，但部分渔民在防治鱼类感染真菌及在长途运输中延长鱼类的存活时间中仍然在使用，处理孔雀石绿的方法有很多，例如光触媒降解法、光降解法和吸附法等。本实验采用多孔炭来去除这种污染，同时考察稻壳多孔炭对有机染料的吸附能力。

虽然孔雀石绿是阳离子染料，但是随着体系的变化，其结构与电荷性质会发生变化，其变化图如下所示。由于孔雀石绿尺寸较大，因此多孔炭对于孔雀石绿吸附的研究具有理论以及应用价值。

$\overset{+}{N}(CH_3)_2$ $N(CH_3)_2$

$\underset{}{\overset{\pm AH}{\rightleftharpoons}}$ $+H^+$

C C A

$N(CH_3)_2$ $N(CH_3)_2$

多孔炭处理工艺在水处理研究中的应用主要是利用多孔炭的物理吸附、化学吸附、氧化、催化氧化和还原等性能来有效地去除水中污染物。水处理过程中使用的多孔炭有粉末炭和粒状炭两类。多孔炭吸附法广泛用于水处理。多孔炭吸附的主要性能参数是吸附容量和吸附速率。吸附容量是单位质量多孔炭达到吸附饱和时能吸附的量，与原料、制造过程及再生方法有关。吸附容量越大，所用多孔炭越省。吸附速率是指单位质量多孔炭在单位时间内能吸附的量。在吸附过程中，多孔炭比表面积和孔容量直接影响吸附容量。同时，被吸附物质在溶剂中的溶解度、pH 的高低、温度变化和被吸附物质的浓度、分散程度对吸附速率有重要影响。

多孔炭对水中所含杂质的吸附既有物理现象，也有化学吸附作用。一部分被吸附物质先在多孔炭表面上积聚浓缩，继而进入固体晶格原子或分子之间被吸附，还有一部分特殊物质则与多孔炭分子结合而被吸附。当多孔炭吸附水中所含杂质时，水中的溶解性杂质在多孔炭表面积聚而被吸附，同时也有一些被吸附物质由于分子的运动而离开多孔炭表面，重新进入水中即同时发生解吸现象。当吸附和解吸处于动态平衡时，称为吸附平衡。这时多孔炭和水（即固相和液相）之间的溶质浓度，具有一定的分布比值。如果在一定压力和温度条件下，用 $m$ g 多孔炭吸附溶液中的溶质，被吸附的溶质为 $x$ mg，则单位质量的多孔炭吸附溶质的数量 $q_e$，即吸附容量可按下式计算：

$$q_e = x/m\,(\mathrm{mg/g})$$

吸附容量的大小除了取决于多孔炭的品种之外，还与被吸附物质的性质、浓度、水的温度及 pH 值有关。一般来说，当被吸附的物质能够与多孔炭发生结合反应、被吸附物质又不容易溶解于水而受到水的排斥作用，且多孔炭对被吸附物质的亲和作用力强、被吸附物质的浓度又较大时，吸附容量就比较大。

## 【仪器与试剂】

仪器：分析天平，振荡器，紫外-可见分光光度计，烘箱，马弗炉，酸度计，磁力搅拌器，真空泵，量筒，烧杯，磁子，坩埚，研钵等。

试剂：商业活性炭，稻壳，KOH（分析纯），孔雀石绿（分析纯）。

## 【实验步骤】

(1) 稻壳多孔炭的制备

用坩埚称取一定量稻壳，按稻壳与 KOH 质量比（g/g）为 1∶2、1∶3、1∶4、1∶5 称取相应质量的 KOH，将稻壳与 KOH 在坩埚内混合均匀后放入马弗炉中，将马弗炉升温至 400℃，预活化 30min 后，继续升温至 800℃，进行活化反应 60min 后，将坩埚取出自然冷却至室温，产品用蒸馏水洗涤、过滤至中性，得到多孔炭产品。将多孔炭放入烘箱中，120℃烘干 10h，用于后续孔雀石绿的吸附实验研究。

(2) 多孔炭对孔雀石绿的吸附性能测试

① 孔雀石绿标准曲线的绘制

准备配制一系列不同浓度 $4.0mg \cdot L^{-1}$、$8.0mg \cdot L^{-1}$、$10.0mg \cdot L^{-1}$、$12.0mg \cdot L^{-1}$、$14.0mg \cdot L^{-1}$、$16.0mg \cdot L^{-1}$ 和 $20.0mg \cdot L^{-1}$ 的孔雀石绿水溶液，测定样品在 617nm 处的吸光度，用于实验后绘制吸光度-浓度的标准曲线。

② 多孔炭对孔雀石绿的吸附测试

准备配制 $50mg \cdot L^{-1}$、$100mg \cdot L^{-1}$ 和 $150mg \cdot L^{-1}$ 三种不同浓度的孔雀石绿溶液。取 50mL 上述溶液于 100mL 锥形瓶中，加入 0.01g 多孔炭样品（不同种类的多孔炭），将待吸附的溶液置于磁力搅拌上，室温下吸附 60min。鉴于孔雀石绿在见光条件下易分解，整个实验过程均在避光条件下进行。吸附达平衡后，将溶液过滤，取 10mL 滤液于比色皿中，滤液用分光光度计在孔雀石绿最大吸收波长（617nm）处测其吸光度，通过标准曲线法确定孔雀石绿浓度。孔雀石绿去除率和吸附量分别按式 (1) 和式 (2) 计算。

$$\eta = \left(1 - \frac{c_e}{c_0}\right) \times 100\% \tag{1}$$

$$q = \frac{(c_0 - c_e)V}{m} \tag{2}$$

式中，$\eta$ 为孔雀石绿的去除率，%；$c_0$ 为吸附前孔雀石绿质量浓度，$mg \cdot L^{-1}$；$c_e$ 为吸附达到平衡后孔雀石绿质量浓度，$mg \cdot L^{-1}$；$q$ 为孔雀石绿吸附量，$mg \cdot g^{-1}$；$V$ 为孔雀石绿溶液体积，L；$m$ 为多孔炭的质量，g。

**【数据处理】**

(1) 绘制孔雀石绿的吸光度-浓度（$A$-$c$）工作曲线（标准曲线）。

(2) 根据吸附实验中不同实验条件下滤液的吸光度，计算溶液中孔雀石绿的浓度，同时计算不同多孔炭对孔雀石绿的吸附量。

**【思考题】**

(1) 不同多孔炭样品对不同浓度孔雀石绿的吸附量有何区别，分析其原因。哪种多孔炭、在什么实验条件下对孔雀石绿的吸附量更大？

(2) 实验结果受哪些因素影响较大，如何减小实验误差？

## 实验十四　气相色谱法测定乙醇中乙酸乙酯的含量

### 【实验目的】

（1）掌握气相色谱中利用保留值进行定性的方法。

（2）学习外标法进行定量分析的方法和计算。

（3）了解氢火焰检测器的原理和应用。

### 【实验原理】

在混合物样品分离之后，利用已知物保留值对各色谱峰进行定性是色谱法中最常用的一种定性方法。它的依据是在相同的色谱操作条件下，同一种物质应具有相同的保留值，当用已知物的保留时间（保留体积、保留距离）与未知物组分的保留时间进行对照时，若两者的保留时间完全相同，则认为它们可能是相同的化合物。这个方法以各组分的色谱峰必须分离为单独峰为前提，同时还需要有作为对照用的标准物质。

外标法定量使用组分 $i$ 的纯物质配制成已知浓度的标准样，在相同的操作条件下，分析标准样和未知样，根据组分量与相应峰面积或峰高呈线性关系，则在标准样与未知样进样量相等时，由下式计算组分的含量：

$$w_i = A_i w_{is} / A_{is}$$

式中　$w_{is}$——标准样品中组分 $i$ 的含量；

$w_i$——待测试样中组分 $i$ 的含量；

$A_{is}$——标准样品中组分 $i$ 的峰面积；

$A_i$——待测试样中组分 $i$ 的峰面积。

### 【仪器与试剂】

仪器：Agilent6890N 气相色谱仪，微量注射器（1μL），比色管，移液管 20mL、5mL 等。

试剂：无水乙醇，乙酸乙酯。

### 【实验步骤】

（1）实验条件

色谱柱，OV-101 silicone 10%，Chromosorb W-AW-DMCS 80/100。

载气流量 $18mL \cdot min^{-1}$。

检测器：氢火焰检测器。

柱温，90℃；气化室温度 150℃；检测器温度 110℃。

（2）乙醇、乙酸乙酯保留时间的测定

分别注入 0.2μL 纯乙醇、乙酸乙酯样品，目的是利用保留时间对混合物中的峰进行指认。

（3）乙醇中乙酸乙酯含量的测定

取无水乙醇五份，每份 7.5mL，分别加入纯乙酸乙酯 1.0mL、2.0mL、3.0mL、4.0mL、6.0mL 配得标准溶液 5 瓶，从每瓶中吸取 1.0μL 注入色谱仪得各标准溶液色谱图，取试样溶液 0.2μL，在相同条件下进行分析，得色谱图。

（4）后期处理

实验完毕，用乙醇清洗 1μL 注射器，退出色谱工作站，点击关闭气化室、色谱柱、检测器的升温加热，并继续通气 30min，等待仪器冷却。然后关闭气相色谱仪电源，最后关闭载气阀门。

**【数据记录和处理】**

（1）绘制乙酸乙酯的标准曲线。

（2）利用标准曲线求样品中乙酸乙酯的含量。

**【思考题】**

用外标法进行定量分析的优缺点是什么？

# 2.2 精细化学品方向

## 实验十五　表面活性剂水溶液动态表面张力的测定及吸附动力学

### 【实验目的】

（1）熟悉滴体积法测定溶液动态表面张力的方法。

（2）掌握从动态表面张力数据研究吸附动力学规律的一般方法。

### 【实验原理】

处于吸附平衡状态的表面活性剂溶液，其本体相与表面层具有不同的组成。现突然使表面迅速扩展，一部分本体溶液被迫进入表面层。若表面面积增大的速率足够快，则在表面刚扩展时，表面层与体相有相同或相近的组成，但这不是平衡态。随后会进行表面活性剂分子从本体相向表面层的扩散，经若干时间后到达新的吸附平衡状态，该过程称为松弛作用(Relaxation)。对于发生正吸附的表面活性剂水溶液，松弛过程中溶液的表面张力随时间而降低，其系列数值称为动态表面张力（Dynamic Surface Tension)。换言之，表面活性剂溶液的动态表面张力是指处在非平衡状态的表面在向平衡态趋近时其表面张力随时间而发生的变化。这种表面张力随时间的变化由以下两个因素控制：第一，在表面层与亚表面区（表面下紧挨表面的一薄层本体相溶液）之间表面活性剂分子的交换；第二，在亚表面区与本体相之间通过扩散所进行的表面活性剂分子交换。如果表面活性剂分子在表面层与亚表面区之间的交换比扩散要快得多（交换能瞬时完成)，则在动态表面张力向其平衡值趋近的整个期间，表面层与亚表面区之间实际上处在平衡状态。在且仅在这种情况下，可以在表面层与亚表面区之间应用吉布斯（Gibbs）吸附等温式将吸附量与表面张力通过一定的状态方程相联系。此时吸附属扩散控制机理。反之，若表面活性剂分子在表面层与亚表面区之间的交换比扩散要慢，则可以假设亚表面区与体相的组成相同。在这种情况下，表面层在整个表面陈化过程中都不与亚表面区处于平衡态，吉布斯公式不能用。此时吸附过程受表面层与亚表面区间分子的交换速率所控制，属迁移控制机理。介于这两种极端情况之间的所有中间状态，由于表面层与亚表面区之间不是处于平衡状态，吉布斯公式也不能用，其吸附过程受各种动力学因素所制约。

最早描述吸附量随时间而变化的定量关系式是 Ward-Tordai 方程：

$$\Gamma_t = 2c_0(Dt/\pi)^{1/2} - (D/\pi)^{1/2}\int_0^t c_\tau (t-\tau)^{-1/2}\mathrm{d}\tau \tag{1}$$

式中，$\Gamma_t$ 为动态吸附量；$c_0$ 是表面活性剂的本体浓度；$c_\tau$ 为它在亚表面区的浓度，是时间的函数；$D$ 是表面活性剂分子的扩散系数。式（1）右边第二项考虑的是表面活性剂分子自亚表面区向体相方向的扩散，即分子自表面的脱附。由于其中含有一个未知函数 $c_\tau(t-\tau)^{-1/2}$，而通过实验很难直接测定亚表面区的浓度 $c_\tau$，使得整个第二项不可积。故式（1）不能直接用于计算 $\Gamma_t$. 为了建立适当的理论模型来解释和分析动态表面张力实验数据。

Fainerman 用逼近法对式（1）求解，得到 1-1 型离子型表面活性剂水溶液在吸附的后期遵从以下关系式

$$\gamma_t=\gamma_e+(RT\Gamma^2/c_0)(\pi/Dt)^{1/2}\quad t\to\infty \tag{2}$$

式中，$\gamma_e$ 和 $\gamma_t$ 分别为溶液的平衡表面张力和动态表面张力。式（2）表明，若 $\gamma_t$-$t^{-1/2}$ 图为直线，则为扩散控制吸附机理。从直线斜率可求出表面活性剂分子的表观扩散系数 $D_{app}$。将 $D_{app}$ 值与其他方法得到的 $D$ 值比较，若能符合（一般小分子在水溶剂中的扩散系数在 $10^{-9}\ m^2 \cdot s^{-1}$ 数量级，通常相差在三倍内仍可认为相符）则可认为吸附为纯扩散控制机理，即当表面扩展时，表面活性剂分子从体相通过扩散到达亚表面区，随后与表面层进行交换并最终被吸附在表面上。在此过程中，如果分子在表面层与亚表面区之间的交换比扩散要快得多，则表面层与亚表面区之间实际上是处于平衡状态，此时，扩散是整个吸附过程的速率决定步骤，此即纯扩散控制机理。若 $D$app 比 $D$ 值小很多，则说明除扩散外，另有限制吸附速率的因素。在此情况下，称吸附为扩散-动力学控制机理，或称混合动力学控制机理。

动态表面张力应用最典型的实例为各种各样的表面涂层。在表面被涂覆的过程中，表面面积迅速增大，体系的表面张力上升，实际应用中要求在尽可能短的时间内使表面张力降至平衡值以使表面涂层稳固。应尽量避免使用其表面张力强烈依赖于表面面积的表面活性剂。因此，研究松弛机理可以有效地指导实际应用。

**【仪器与试剂】**

仪器：表面张力仪，TVT2 型滴体积张力计（LAUDA，德国），电导率仪，100mL 容量瓶。

试剂：十六烷基三甲基溴化铵[$C_{16}H_{33}(CH_3)_3N^+Br^-$](简称 CTAB)(AR)，重蒸水。

**【实验步骤】**

(1) 配制十个系列浓度 CTAB 的水溶液，恒温 30.00℃±0.05℃时用表面张力仪测定溶液的平衡表面张力。

(2) 测定上述溶液的电导率。

(3) 用 TVT2 型滴体积张力计测定三个不同浓度 CTAB 水溶液的动态表面张力。

**【结果与讨论】**

(1) 以平衡表面张力 $\gamma$ 对浓度 $c$ 作图，从曲线确定 CTAB 的临界胶束浓度 CMC，并与文献值相比较（25℃，CMC=$9.2\times10^{-4}\ mol \cdot dm^{-3}$）。

(2) 以溶液的电导率 $\kappa$ 对浓度 $c$ 作图，从曲线确定 CTAB 的临界胶束浓度 CMC，并与步骤（1）中测得的数值相比较。

(3) 以表面张力 $\gamma$ 对浓度对数 ln$c$ 作图，再据 Gibbs 吸附等温式

$\Gamma=(-1/nRT)(d\gamma/d\ln c)$求得不同浓度 $c$ 时的表面吸附量 $\Gamma$，作 $\Gamma$ 随浓度 $c$ 的变化曲线。据 Langmuir 吸附等温式 $\Gamma=\Gamma_m[bc/(1+bc)]$，用 $c/\Gamma$ 对 $c$ 作图求得饱和吸附量 $\Gamma_m$ 和吸附系数 $b$。

(4) 作出所测溶液的动态表面张力曲线。

(5) 根据式（2），作 $\gamma_t$-$t^{-1/2}$ 图，看是否为直线。从直线斜率求出 CTAB 分子的表观扩

散系数 $D_{app}$，把此 $D_{app}$ 与 CTAB 在水溶液中的扩散系数 $D=8.0\times10^{-10}\ m^2\cdot S^{-1}$ 相比较，判断吸附机理。

**【思考题】**

（1）表面活性剂水溶液的动态表面张力与哪些因素有关？

（2）动态表面张力有哪些实际应用？

（3）表面活性剂分子在界面上的吸附遵从扩散-动力学控制机理时，如何测定吸附过程的活化能 $E_a$？

# 实验十六　卡拉胶的提取和果冻的制备

**【实验目的】**

(1) 掌握卡拉胶的提取的方法。

(2) 了解卡拉胶的应用。

**【实验原理】**

浩瀚无垠的海洋，孕育着无数的生命，提供人类以丰富的资源，其中包括各种海藻珍品，据统计大约有2万多种，这些藻类大部分都含有一定的藻胶。有的含有褐藻胶（如褐藻类的海带等），有的含有琼胶（如红藻类的江蓠、伊谷草、沙菜、石花菜等），有的含有卡拉胶等。其中琼胶是经济价值较高的藻胶。随着近代科技的发展，卡拉胶也被广泛应用到人类生活的各个方面。

卡拉胶的利用起源于数百年前，在爱尔兰南部沿海出产一种海藻，俗称为爱尔兰苔藓(Irish Moss)，现名为皱波角藻（Chondrus Crispus），当地居民常把它采来放到牛奶中加糖煮，放冷凝固后食用。18世纪初期，爱尔兰人把此种海藻制成粉状物并介绍到美国，后来有公司开始商品化生产，并以海苔粉（Sea Moss Farina）的名称开始销售，广泛用于牛奶及多种食品中。19世纪美国开始工厂化提炼卡拉胶，到19世纪40年代卡拉胶工业才真正在美国发展起来。我国在1973年在海南岛开始有卡拉胶生产。

卡拉胶又名鹿角菜胶、角叉菜胶，是一类从海洋红藻中提取的海藻多糖，是一个亲水性胶体，其化学结构为D-半乳糖和3，6-脱水-D-半乳糖残基所组成的多糖类硫酸酯的钙、钾、钠、铵盐。由于其中硫酸酯结合形态的不同，可分为K型（Kappa）、I型（Iota）、L型(Lambda)。卡拉胶广泛存在于角叉菜、麒麟菜、杉藻、沙菜等海藻中，为白色或淡黄色粉末，可溶于水或温水（完全溶解于60℃以上的水，溶液冷至常温则成黏稠液或透明冻胶），不溶于有机溶剂，无味、无臭。

卡拉胶具有凝胶、增稠、乳化、保湿、成膜及稳定分散等特性，被广泛应用于食品、轻工、化工和医药等领域。我国工业生产厂家主要集中在广东、福建、海南等地，生产中碱处理大多采用氢氧化钠和氯化钾处理工艺。氢氧化钾处理对海藻结构的破坏较轻、胶质流失少、产品收率高。

化学结构：由磺化的或磺化的半乳糖和3,6-脱水半乳糖通过$\alpha$-1,3糖苷键和$\beta$-1,4键交替连接而成，在1,3连接的D半乳糖单位C4上带有1个磺酸基。分子量为20万以上。

结构式：

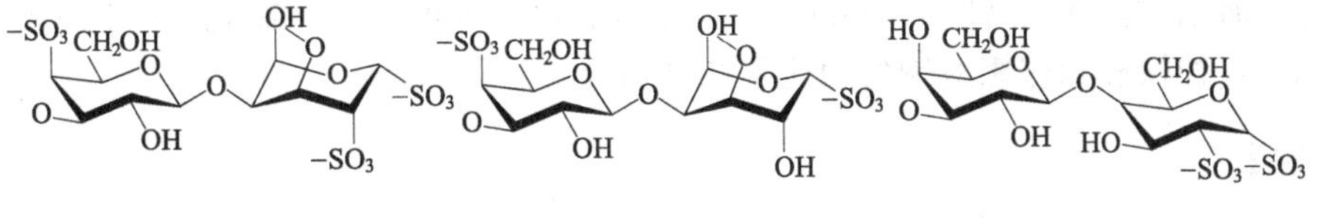

胶体化学特性如下所示。

① 溶解性　不溶于冷水，但可溶胀成胶块状，不溶于有机溶剂，易溶于热水成半透明

的胶体溶液（在 70℃以上热水中溶解速度提高）。

② 胶凝性　在钾离子存在下能生成热可逆凝胶。

③ 增稠性　浓度低时形成低黏度的溶胶，接近牛顿流体，浓度升高形成高黏度溶胶，则呈非牛顿流体。

④ 协同性　与刺槐豆胶、魔芋胶、黄原胶等胶体产生协同作用，能提高凝胶的弹性和保水性。

⑤ 健康价值　卡拉胶具有可溶性膳食纤维的基本特性，在体内降解后的卡拉胶能与血纤维蛋白形成可溶性的络合物。可被大肠细菌酵解成 $CO_2$、$H_2$、沼气及甲酸、乙酸、丙酸等短链脂肪酸，成为益生菌的能量源。

卡拉胶作为一种很好的凝固剂，可取代通常的琼脂、明胶及果胶等。用琼脂做成的果冻弹性不足，价格较高；用明胶做果冻的缺点是凝固和融化点低，制备和贮存都需要低温冷藏；用果胶的缺点是需要加入高溶度的糖和调节适当的 pH 值才能凝固。卡拉胶没有这些缺点，用卡拉胶制成的果冻富有弹性且没有离水性，因此，可作为果冻常用的凝胶剂。

卡拉胶在果冻中应用时应注意以下几点。

① 由于卡拉胶属于魔芋胶体系，其溶解度相对不高，因此要进行保温。如保温时间不够，溶解不完全，所做出的果冻口感就不好，严重的会造成果冻很嫩不成型；但同时保温时间过长，卡拉胶又偏碱或者加入柠檬酸钠之类的缓冲剂，就容易发生去乙酰化变性，产生“蛋花汤”的现象，果冻仍可能不成型。因此建议夏天煮沸后不要保温，冬天煮沸后保温 10min，春秋季节介于两者之间。

② 由于卡拉胶不耐酸，加酸温度越低越好，一般在 70～80℃果冻灌装之前或根据实际工艺条件进行，否则温度越高卡拉胶越容易被破坏，影响口感，同时建议柠檬酸溶于水后添加，以免造成局部过酸；调节 pH 值一般不低于 4，需要更酸的口感则应使用其他胶体辅助；巴氏杀菌也会影响口感，需要根据实际情况进行调节。

③ 过滤　在煮沸后，使用筛网过滤料液，其目的是去除无法溶解的魔芋胶颗粒，获得相对透明的果冻。

果冻是用增稠剂（海藻酸钠、琼脂、明胶、卡拉胶等）加入各种人工合成香精、着色剂、甜味剂、酸味剂配制而成的。虽然来自海藻和陆生植物，可是在提取过程中经过酸、碱、漂白等工艺处理，降低其原有的维生素、无机盐等营养成分。海藻酸钠、琼脂等属于膳食纤维类，但摄入过多会影响人体对脂肪、蛋白质的吸收，尤其是与铁、锌等无机盐由于结合成不可溶性混合物，降低了人体对铁、锌等微量元素的吸收。

## 【仪器与试剂】

仪器：凝胶强度测定仪，分析天平，恒温水浴，真空干燥箱。

试剂：海藻氢氧化钾（KOH），氢氧化钠（NaOH），氯化钾（KCl），酒精（$C_2H_5OH$），柠檬酸和柠檬酸钠均为化学纯试剂。

## 【实验步骤】

（1）卡拉胶的提取

准确称量原料海藻 50g，用蒸馏水洗净，剪成碎块，用 14%KOH 溶液浸泡，把藻体完全浸没为准。加温搅拌，60℃恒温 4h，滤去碱液，用自来水冲洗藻体至中性。然后加入 300mL 蒸馏水，煮沸 50min，用 200 目尼龙纱布滤去藻渣。过滤后的滤液冷却到 40℃以下，再按胶液体积的 1/5 加入 5%的氯化钾溶液进行盐析，充分搅拌，使胶液与氯化钾溶液混合均匀，用 30 目的不锈钢筛网把游离水过滤掉。再将所得凝胶在烧杯中加入 200mL 的酒精汲水，用尼龙纱布挤压过滤，滤饼在烘箱中干燥即得产品，称重，计算产率。

(2) 柠檬味果冻的制备

① 将卡拉胶 0.2g（干品）浸泡在 20mL 水中，软化后在搅拌下慢慢加热至果胶全部溶化。

② 加入柠檬酸 0.1g，柠檬酸钠 0.1g，在搅拌下加热至沸，继续熬煮 5min，冷却后即成果冻。

**【思考题】**

(1) 卡拉胶具有哪些特性？

(2) 果冻的成分主要是哪些？

# 实验十七　从淡奶粉中分离、鉴定酪蛋白和乳糖

**【实验目的】**

(1) 掌握分离蛋白质和糖的原理和操作方法。

(2) 掌握蛋白质的定性鉴定方法。

(3) 了解乳糖的一些性质。

**【实验原理】**

牛奶的主要成分是水、蛋白质、脂肪、糖和矿物质，其中，蛋白质主要是酪蛋白，而糖主要是乳糖。

蛋白质在等电点时溶解度最小，当把牛奶的 pH 值调到 4.8 时（酪蛋白的等电点），酪蛋白便沉淀出来。酪蛋白不溶于乙醇和乙醚，可用乙醇和乙醚来洗去其中的脂肪。

乳糖不溶于乙醇，在滤去酪蛋白的清液中加入乙醇时，乳糖会结晶出来。

**【仪器与试剂】**

仪器：抽滤瓶，布氏漏斗，烧杯，玻璃棒，电热套。

试剂：奶粉，10%乙酸，95%乙醇，乙醚，10%NaOH，1%$CuSO_4$，浓硝酸，Fehling 试剂，Tollen 试剂，碳酸钙粉，沸石。

**【实验步骤】**

(1) 酪蛋白与乳糖的提取

4g 奶粉与 80mL 40℃温水调配均匀，以 10%乙酸调节 pH ＝ 4.7（用精密 pH 试纸测试），静置冷却，抽滤。

滤饼用 6mL 水洗涤，滤液合并到前一滤液中。滤饼依次用 6mL 95%乙醇，6mL 乙醚洗涤，滤液弃去。滤饼即为酪蛋白，晾干称重。

在水溶液中加入 2.5g 碳酸钙粉，搅拌均匀后加热至沸，过滤除去沉淀，在滤液中加入 1～2 粒沸石，加热浓缩至 8mL 左右，加入 10mL 95%乙醇（注意离开火焰）和少量活性炭，搅拌均匀后在水浴上加热至沸腾，趁热过滤，滤液必须澄清，加塞放置过夜，乳糖结晶析出，抽滤，用 95%乙醇洗涤产品，晾干称重。

(2) 酪蛋白的性质

缩二脲反应　取 10mL 酪蛋白溶液，加入 10% NaOH 溶液 2mL 后，滴入 1% $CuSO_4$ 溶液 1mL。振荡试管，观察现象（溶液呈蓝紫色）。

蛋黄颜色反应　取 10mL 酪蛋白溶液，加入浓硝酸 2mL 后加热，观察现象（有黄色沉淀生成）。再加入 10% NaOH 溶液 2mL，有何变化？（沉淀为橘黄色）。

(3) 乳糖的性质

Fehling 反应　Fehling 试剂 A 和 B 各 3mL，混匀，加热至沸后加入 0.5mL 5%乳糖溶

液，观察现象。

Tollen 反应　在 2mL Tollen 试剂中加入 0.5mL 5%乳糖溶液，在 80℃中加热，观察现象（有银镜生成）。

## 【实验结果】

| 品名 | 性状 | 产量 | 收率 |
|---|---|---|---|
| | | | |
| | | | |

## 【问题与讨论】

（1）从淡奶粉中分离酪蛋白和乳糖的原理分别是什么？
（2）分离出的酪蛋白滤饼用乙醇和乙醚进行洗涤的目的是什么？
（3）在滤液中加入碳酸钙粉末有什么作用？

# 实验十八 从黄连中提取黄连素

## 【实验目的】

(1) 学习从中草药提取生物碱的原理和方法。

(2) 学习减压蒸馏的操作技术。

(3) 进一步掌握索氏提取器的使用方法，巩固减压过滤操作。

## 【实验原理】

黄连素也称小檗碱，属于生物碱，是中草药黄连的主要有效成分。其中含量可达4%～10%。除了黄连中含有黄连素以外，黄柏、白屈菜、伏牛花、三颗针等中草药中也含有黄连素，其中以黄连和黄柏中含量最高。

黄连素有抗菌、消炎、止泻的功效。对急性菌痢、急性肠炎、百日咳、猩红热等各种急性化脓性感染和各种急性外眼炎症都有效。

黄连素是黄色针状体，微溶于水和乙醇，较易溶于热水和热乙醇中，几乎不溶于乙醚。黄连素的盐酸盐、氢碘酸盐、硫酸盐、硝酸盐均难溶于冷水，易溶于热水，故可用水对其进行重结晶，从而达到纯化目的。

黄连素在自然界多以季铵碱的形式存在，结构如下：

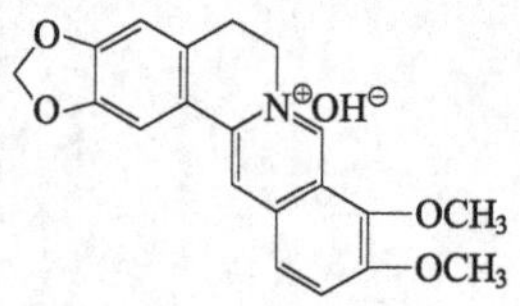

从黄连中提取黄连素，往往采用适当的溶剂（如乙醇、水、硫酸等）。在索氏提取器中连续抽提，然后浓缩，再加酸进行酸化，得到相应的盐。粗产品可以采取重结晶等方法进一步提纯。

黄连素被硝酸等氧化剂氧化，转变为樱红色的氧化黄连素。黄连素在强碱中部分转化为醛式黄连素，在此条件下，再加几滴丙酮，即可发生缩合反应，生成丙酮与醛式黄连素缩合产物的黄色沉淀。

## 【仪器与试剂】

仪器：索氏提取器，烧瓶，抽滤瓶，布氏漏斗。

试剂：中药黄连，95%乙醇，1%醋酸，20%NaOH，浓盐酸，浓硫酸，浓硝酸，丙酮。

## 【实验步骤】

(1) 称取5g中药黄连，切碎磨烂，装入索氏提取器的滤纸套筒内，烧瓶内加入50mL 95%乙醇，加热萃取2～3h，至回流液体颜色很淡为止。

(2) 在水泵减压下蒸馏，回收大部分乙醇，至瓶内残留液体呈棕红色糖浆状，停止蒸馏。

(3) 浓缩液里加入1%的醋酸15mL，加热溶解后趁热抽滤去掉固体杂质，在滤液中滴加浓盐酸，至溶液混浊为止（约需10mL）。

(4) 用冰水冷却上述溶液，降至室温下以后即有黄色针状的黄连素盐酸盐析出，抽滤，所得结晶用冰水洗涤两次，可得黄连素盐酸盐的粗产品。

(5) 精制，将粗产品（未干燥）放入100mL烧杯中，加入15mL水，加热至沸，搅拌沸腾几分钟，趁热抽滤、滤液用盐酸调节pH值为2～3，室温下放置几小时，有较多橙黄色结晶析出后抽滤，滤渣用少量冷水洗涤两次，烘干即得成品。

(6) 产品检验

① 取盐酸黄连素少许，加浓硫酸2mL，溶解后加几滴浓硝酸，即呈樱红色溶液。

② 取盐酸黄连素约50mg，加蒸馏水5mL，缓缓加热，溶解后加20%氢氧化钠溶液2滴，显橙色，冷却后过滤，滤液加丙酮4滴，即发生浑浊。放置后生成黄色的丙酮黄连素沉淀。

**【注意事项】**

(1) 得到纯净的黄连素晶体比较困难。将黄连素盐酸盐加热水至刚好溶解煮沸，用石灰乳调节pH=8.5～9.8，冷却后滤去杂质，滤液继续冷却至室温以下，即有针状体的黄连素析出，抽滤，将结晶在50～60℃下干燥，熔点145℃。

(2) 可采用索氏提取器，也可利用简单回流装置进行2～3次加热回流，每次约半小时，回流液体合并使用即可。

**【实验结果】**

实验结果见表1

**表1 实验结果**

| 品名 | 性状 | 产量/g | 收率/% |
| --- | --- | --- | --- |
| | | | |

**【思考题】**

(1) 黄连素为何种生物碱类化合物？

(2) 黄连素的紫外光谱上有何特征？

(3) 黄连素存在以下三种互变异构体，但自然界多以季铵碱的形式存在。

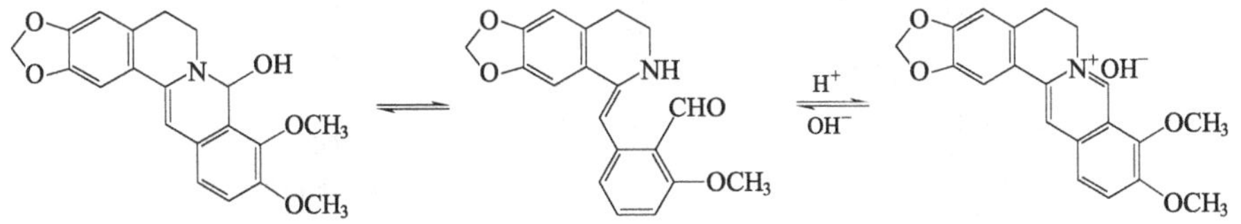

$\rightleftharpoons$ $\underset{OH^-}{\overset{H^+}{\rightleftharpoons}}$

实验中是根据什么原理来提取黄连素中的黄连素的？

(4) 在提取黄连素的实验中，将黄连素盐酸盐加热水至刚好溶解，煮沸，用石灰乳调节pH=8.5～9.8，冷却后滤去杂质，用强碱氢氧化钾（钠）行不行？为什么？

# 实验十九　水杨酸甲酯(冬青油)的合成

## 【实验目的】

(1) 学习酯化反应的基本原理和基本操作。

(2) 学习有机回流装置的原理和无水反应的操作要点。

(3) 学习有机分液的原理和蒸馏、减压蒸馏等基本操作。

## 【实验原理】

水杨酸甲酯 Methyl Salicylate，学名：邻羟基苯甲酸甲酯，最早是从冬青树叶中提得，所以又叫冬青油 Gaultheria Oil，具有特殊的香味和防腐止痛作用，可作为香料和防腐剂。医药上主要用于外擦止痛和治疗风湿症等。

水杨酸甲酯在自然界广泛存在，是鹿蹄草、小当药油的主要成分，还存在于晚香玉、樃树、伊兰伊兰、丁香、茶等的精油中。工业上用水杨酸与甲醇在硫酸存在下酯化而得。将水杨酸溶解在甲醇中，添加硫酸，搅拌加热，于90～100℃反应3h，降温至30℃以下，分出油层，用碳酸钠溶液洗涤至pH达8以上，再用水洗涤1次。减压蒸馏，收集95～110℃(1.33～2.0kPa)馏分，即得水杨酸甲酯。收率80%以上。

主要反应式：

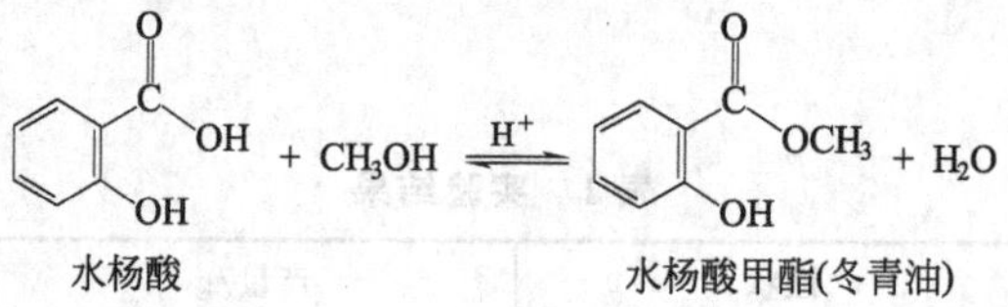

$$\text{水杨酸} + CH_3OH \underset{}{\overset{H^+}{\rightleftharpoons}} \text{水杨酸甲酯(冬青油)} + H_2O$$

水杨酸　　　　水杨酸甲酯(冬青油)

反应机理：

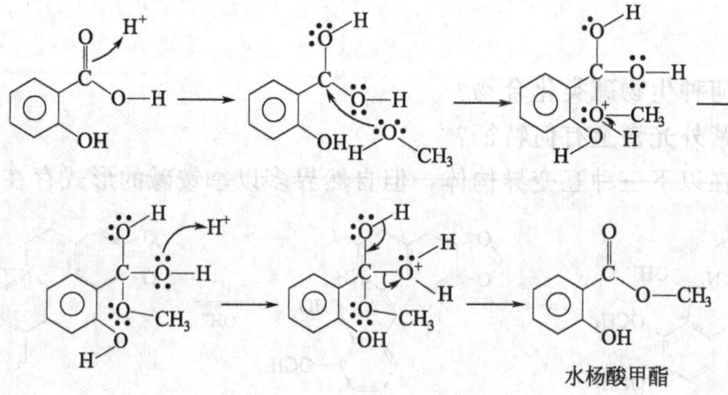

水杨酸甲酯

## 【仪器与试剂】

仪器：250mL圆底烧瓶，电热套，500mL烧杯，分液漏斗，50mL锥形瓶，空气冷凝管。

试剂：水杨酸28g (0.20mol邻羟基苯甲酸 $C_7H_6O_3$)，甲醇81mL (64g，2.0mol，“木醇”或“木精”有毒，误饮5～10mL能双目失明)，浓硫酸16mL，5%碳酸氢钠，饱和食盐水，无水硫酸镁。

**【实验步骤】**

将 28g 水杨酸置于干燥的 250mL 圆底烧瓶中，加入甲醇 81mL，振摇使水杨酸溶解。在不断振摇下，慢慢加入浓硫酸 16mL。然后在水浴中加热回流 1.5～2h。稍冷后（≤30℃），改成蒸馏装置回收甲醇（64.8℃馏分），剩余溶液放冷后，倒入盛有 100mL 水的分液漏斗中，振摇并静置，分出下层油状物，用饱和碳酸氢钠溶液洗至中性，再用水洗 1～2 次，将水杨酸甲酯置干燥小锥形瓶中，加入 5g 无水硫酸镁，振摇，放置半小时以上，过滤，滤液进行减压蒸馏（装置见图 1.4，使用空气冷凝管），收集 115～117℃/20mmHg 或 100～102℃/12mmHg 的产品，计算收率（产量约 15～20g）。

本实验需要 5～6h。

**【实验结果】**

实验制备出的产品通过性状测试（沸点、折射率）与文献值进行对比，通过红外光谱或核磁共振谱来鉴定判断其品质。

水杨酸甲酯为具有香味的无色或微黄色油状液体，微溶于水、溶于氯仿、乙醚，与乙醇能混溶，纯水杨酸甲脂的沸点：222.2℃/760mmHg；105℃/14mmHg，密度 $d_{25}^{20}$1.182，折射率 1.5365，在高温下易分解，所以常用减压蒸馏法提纯。

**【注意事项】**

（1）反应用仪器一定要干燥，否则将降低冬青油的产率。

（2）反应过程温度不可以过高，否则生成的酯容易分解，影响产率。

（3）用饱和碳酸氢钠洗涤的目的是除去杂质酸类（硫酸和水杨酸），注意排放二氧化碳。

（4）加无水硫酸镁的目的是干燥水杨酸甲酯。

（5）实验前应充分预习减压蒸馏的原理和操作方法。

（6）本实验采用浓硫酸作为催化剂和脱水剂易腐蚀设备且有副反应，最好使用离子交换树脂、固体超强酸、无机路易斯酸等绿色催化剂。

**【思考题】**

（1）本反应为什么要加入浓硫酸？

（2）甲醇和水杨酸的摩尔比是多少？为什么？

（3）本实验从回流装置改成蒸馏装置这一过程的操作顺序及注意事项是什么？

（4）产品为什么要用碱洗、水洗？

（5）为什么用减压蒸馏法精制水杨酸甲酯？减压蒸馏的原理是什么？

（6）减压蒸馏装置使用哪些仪器？操作应注意什么？

（7）本实验减压蒸馏时为什么用空气冷凝管？

# 实验二十　膏霜类护肤化妆品雪花膏的配制

**【实验目的】**

（1）了解雪花膏的配制原理和各组分的作用。

（2）掌握雪花膏的配制方法。

**【实验原理】**

（1）主要性质

雪花膏（Vanishing Cream）是白色膏状乳剂类化妆品。乳剂是指一种液体以极细小的液滴分散于另一种互不相溶的液体中所形成的多相分散体系。雪花膏涂在皮肤上，遇热容易消失，因此，被称为雪花膏。

（2）配制原理和护肤机理

雪花膏通常是以硬脂酸皂为乳化剂的水包油型乳化体系。水相中含有多元醇等水溶性物质，油相中含有脂肪酸、长链脂肪醇、多元醇脂肪酸酯等非水溶性物质。当雪花膏被涂于皮肤上，水分挥发后，吸水性的多元醇与油性组分共同形成一个控制表皮水分过快蒸发的保护膜，它隔离了皮肤与空气的接触，避免皮肤在干燥环境中由于表皮水分过快蒸发导致的皮肤干裂。也可以在配方中加入一些可被皮肤吸收的营养性物质。

多年来，雪花膏的基础配方变化不大，它包括硬脂酸皂（3.0%～7.5%）、硬脂酸（10%～20%）、多元醇（5%～20%）、水（60%～80%）。配方中，一般控制碱的加入量，使硬脂酸皂的比例占全部脂肪酸的15%～25%。

我国雪花膏的标准 GB/T 1857—1993　理化指标要求包括：膏体耐热、耐寒稳定性，微碱性 pH≤8.5，微酸性 pH4.0～7.0；感官要求包括：色泽、香气和膏体结构（细腻，擦在皮肤上应润滑、无面条状、无刺激）。

制造雪花膏的基本原料如下所示。

① 硬脂酸　硬脂酸是制造雪花膏的主要原料，其一部分与碱中和生成肥皂，作为乳化剂，其余大部分与水、保湿剂在上述肥皂作用下形成乳化的膏体。

② 保湿剂　常用的保湿剂有甘油、丙二醇、山梨醇、聚乙二醇、霍霍巴蜡等。目前甘油应用较广，一般选用无色、无气味的纯度在98%以上的为宜，用量为硬脂酸的1.2～1.5倍。保湿剂可防止膏体干缩并增加膏体抗冻能力，且有使皮肤柔软、不干裂等效应。

③ 单硬脂酸甘油酯　单硬脂酸甘油酯的主要成分 $C_3H_5(OH)_2(C_{17}H_{35}COO)$，是白或浅黄的蜡状物，具有良好的乳化作用，使膏体洁白细腻、润滑、稳定、光泽等性能。

④ 碱类　碱类能使一部分硬脂酸（约20%）中和为硬脂酸盐作为乳化剂。常用碱类是纯氢氧化钾，若用氢氧化钠则使膏体发硬；用碳酸钠则出二氧化碳而起泡；用硼砂则膏体银白却易出颗粒。

⑤ 水和香精　水占膏体的60%～80%，应选用蒸馏水。香精使膏体有愉快香味且有防腐作用。

制雪花膏时主要的化学反应：

$$C_{17}H_{35}COOH + KOH \longrightarrow C_{17}H_{35}COOK + H_2O$$

皂化反应（Saponification）是碱（通常为强碱）催化下的酯被水解，而生产出醇和羧酸盐，尤指油脂的水解。

狭义地讲，皂化反应仅限于油脂与氢氧化钠或氢氧化钾混合，得到高级脂肪酸的钠/钾盐和甘油的反应。这个反应是制造肥皂流程中的一步，因此而得名。它的化学反应机制于1823年被法国科学家 Eugène Chevreul 发现。

**【仪器与试剂】**

仪器：烧杯（250mL），量筒，玻璃棒，温度计，托盘天平，水浴锅。

试剂：硬脂酸：十八烷酸、十八酸、十八碳烷酸，司的令，十六醇，氢氧化钾，香精，防腐剂、精密 pH 试纸等。

司的令：呈白色或微黄色颗粒或块状，为 45%硬脂酸与 55%软脂酸的混合物，工业品一级旧称三压，经过三次压榨而得。

单硬脂酸甘油酯：单甘油酯，白色蜡状薄片或珠粒固体，不溶于水，与热水经强烈振荡混合可分散于水中，为油包水型乳化剂。

18 号白油（或甘油、丙二醇等）：通常是指白色矿物油、食品被模剂、化妆品基础油。

**【实验内容】**

配方及作用如下所示。

| 原料＼配方 | A | B | C | D | E | F |
|---|---|---|---|---|---|---|
| 硬脂酸 | 14.0 | 15.0 | 10.0 | 10.0 | 12.0 | 10.0 |
| 单硬脂酸甘油酯 | 1.0 | 1.0 | 1.5 | 1.5 | 1.0 | 2.0 |
| 十六醇 | 1.0 | 1.0 | 3.2 | 2.0 | 3.0 | — |
| 十八醇 | — | — | — | — | — | 4.0 |
| 硬脂酸丁酯 | — | — | — | — | — | 8.0 |
| 甲二醇 | — | 10.0 | — | — | 10.0 | 10.0 |
| 18 号白油 | 2.0 | — | — | — | — | — |
| 甘油 | 8.0 | — | 10.0 | 10.0 | 5.0 | — |
| 氢氧化钾 | 0.5 | 0.5 | 0.5 | 0.5 | 0.6 | 0.2 |
| 氢氧化钠 | — | 0.5 | — | — | — | — |
| 钛白粉 | — | — | — | 2.0 | 2.0 | — |
| 羊毛醇 | — | — | — | — | 2.0 | — |
| 香精 | 0.5～1 | 0.5～1 | 0.5～1 | 0.5～1 | 0.5～1 | 1.0 |
| 防腐剂 | 适量 | 适量 | 适量 | 适量 | 适量 | 适量 |
| 精制水 | 73.5 | 72.5 | 75 | 74 | 64.4 | 64.8 |

| 原料 | 加入量/wt% | 主要成分及作用 | 原料 | 加入量/wt% | 主要成分及作用 |
|---|---|---|---|---|---|
| 硬脂酸 | 10.0 | | 氢氧化钾 | 0.5g | 提高黏度 |
| 单硬脂酸甘油酯 | 1.5 | 助乳化剂 | 尼泊金酯 | 适量 | 防腐剂 |
| 十六醇 | 3.0 | 滋润 | 香精 | 适量 2 滴 | |
| 甘油 | 10.0 | 保湿剂 | 精制水 | 75%75mL | |

按配方中的量分别称量硬脂酸 10g、单硬脂酸甘油酯 1.5g、甘油 10g、十六醇 3g，将称量好的原料加入 250mL 烧杯中（油相），碱 KOH 0.5g 和水 75mL 加入另一 250mL 烧杯中（水相）。分别加热至 90℃，使物料熔化、溶解均匀。装水的烧杯在 90℃下保持 20min 灭菌。

然后在剧烈搅拌下将水相慢慢加入油相中，继续搅拌 40min 进行皂化反应，当温度降至 50℃以下，加入防腐剂。降温至 40℃以下，加入香精，搅拌均匀。静置、冷却至室温。调整膏体的 pH，使其在要求的范围内。

制得的雪花膏应是颜色雪白、分散颗粒细腻均匀、稠度适中的膏状物。在皮肤上轻力涂抹容易均匀展开，敷用后不刺激皮肤，久置后不出现渗水、干缩、变色、霉变、发胀等现象。

**【注意事项】**

(1) 加入少量 KOH 有助于增大膏体黏度，也可以不加。

(2) 降温至 55℃以下，继续搅拌使油相分散更细，加速皂与硬脂酸结合形成结晶，出现珠光现象。

(3) 降温过程中，黏度逐渐增大，搅拌带入膏体的气泡不易逸出，因此，黏度较大时，不易过分搅拌。

(4) 使用工业一级硬脂酸，可使产品的色泽及储存稳定性提高。

**【思考题】**

(1) 配方中各组分的作用是什么?

(2) 配方中硬脂酸的皂化百分率是多少?

(3) 配制雪花膏时，为什么必须两个烧杯中药品分别配制后再混合到一起?

# 实验二十一 表面活性剂：十二烷基硫酸钠的合成

**【实验目的】**

（1）掌握高级醇硫酸酯盐型阴离子表面活性剂的合成工艺。

（2）了解高级醇硫酸酯盐型阴离子表面活性剂的主要性质和用途。

（3）掌握含固量、表面张力和泡沫性能的测定方法及有关仪器的使用方法。

**【实验原理】**

（1）主要性质和用途

十二烷基硫酸钠（Sodium Dodecyl Benzo Sulfate，代号 AS）是脂肪醇硫酸酯盐型阴离子表面活性剂的典型代表，是白色至淡黄色固体，易溶于水，泡沫丰富，去污力、乳化性较好，有较好的生物降解性，耐碱、耐硬水，适于低温洗涤，易漂洗，对皮肤刺激性小。但在强酸性溶液中易发生水解，稳定性较磺酸盐差。具有广泛的用途，可做矿井灭火剂、牙膏起泡剂、洗涤剂、纺织助剂及其他工业助剂。

（2）合成原理

脂肪醇硫酸钠一般由脂肪醇和三氧化硫、氯磺酸及氨基磺酸作用后经中和而制得。其反应原理如下：

① 用三氧化硫来硫酸化

$$ROH + SO_3 \longrightarrow ROSO_3H \xrightarrow{NaOH} ROSO_3Na$$

此反应呈现 $S_N2$ 的机理，产品含盐量低、色浅、质量好。

② 用氯磺酸硫酸化

$$C_{12}H_{25}OH + ClSO_3H \longrightarrow C_{12}H_{25}OSO_3H + HCl\uparrow$$

$$C_{12}H_{25}OSO_3H + NaOH \longrightarrow C_{12}H_{25}OSO_3Na + H_2O$$

反应机理可推测为酰基氯和醇的反应，醇作为亲核试剂进攻氯磺酸带正电荷的硫原子，随后醇分子中的氢氧键断裂，得到烷基硫酸酯。

③ 用氨基磺酸硫酸化

$$C_{12}H_{25}OH + NH_2SO_3H \longrightarrow C_{12}H_{25}OSO_3NH_4$$

氨基磺酸先进行分子内重排，再在酸的催化下对月桂醇进行脱氢，即得十二烷基硫酸铵。然后，经过氢氧化钠处理即可得到十二烷基硫酸钠。硫酸/尿素作为组合催化剂。尿素可单独做催化剂，或做助催化作用。

**【仪器与试剂】**

仪器：电动搅拌器，电热套，研钵，托盘天平，三口烧瓶（250mL）、烧杯（50mL、250mL、500mL）、温度计（0～100℃、0～150℃），量筒（10mL、100mL）。

试剂：月桂醇，氨基磺酸，尿素 4g，氢氧化钠溶液（5%、30%），氯仿，pH 试纸。

月桂醇 37g（0.20mol 十二醇 $C_{12}H_{26}O$）用于有机合成，制造高效洗涤剂及纺织、皮革加工助剂，是牙膏中的重要成分。

氨基磺酸 20g（0.20mol）碱量滴定法标准、络合掩蔽剂、有机微量分析测定氮和硫的标准、除锈剂制备、织物防火、有机合成。

**【实验步骤】**

（1）本实验采用月桂醇氨基磺酸硫酸化来合成，在装有电动搅拌器、温度计的 250mL 三口烧瓶中加入 37g 月桂醇，称取 20g 氨基磺酸、4g 尿素放入研钵中研细，混合均匀，在 30～40℃时将研细的混合物分多次慢慢加入三口烧瓶中，同时充分搅拌，使混合物分散开，加完后缓慢升温至 105～110℃（无回流，空气传热，误差－10℃），反应 1.5～2h。

反应结束后，加入 80mL 热水，搅匀。趁热倒出，在搅拌下用 30%氢氧化钠中和至 pH 为 7.0～8.5。

（2）产品检验

① 取样作薄层色谱。

② 测固形物含量和泡沫性能。

③ 测定表面张力和 CMC（临界胶团浓度）。

④ 阴离子表面活性剂的鉴定如下所示。

a. 酸性亚甲基蓝试验：水相（上层蓝、下层无色）；样品（上层浅蓝、下层深蓝）

染料亚甲基蓝溶于水而不溶于氯仿，它能与阴离子表面活性剂反应形成可溶于氯仿的蓝色络合物，从而使蓝色从水相转移到氯仿相。

b. 盐酸水解试验

**【实验关键及注意事项】**

加热时，应将电热套与烧瓶底保持一定距离，以便随时抽出！

**【产率计算】**

本产品为白色或淡黄色固体，溶于水成半透明溶液。

**【思考题】**

（1）硫酸酯盐阴离子表面活性剂有哪几种？试写出其结构式。

（2）产品的 pH 值为什么控制在 7.0～8.5？

（3）高级醇硫酸酯盐有哪些特性和用途？

# 实验二十二　抗暴剂：甲基叔丁基醚的合成

## 【实验目的】

(1) 掌握实验室制甲基叔丁基醚的原理与方法。

(2) 掌握低沸点易燃液体的操作要求。

## 【实验原理】

(1) 甲基叔丁基醚的主要性质和用途

甲基叔丁基醚是较好的汽油用无铅抗爆剂，在空气中不易生成过氧化物，稳定性好，具有良好的抗爆性。而且它可与烃燃料以任意比例互溶，对直馏汽油和烷化汽油有很好的调和效应。催化裂化和催化重整汽油，经甲基叔丁基醚调和后，辛烷值相对提高。

(2) 甲基叔丁基醚合成原理

主反应：

$$CH_3OH + HOC(CH_3)_3 \xrightarrow{15\%H_2SO_4} CH_3O—C(CH_3)_3 + H_2O$$

副反应：

$$HOC(CH_3)_3 \xrightarrow{H^+} (CH_3)_2C=CH_2 + H_2O$$

## 【仪器与试剂】

仪器：分馏柱，三口烧瓶，恒压滴液漏斗，温度计，直形冷凝管，分液漏斗，球形冷凝管，锥形瓶，尾接管，电子天平，量筒等。

试剂：甲醇 20mL（16g，0.5mol），叔丁醇 23.5mL（185g，0.25mol），15%硫酸，无水碳酸钠，金属钠。

## 【实验步骤】

如图 1 所示，在一个 250mL 三口烧瓶的中口装配一支分馏柱，一个侧口装一支插到接近瓶底的温度计，另一侧口用塞子塞住。分馏柱顶上装有温度计，其支管依次连接冷凝管、带支管的接引管和接收器。接引管的支管接一根长橡皮管，通到水槽的下水管中。接收器用冰水浴冷却。

仪器装好以后，在烧瓶中加入 90mL 15%硫酸、20mL 甲醇和 25mL 90%叔丁醇，混合均匀。投入几粒沸石，加热。当烧瓶中的液温到达 75～80℃时，产物便慢慢地被分馏出来。仔细地调整加热量，使得分馏柱顶的蒸气温度保持在 51℃±2℃。每分钟约收集 0.5～0.7mL 馏出液，当分馏柱顶的温度明显地上下波动时，停止分馏。全部分馏时间约 1.5h，共收集粗产物 27mL 左右。

将馏出液移入分液漏斗中，用水多次洗涤，每次用 5mL 水；为了除去其中所含的醇，需要重复洗涤 4～5 次；当醇被除掉后，醚层清澈透明；分出醚层，用少量无水碳酸钠干燥；将醚转移到干燥的回流装置中，加入 0.5～1g 金属钠，加热回流 0.5～1h。最后将回流装置改装为普通蒸馏装置，接收器用冰水浴冷却，蒸出甲基叔丁基醚，收集 54～56℃的馏分。

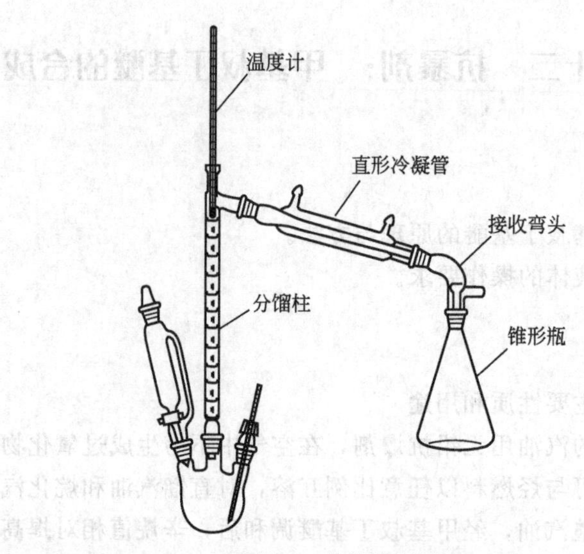


图1 分馏装置图

产量：约10g。

纯甲基叔丁基醚为无色透明液体，沸点54℃，$d_{20}^{4}=0.7405$，$n_{D}^{20}=1.3689$。

**【注意事项】**

(1) 用18.5g叔丁醇，加入2mL水，配成90%的叔丁醇；若制备量大时，叔丁醇应分批（每次约25mL）加入。

(2) 甲醇的沸点为64.7℃，叔丁醇沸点为82.6℃；叔丁醇与水的恒沸混合物（含醇88.3%）的沸点为79.9℃，所以分馏时温度应尽可能控制在51℃左右（蒸出的是醚和水的恒沸混合物），不超过53℃为宜。

(3) 分馏后期，馏出速度大大减慢，此时略微调节火焰大小，柱顶温度会随之大幅度地波动，这说明反应瓶中的甲基叔丁基醚已基本蒸出。此时反应瓶中的温度大约升至90℃左右。

(4) 洗涤至所加水的体积在洗涤后不再增加为止。如果增大制备量时，洗涤的次数还要增多。

**【思考题】**

(1) 醚化反应为何用15%硫酸？用浓硫酸行不行？

(2) 分馏时柱顶的温度高了会有什么不利？

(3) 用金属钠回流的目的是什么？如果不进行这一步处理，而将干燥后的醚层直接蒸馏，对结果会有什么影响？

# 实验二十三　Ⅱ号橙染料的合成及染色

## 【实验目的】

（1）通过实验，加深对重氮化、偶合反应的理解。

（2）掌握重氮盐制备时应严格控制的操作条件。

（3）了解纺织品的还原性染色、还原清洗、漂白过程。

## 【反应原理】

（1）Ⅱ号橙染料的结构、性质和用途

$N{=}N{-}C_6H_4{-}SO_3Na$　OH

它是一种偶氮类染料。分子中的磺酸基是极性的，因而能与纤维上的极性位置相结合，结合紧密，广泛用于羊毛及丝织品的染色。

（2）合成的原理

① 对氨基苯磺酸的重氮化

$$H_2N{-}C_6H_4{-}SO_3H + Na_2CO_3 \longrightarrow H_2N{-}C_6H_4{-}SO_3Na$$

$$H_2N{-}C_6H_4{-}SO_3Na \xrightarrow{NaNO_2\ \ HCl} NaO_3S{-}C_6H_4{-}\overset{+}{N}{\equiv}N$$

②2-萘酚的偶联

$$\text{OH} \xrightarrow[NaOH]{} N{=}N{-}C_6H_4{-}SO_3Na \quad \text{OH}$$

## 【仪器与试剂】

仪器：125mL 锥形瓶，400mL 烧杯。

试剂：4-苯胺磺酸（对氨基苯磺酸），2-萘酚（也称 $\beta$-萘酚、2-羟基萘、乙萘酚），2.5%碳酸钠，盐酸，亚硝酸钠，氢氧化钠，氯化钠，硫酸钠保险粉（连二亚硫酸钠，强还原剂，一级遇湿易燃物品）

## 【实验步骤】

（1）对氨基苯磺酸的重氮化

在一个 125mL 的锥形瓶中（瓶口小，小心暴沸），将 4.8g 对氨基苯磺酸结晶（慢慢加入）溶解在沸腾的 50mL 2.5%碳酸钠溶液里。将溶液冷却（必须冷却，否则得不到白色重氮盐），再加入 1.9g 亚硝酸钠搅拌使之溶解。将此溶液倒入装有约 25g 冰（1 块）及 5mL 浓盐酸的烧瓶中，在 1～2min 内应有粉状白色的重氮盐沉淀析出，用淀粉-碘化钾试纸检验，保持溶液温度在 0～5℃，放置 15min，以保证反应完全。此物料准备后面使用，产物不用收集。

（2）2-萘酚的偶联

在一个400mL烧杯里将3.6g 2-萘酚溶于20mL冷的10%氢氧化钠溶液中，并在搅拌下将重氮化的对氨基苯磺酸的悬浮体倒入此溶液中（并冲洗之）。偶联发生得很快，由于存在着相当过量的钠离子（由于加入碳酸钠、亚硝酸钠和碱所产生的），染料很容易以钠盐形式从溶液中分离出来。将这种结晶浆彻底搅拌使之很好混合，在5～10min后将此混合物加热至固体溶解，再加10g氯化钠以进一步减小产物的溶解度，加热并在搅拌下使它完全溶解，静置稍冷却后，用冰水浴冷却。减压抽滤，用饱和氯化钠溶液把物料从烧杯中洗出来，洗去滤饼上的暗色母液。

产物滤出后慢慢地干燥，它含有约20%氯化钠。所得物料在纯化前无需干燥。这一固体的偶氮染料在水中的溶解度太大而不能从水中结晶出来，可以加饱和氯化钠溶液于已经滤过的热水中，再冷却，即得到满意的晶形。

最好的结晶是从乙醇水溶液中得到。

从乙醇水溶液中分离出来的Ⅱ号橙染料带有两分子结晶水。如果在120℃干燥时失去结晶水则此产物变成火红色。

（3）染色试验

① 用0.5gⅡ号橙染料（粗产品），5mL硫酸钠溶液（1∶10），300mL水及5滴浓硫酸一起配成染料浴，在接近沸点的温度下把一片试布放在染料浴中浸5min，然后将试布捞出并让它冷却。

② 将这片染过的布取一半重新放入浴中加碳酸钠将溶液变成碱性，再加保险粉（即连二亚硫酸钠）至染料浴的颜色根除为止。

**【注意事项】**

（1）重氮化和偶合反应均需在0～5℃的低温下进行。

（2）偶合反应也要控制在较低的温度下进行，要不断搅拌，还要控制反应介质的pH值。

（3）对氨基苯磺酸通常含有两个分子的结晶水。由于它是两性化合物，且酸性比碱性强，所以它以酸性内盐的形式存在。

（4）淀粉-碘化钾试纸若不显蓝色，可以补加少量亚硝酸钠，直到试纸刚呈蓝色。若亚硝酸钠过量，能加速重氮盐分解，可用尿素使亚硝酸分解。

**【思考题】**

（1）什么叫重氮化反应？在本实验制备重氮盐时，为什么要把对氨基苯磺酸变成钠盐？如改成先将对氨基苯磺酸与盐酸混合，再滴加亚硝酸钠溶液进行重氮化反应，可以吗？为什么？

（2）什么叫偶联反应？试结合本实验讨论偶联反应的条件。

（3）用Ⅱ号橙染料染色过的布，重新放入染料浴中加碳酸钠将溶液变成碱性，再加保险粉，染料浴的颜色会褪除，为什么？

# 实验二十四　聚丙烯酸酯乳胶涂料的配制

**【实验目的】**

（1）熟悉聚丙烯酸酯乳液的合成方法，进一步熟悉乳液聚合的原理。

（2）了解聚丙烯酸酯乳胶涂料的性质和用途。

（3）掌握聚丙烯酸酯乳胶涂料的配制方法。

**【实验原理】**

（1）主要性能和用途

聚丙烯酸酯乳胶涂料（Polyacry Iatelatex Paint）为黏稠液体。其耐候性、保色性、耐水性、耐碱性等性能均比聚醋酸乙烯乳胶涂料好。聚丙烯酸酯乳胶涂料是主要的外用乳胶涂料。由于聚丙烯酸酯乳胶涂料有许多优点，所以近年来品种和产量增长很快。

（2）配制原理

①聚丙烯酸酯乳液

聚丙烯酸酯乳液通常是指丙烯酸酯、甲基丙烯酸酯，有时也有用少量的丙烯酸或甲基丙烯酸等共聚的乳液。丙烯酸酯乳液与醋酸乙烯酯乳液相比有许多优点：对颜料的黏接能力强，耐水性、耐碱性、耐光性、耐候性均比较好，施工性能优良。在新的水泥或石灰表面上用聚丙烯酸酯乳胶涂料比聚醋酸乙烯乳胶涂料好得多。因聚丙烯酸酯乳胶的涂膜遇碱皂化后生成的钙盐不溶于水，能保持涂膜的完整性。而醋酸乙烯乳液皂化后的产物是聚乙烯醇，是水溶性的，其局部水解的产物是高乙酰基聚乙烯醇，水溶性更大。

各种不同的丙烯酸酯单体都能共聚，也可以和其他单体（如苯乙烯和醋酸乙烯等）共聚。乳液聚合引发剂也常用过硫酸盐。如用氧化还原法（过硫酸盐-亚硫酸钠等），单体可分三四次分批加入。

表面活性剂也和聚醋酸乙烯相仿，可以用非离子型或阴离子型的乳化剂。操作也可采取逐步加入单体的方法，主要是为了使聚合时产生的大量热能很好地扩散，使反应能均匀进行。在共聚乳液中也必须用缓慢均匀地加入混合单体的方法，以保证共聚物的均匀。

常用的乳液单体配比可以是丙烯酸乙酯65%、甲基丙烯酸甲酯33%、甲基丙烯酸2%，或者是丙烯酸丁酯55%、苯乙烯43%、甲基丙烯酸2%。甲基丙烯酸甲酯或苯乙烯都是硬单体，用苯乙烯可降低成本；丙烯酸乙酯或丙烯酸丁酯两者都是软性单体，但丙烯酸丁酯要比丙烯酸乙酯用量少些。

在共聚乳液中，加入少量丙烯酸或甲基丙烯酸，对乳液的冻融稳定性有帮助。此外，在生产乳胶涂料时加氨或碱液中和也起增稠作用。但在和醋酸乙烯共聚时，如制备丙烯酸丁酯49%、醋酸乙烯49%、丙烯酸2%的碱增稠的乳液时，单体应分两个阶段加入，在第一阶段加入丙烯酸和丙烯酸丁酯，在第二阶段加入丙烯酸丁酯及醋酸乙烯，因为醋酸乙烯和丙烯酸共聚时有可能在反应中有酯交换发生，产生丙烯酸乙烯，它能起交联作用而使乳液的黏度不稳定。

②聚丙烯酸酯乳胶涂料

聚丙烯酸酯乳胶涂料的配制和聚醋酸乙烯酯涂料一样，除了颜料以外要加入分散剂、增稠剂、消泡剂、防霉剂、防冻剂等助剂，所用品种也基本上和聚醋酸乙烯酯乳胶涂料一样。

聚丙烯酸酯乳胶涂料由于耐候性、保色性、耐水耐碱性都比聚醋酸乙烯酯乳胶涂料要好些，因此主要用于制造外用乳胶涂料。在外用时钛白就需选用金红石型，着色颜料也需选用氧化铁等耐光性较好的品种。

分散剂多用六偏磷酸钠和三聚磷酸盐等，也有介绍用羧基分散剂如二异丁烯顺丁烯二酸酐共聚物的钠盐。增稠剂除聚合时加入少量丙烯酸、甲基丙烯酸加碱中和后起一定增稠作用外，还加入羧甲基纤维素、羟乙基纤维素、羟丙基纤维素等作为增稠剂。消泡剂、防冻剂、防锈剂、防霉剂和聚醋酸乙烯酯乳胶涂料一样，但作为外用乳胶涂料，防霉剂的量要适当多一些。

## 【仪器与试剂】

仪器：三口烧瓶（250mL），电动搅拌器，温度计（0～100℃），球形冷凝管，滴液漏斗（60mL），电热套，烧杯（250mL、800mL），水浴锅，点滴板。

试剂：丙烯酸丁酯，甲基丙烯酸甲酯，甲基丙烯酸，过硫酸铵，非离子表面活性剂，丙烯酸乙酯，亚硫酸氢钠，苯乙烯，丙烯酸，十二烷基硫酸钠，金红石型钛白粉，碳酸钙，云母粉，二异丁烯，顺丁烯二酸酐共聚物，烷基苯基聚醚磺酸钠，环氧乙烷，羧甲基纤维素，羟乙基纤维素，消泡剂，防霉剂，乙二醇，松油醇，丙烯酸酯共聚乳液（50%），碱溶丙烯酸共聚乳液（45%），氨水，颜料。

## 【实验步骤】

(1) 聚丙烯酸酯乳液合成

介绍三个不同配方乳液的合成工艺（配方中各原料的量为质量分数）。

例 1：操作：如表 1 所示，乳化剂在水中溶解后加热升温到 60℃，加入过硫酸铵和 10%的单体，升温至 70℃，如果没有显著的防热反应，逐步升温直至放热反应开始，待温度升至 80～82℃，将余下的混合单体缓慢而均匀加入，约 2h 加完，控制回流温度，单体加完后，在 30min 内将温度升至 97℃，保持 30min，冷却，用氨水调 pH 值至 8～9。

**表 1**

| | | | |
|---|---|---|---|
| 丙烯酸丁酯 | 33 | 水 | 63 |
| 甲基丙烯酸甲酯 | 17 | 烷基苯基聚醚磺酸钠 | 1.5 |
| 甲基丙烯酸 | 1 | 过硫酸铵 | 0.2 |

例 2：操作：如表 2 所示，将第一部分（除引发剂外）混合在一起，冷却至 15℃，将引发剂溶于少量水中分别加入，加热升温在 15min 左右升至 65℃，恒温 5min，冷却到 15～20℃后加第二部分混合单体和第二部分引发剂，再升温至 65℃，维持 1h，再冷却至 30℃以下，用氨水调节 pH 值至 9.5。实验时按配方的 1/10 加入。

**表 2**

| 项目 | 第一部分 | 第二部分 | 项目 | 第一部分 | 第二部分 |
|---|---|---|---|---|---|
| 水 | 1000 | | 甲基丙烯酸 | 4 | 5 |
| 非离子型表面活性剂 | 31.6 | 35 | 过硫酸铵 | 0.5 | 0.6 |
| 丙烯酸乙酯 | 253 | 283 | 亚硫酸氢钠 | 0.6 | 0.8 |
| 甲基丙烯酸甲酯 | 168 | 188 | | | |

例 3：操作：如表 3 所示，用烧杯将表面活性剂溶解在水中，加入单体，在强力搅拌

下，使之乳化成均匀的乳化液，取 1/6 乳化液放入三口烧瓶中，加入引发剂的 1/2，慢慢升温至放热反应开始，将温度控制在 70～75℃之间，缓慢连续地加入乳化液，并每小时补加部分引发剂控制热量平衡，使温度和回流速度保持稳定，加完单体后升温至 95～97℃，恒温 30min，或抽真空除去未反应的单体，冷却，用氨水调 pH 至 8～9。

**表 3**

| 苯乙烯 | 25 | 过硫酸铵 | 0.2 |
|---|---|---|---|
| 丙烯酸丁酯 | 25 | 十二烷基硫酸钠 | 0.25 |
| 丙烯酸 | 1 | 烷基酚聚氧乙烯醚 | 1.0 |
| 水 | 50 | | |

上述三个例子介绍了三个不同的配方和三个不同的操作方法，这是几个典型的例子，可变的地方是很多的。例 1、例 2 用甲基丙烯酸甲酯为硬单体，而分别用丙烯酸乙酯和丙烯酸丁酯为塑性单体，丙烯酸乙酯的用量比丙烯酸丁酯大些。例 3 用苯乙烯硬性单体代替甲基丙烯酸甲酯，价格可便宜很多，基本上也能达到外用乳胶漆的要求。也可以采用其他不同的单体，调整其配比来达到相近的质量要求。

操作工艺也不同。例 2 的工艺不用连续加单体方法，而用两步或三步分批加单体的方法，虽有优点，但操作控制比较困难些。通常用氧化还原法在较低的温度反应。例 3 用单体和乳化剂水溶液乳化，再通过连续加乳化液的方法进行乳液聚合，这样乳液的颗粒度比较均匀，但增加一道先乳化的工序。

(2) 聚丙烯酸乳胶涂料的配方和配制

表 4 给出了几个聚丙烯酸酯乳胶涂料的典型配方。

配方的原则与前述聚醋酸乙烯酯乳胶涂料相同，钛白的用量视对遮盖力高低的要求来变动，内用的要考虑白度遮盖力多些，颜料含量高些；外用的要考虑耐候性，乳液的用量相对要大些。在木材表面，要考虑木材木纹，温度不同时木材胀缩很厉害，因此颜料含量要低些，多用些乳液。

聚丙烯酸酯乳胶涂料的配制与聚醋酸乙烯乳胶涂料配制方法相同，此不阐述。

**表 4**

| 项目 | 底漆腻子 | 白色内用面漆 | 外用水泥表面用漆 | 外用水器底漆 |
|---|---|---|---|---|
| 金红石型钛白 | 7.5 | 36 | 20 | 15 |
| 碳酸钙 | 20 | 10 | 20 | 16.5 |
| 云母粉 | | | | 2.5 |
| 二异丁烯顺丁烯二酸酐共聚物 | 0.8 | 1.2 | 0.7 | 0.8 |
| 烷基苯基聚环氧乙烷 | 0.2 | 0.2 | 0.2 | 0.2 |
| 羟乙基纤维 | | | | 0.2 |
| 羧甲基纤维素 | | | 0.2 | |
| 消泡剂 | 0.2 | 0.5 | 0.3 | 0.2 |
| 防霉剂 | 0.1 | 0.1 | 0.8 | 0.2 |
| 乙二醇 | | 1.2 | 2.0 | 2.0 |
| 松油醇 | | | | 0.3 |
| 丙烯酸酯共聚乳液(50%) | 34 | 24 | 40 | 40 |
| 碱溶丙烯酸酯共聚乳液(45%) | 2.8 | 1.5 | | |
| 水 | 34.4 | 25.3 | 15.8 | 22.1 |
| 氨水调 pH 值 | 8～9 | 8～9 | 8～9 | 9.4～9.7 |
| 基料:颜料 | 1:1.5 | 1:2 | 1:3.6 | 1:1.7 |

**【注意事项】**

(1) 乳液配制时要严格控制温度和反应时间。

(2) 加入单体时要缓慢滴加，否则要产生暴聚而使合成失败。

(3) 乳液的 pH 值一定要控制好，否则乳液不稳定。

(4) 涂料的配方与聚醋酸乙烯酯乳胶涂料相仿。所不同的是碱溶丙烯酸酯共聚乳液必须用少量水冲淡后加氨水调 pH 至 8～9，才能溶于水中。可在磨颜料浆时作为分散剂一起加入。

**【思考题】**

(1) 聚丙烯酸酯乳胶涂料有哪些优点？主要应用于哪些方面？

(2) 影响乳液稳定的因素有哪些？如何控制？

# 实验二十五　聚醋酸乙烯乳胶涂料的配制

## 【实验目的】

（1）进一步熟悉自由基聚合反应的特点。

（2）了解乳胶涂料的特点，掌握配制方法。

## 【实验原理】

（1）主要性能和用途

聚醋酸乙烯乳胶涂料（Polyvinyl Acetate Latex Paint）为白色黏稠液体，可加入各色色浆配成不同颜色的涂料。主要用作建筑物的内外墙涂饰。该涂料以水为溶剂，所以具有完全无毒、施工方便的特点，易喷涂、刷涂和滚涂，干燥快、保色性好、透气性好，但光泽较差。

（2）配制原理

传统涂料（油漆）都要使用易挥发的有机溶剂，例如汽油、甲苯、二甲苯、酯、酮等，以帮助形成漆膜。这不仅浪费资源，污染环境，而且给生产和施工场所带来危险性，如火灾和爆炸。而乳胶涂料的出现是涂料工业的重大革新。它以水为分散介质，避免了使用有机溶剂的许多缺点，因而得到了迅速的发展。目前乳胶涂料广泛用作建筑涂料，并已进入工业涂装的领域。

通过乳液聚合得到聚合物乳液，其中聚合物以微胶粒的状态分散在水中。当涂刷在物体表面时，随着水分的挥发，微胶粒的状态分散在水中。当涂刷在物体表面时，随着水分的挥发，微胶粒互相挤压而形成连续而干燥的涂膜，这是乳胶涂料的基础。另外，还要配入颜料、填料以及各种助剂如成膜助剂、颜料分散剂、增稠剂、消泡剂等，经过高速搅拌、均质而成乳胶涂料。

## 【仪器与试剂】

仪器：三口烧瓶（250mL），电动搅拌器，温度计（0～100℃），球形冷凝管，滴液漏斗（60mL），电炉，水浴锅，高速均质搅拌机，砂磨机，搪瓷或塑料杯，调漆刀，漆刷，水泥石棉样板。

试剂：醋酸乙烯酯，聚乙烯醇，乳化剂 OP-10，去离子水，过硫酸铵，碳酸氢钠，邻苯二甲酸二丁酯，六偏磷酸钠，丙二醇，钛白粉，碳酸钙，磷酸三丁酯。

## 【实验步骤】

（1）聚醋酸乙烯酯乳液的合成

① 聚乙烯醇的溶解　在装有电动搅拌器、温度计和球形冷凝管的 250mL 三口烧瓶中加入 30mL 去离子水和 0.35g 乳化剂 OP-10，搅拌，逐渐加入 2g 聚乙烯醇。加热升温，在 80～90℃保温 1h，直至聚乙烯醇全部溶解，冷却备用。

② 将 0.2g 过硫酸铵溶于水中，配成 5℃的溶液。

③ 聚合把 17g 蒸馏过的醋酸乙烯酯和 2mL 5%过硫酸铵水溶液加至上述三口烧瓶中。

开动搅拌器，水浴加热，保持温度在65～75℃。当回流基本消失时，温度升至80～83℃时用滴液漏斗在2h内缓慢地、按比例地滴加23g醋酸乙烯酯和余下的过硫酸铵水溶液，加料完毕后升温至90～95℃，保温30min至无回流为止。冷却至50℃，加入3mL 5%碳酸氢钠水溶液，调整pH至5～6。然后慢慢加入3.4g邻苯二甲酸二丁酯。搅拌冷却1h，即得白色稠厚的乳液。

(2) 聚醋酸乙烯乳胶涂料的配制

① 涂料的配制　把20g去离子水、5g 10%六偏磷酸钠水溶液以及2.5g丙二醇加入搪瓷杯中，开动高速均质搅拌机，逐渐加入18g钛白粉、8g滑石粉和6g碳酸钙，搅拌分散均匀后加入0.3g磷酸三丁酯，继续快速搅拌10min，然后在慢速搅拌下加入40g聚醋酸乙烯酯乳液，直至搅匀为止，即得白色涂料。

② 成品要求

外观：白色稠厚流体。

固含量：50%。

干燥时间：25℃表干10min，实干24h。

③ 性能测定

涂刷水泥石棉样板，观察干燥速度，测定白度、光泽，并做耐水性实验。

制备好做耐湿擦性的样板，然后做耐湿擦性实验。

## 【注意事项】

(1) 聚乙烯醇溶解速度较慢，必须溶解完全，并保持原来的体积。如使用工业品聚乙烯醇，可能会有少量皮屑状不溶物悬浮于溶液中，可用粗孔铜丝网过滤除去。

(2) 滴加单体的速度要均匀，防止加料太快发生暴聚冲料等事故。过硫酸铵水溶液数量少，注意均匀，按比例地与单体同时加完。

(3) 搅拌速度要适当，升温不能过快。

(4) 瓶装的试剂级醋酸乙烯酯需蒸馏后才能使用。

(5) 在搅匀颜料、填充料时，若黏度太大难以操作，可适量加入乳液至能搅匀为止。

(6) 最后加乳液时，必须控制搅拌速度，防止产生大量泡沫。

## 【思考题】

(1) 聚乙烯醇在反应中起什么作用？为什么要与乳化剂OP-10混合使用？

(2) 为什么大部分的单体和过硫酸铵用逐步滴加的方式加入？

(3) 过硫酸铵在反应中起什么作用？其用量过多或过少对反应有何影响？

(4) 为什么反应结束后要用碳酸氢钠调整pH为5～6？

(5) 试说出配方中各种原料所起的作用。

(6) 在搅拌颜料、填充料时为什么要高速均质搅拌？用普通搅拌器或手工搅拌对涂料性能有何影响？

附：聚醋酸乙烯乳胶涂料常用配方及色浆配方见表1。

表 1　聚醋酸乙烯乳胶涂料常用配方举例

| 物料名称 | 配方一/wt% | 配方二/wt% | 配方三/wt% | 配方四/wt% |
|---|---|---|---|---|
| 聚醋酸乙烯 | 42 | 36 | 30 | 26 |
| 钛白 | 26 | 10 | 7.5 | 20 |
| 锌钡白 | — | 18 | 7.5 | — |
| 碳酸钙 | — | — | — | 10 |
| 硫酸钡 | — | — | 15 | — |
| 滑石粉 | 8 | 8 | 5 | — |
| 瓷土 | — | — | — | 9 |
| 乙二醇 | — | — | 3 | — |
| 磷酸三丁酯 | — | — | 0.4 | — |
| 一缩乙二醇丁醚醋酸脂 | — | — | — | 2 |
| 羧甲基纤维素 | 0.1 | 0.1 | 0.17 | — |
| 羟乙基纤维素 | — | — | — | 0.3 |
| 聚甲基丙烯酸钠 | 0.08 | 0.08 | — | — |
| 六偏磷酸钠 | 0.15 | 0.15 | 0.2 | 0.1 |
| 五氯酚钠 | — | 0.1 | 0.2 | 0.3 |
| 苯甲酸钠 | — | — | 0.17 | — |
| 亚硝酸钠 | 0.3 | 0.3 | 0.02 | — |
| 醋酸苯汞 | 0.1 | | — | — |
| 水 | 23.27 | 27.27 | 30.84 | 32.3 |
| 基料：颜料 | 1：1.62 | 1：2 | 1：2.33 | 1：3 |

配方一颜料用量较大而体质颜料用量较小，颜料中全部用金红石型钛白，乳液用量也较大，因此涂料的遮盖力强，耐洗刷性也好，用作一般要求较高的室内墙面涂装，也能作为一般的外用平光涂料使用。如果增加聚醋酸乙烯乳液的用量，能得到稍微有光的涂膜，但一般的聚醋酸乙烯乳液很难制得半光以上的涂膜。

配方二用部分锌钡白代替钛白，遮盖力比配方一要差一些，耐洗刷性也较差。如钛白用金红石型的话，也仅能勉强用于室外要求不高的场合。

配方三颜料用量较低，体质颜料用量增加很多，乳液用量也少，所以遮盖力、耐洗刷性能都要差一些，是一种较为经济的室内用涂料。

配方四颜料的比例较大，主要用于室内要求白度遮盖力较好、而对洗刷性要求不高的场合。

配方中所列举不同的助剂及不同用量，说明乳胶涂料在不同配方中可以使用不同品种的助剂，可根据不同的要求和生产成本等因素综合考虑。

乳胶涂料的生产一般可以用球磨机、快速平石磨、高速分散机等设备，如加入有效的消泡剂且配方恰当的话，也可以用砂磨机。先将分散剂、一部分或全部的增稠剂、防锈剂、消泡剂、防霉剂等溶解成水溶液和颜料、体质颜料一起加入球磨机或用上述其他设备研磨，使颜料分散到一定程度，然后在搅拌下加入聚醋酸乙烯乳液，搅拌均匀后再慢慢加入防冻剂、一部分增稠剂和成膜助剂，最后加入氨水、氢氧化钾或氢氧化钠，调 pH 值至呈微碱性。

如果配制色涂料，则在最后加入各色色浆配色，表 2 列出三种色浆的配方。色浆用的各种颜料必须先研磨分散得很好，否则在配色时不能得到均匀的色彩。如颜料分散不好，色浆加入乳胶涂料中后，用手指研磨颜色会变深，这种情况在将来施工涂刷时，涂刷次数多少或方向不同时会出现颜色不均一的情况。颜料分散不好，加入乳胶漆后在存贮过程中有时会产生凝聚现象，使涂料的颜色发生变化，影响乳胶涂料的贮藏稳定性。有机颜料所用的表面活性剂（润滑剂）有乳化剂 OP 等。将乳化剂 OP-10 溶于水中，加入各色颜料后，在砂磨机研磨数次，至颜料分散至相当程度。在配方中可以加入部分乙二醇，在研磨时泡沫较易消失，而且色浆也不易干燥和冰冻。

**表 2　色浆常用配方举例**

| 项目 | 黄色浆 | 蓝色浆 | 绿色浆 |
|---|---|---|---|
| 耐晒黄 | 35 | — | — |
| 酞菁蓝 | — | 38 | — |
| 酞菁绿 | — | — | 37.5 |
| 乳化剂 OP-10 | 14 | 11.4 | 15 |
| 水 | 51 | 50.6 | 47.5 |

大量的润滑剂加入乳胶涂料中会对涂膜的耐水性带来影响，但由于乳胶涂料绝大多数是白色和浅色的，如果上述有机颜料分散得很好，着色力也相当好，一般情况下色浆的用量都不会太多，对乳胶涂料耐水性带来的影响也不会很大。

# 2.3 绿色有机合成方向

## 实验二十六 二苯乙醇酮（安息香）的合成

**【实验目的】**

（1）了解由辅酶维生素 $B_1$ 合成二苯乙醇酮的原理和方法。

（2）巩固回流、过滤、重结晶等实验操作。

**【实验原理】**

二苯乙醇酮（安息香）是一种重要的有机合成中间体。经典的制备方法是在氰化钠（钾）催化下，由两分子苯甲醛通过缩合反应而得，产率虽高，但毒性很大，既破坏环境，又影响健康。盐酸硫胺素（$VB_1$，维生素 $B_1$）是含有噻唑环的化合物，可以用来代替氰化物催化该反应安息香缩合，无毒无污染。

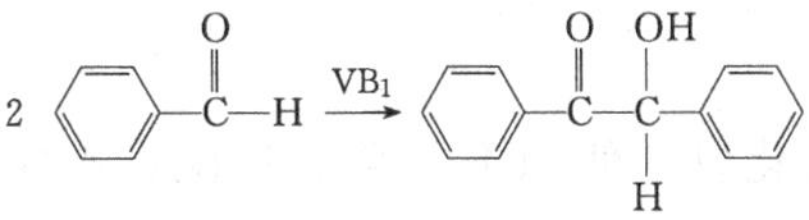

$$2\,C_6H_5CHO \xrightarrow{VB_1} C_6H_5-CO-CH(OH)-C_6H_5$$

$VB_1$ 分子右边噻唑环上的 S 和 N 之间的氢原子有较大的酸性，在碱的作用下形成碳负离子（类似于 $CN^-$），进攻苯甲醛的醛基，使羰基碳极性反转，催化安息香的形成。

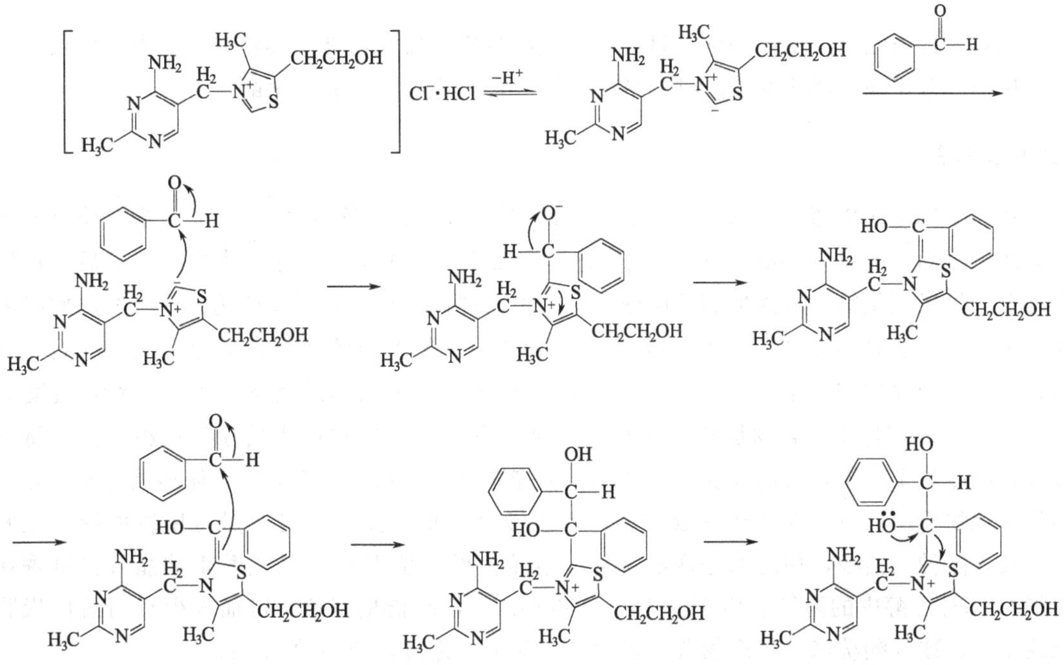

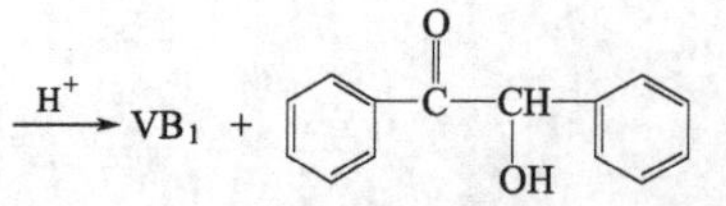

反应机制：安息香缩合反应：碳负离子亲核加成反应

苯甲醛在氰化钠（钾）的作用下，于乙醇中加热回流，两分子苯甲醛之间发生缩合反应，生成二苯乙醇酮，或称安香息，因此把芳香醛的这一类缩合反应称为安息缩合反应，反应机制类似于羟醛缩合反应，该缩合反应是碳负离子对羰基的亲核加成反应。在其中 $CN^-$ 起反应催化剂的作用，首先是无 $\alpha$-氢的芳香族化合物，如苯甲醛在 $CN^-$ 催化作用下，生成一个负碳离子，然后这个负碳离子亲核进攻另一个苯甲醛分子，生成的加合物同时发生质子的迁移、电子的迁移和 $CN^-$ 的离去，得到安息香产物：

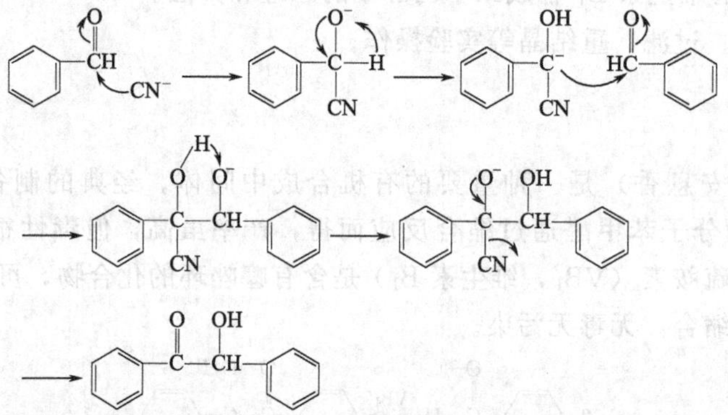

反应中催化剂是剧毒的氰化物，使用不当会有危险，本实验用维生素 $B_1$（Thiamine）盐酸盐代替氰化物催化安息香缩合反应，反映条件温和，无毒，产率较高。

**【仪器与试剂】**

仪器：100mL 锥形瓶，10mL 量筒，回流冷凝管，布氏漏斗，抽滤瓶，熔点测定仪。

试剂：苯甲醛，维生素 $B_1$（盐酸硫胺素），95%的乙醇，氢氧化钠（10%）。

**【实验步骤】**

在 50mL 圆底烧瓶中，加入 1.75g 维生素 $VB_1$，3.5mL 蒸馏水，15mL 乙醇，将烧瓶置于冰浴中冷却。同时取 5mL 的 10%氢氧化钠溶液于试管中也置于冰浴中冷却，然后在冰浴冷却下，将氢氧化钠溶液滴加到反应液中，并不断摇荡，调节溶液 pH 为 9～10[1]，此时溶液为黄色[2]，去掉冰水浴后，加入新蒸的苯甲醛[3]，装上回流冷凝管，加上几粒沸石，将混合物置于水浴中温热 1.5～2.0h。反应过程中保持溶液 pH 为 8～9[4]。水浴温度为 65～75℃[5]，切勿将混合物加热至沸腾，此时反应混合物呈橘黄或橘红色均相溶液。将反应混合物冷却至室温，析出浅黄色的结晶。将烧瓶置于冰水浴中充分冷却使结晶完全。若产物呈油状物析出，应重新加热使成均相，再慢慢冷却重结晶[6]。必要时可用玻璃棒摩擦瓶壁或投入晶种，抽滤，用冷水分两次洗涤，结晶。粗产品用 95%的乙醇重结晶（安息香在沸腾的 95%乙醇中的溶解度为 12～14 g/100mL），若产物呈黄色，可加入少量的活性炭脱色或用少量冰丙酮洗涤。将产物置于表面皿中晾干、称重，产品约 4.5g。

纯安息香为白色针状晶体，熔点为 134～136℃。

## 【注释】

[1] 在滴加乙醇时一定要不断振摇，因为刚刚加入 NaOH 时 pH 较高，而振摇后 pH 会有所下降。要保证 pH 达到 10，一定要细心仔细。

[2] 维生素 $B_1$ 露置在空气中，易吸收水分。在碱性溶液中容易分解变质，噻唑环开环失效，因此，反应前 $VB_1$/NaOH 溶液必须用冰水冷透。

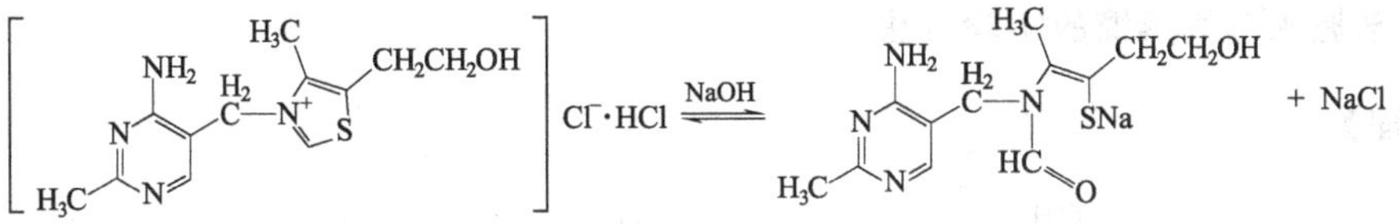

[3] 苯甲醛中不能含有苯甲酸，用前最好经 5 %碳酸氢钠溶液洗涤，然后减压蒸馏，避光保存。

[4] 苯甲醛的缩合反应必须在碱性的条件下进行，碱可以使苯甲醛的羰基碳生成碳负离子，进攻另一个羰基碳；但碱性太大会使苯甲醛发生歧化反应生成苯甲酸和苯甲醇；酸性不能使苯甲醛的羰基碳生成碳负离子，所以不能反应。在酸性条件下，$VB_1$ 稳定，但易吸水，在水溶液中易被氧化而失效；在强碱条件下，噻唑易开环而使 $VB_1$ 失效。在弱碱性（pH = 9～10）条件下，是反应的最佳条件。

[5] 水浴加热时温度可以稍高些，只要不让混合物沸腾即可。同时最好让反应物在水浴条件下反应 2 小时以上，使反应完全。

[6] 若抽滤后滤液中还有油状物，则表示反应不完全。

## 【思考题】

(1) 为什么加入苯甲醛后，反应混合物 pH 要保持 9～10？溶液 pH 过低有什么不好？

(2) 为何反应过程中不能让混合物沸腾？

# 实验二十七　水杨醛的合成

## 【实验目的】

（1）掌握制备水杨醛的原理和方法。

（2）掌握水蒸气蒸馏的实验方法。

## 【实验原理】

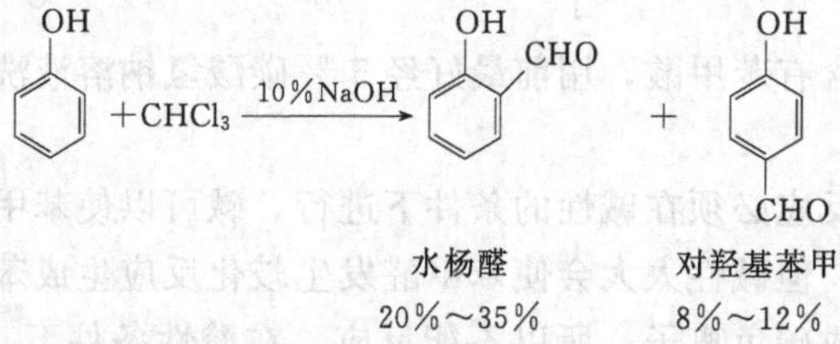

$$C_6H_5OH + CHCl_3 \xrightarrow{10\%NaOH} \text{水杨醛} + \text{对羟基苯甲醛}$$

水杨醛 20%～35%　　对羟基苯甲醛 8%～12%

酚与氯仿在碱性溶液中加热生成邻位及对位羟基苯甲醛。含有羟基的喹啉、吡咯、茚等杂环化合物也能进行此反应。常用的碱溶液是氢氧化钠、碳酸钾、碳酸钠水溶液，产物一般以邻位为主，少量为对位产物。如果两个邻位都被占据则进入对位。不能在水中起反应的化合物可在吡啶中进行，此时只得邻位产物。

Reimer-Tiemann Mechanism：芳环上的亲电取代反应

首先氯仿在碱溶液中形成二氯卡宾，它是一个缺电子的亲电试剂，与酚的负离子（Ⅱ）发生亲电取代形成中间体（Ⅲ），（Ⅲ）从溶剂或反应体系中获得一个质子，同时羰基的α-氢离开形成（Ⅳ）或（Ⅴ），（Ⅴ）经水解得到醛。

$$CHCl_3 + OH^- \xrightarrow{-H_2O} {}^-CCl_3 \xrightarrow{-Cl^-} :CCl_2$$

二氯卡宾

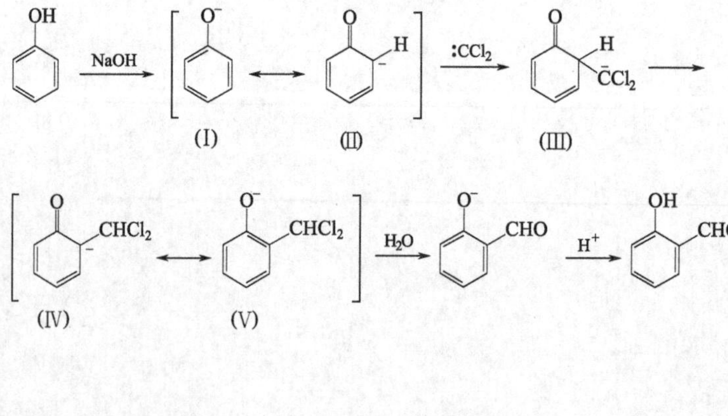

$\xrightarrow{NaOH}$ (Ⅰ) ⟷ (Ⅱ) $\xrightarrow{:CCl_2}$ (Ⅲ) ⟶

(Ⅳ) ⟷ (Ⅴ) $\xrightarrow{H_2O}$ $\xrightarrow{H^+}$

## 【仪器与试剂】

仪器：电动搅拌器，温度计，球形冷凝管，滴液漏斗，恒压滴液漏斗，分液漏斗，250mL 三口烧瓶，布氏漏斗，抽滤瓶，阿贝折光仪。

试剂：苯酚，氯仿，氢氧化钠，三乙胺，亚硫酸氢钠，乙酸乙酯，盐酸，硫酸。

## 【实验步骤】

在装有搅拌、温度计、回流冷凝管及滴液漏斗的 250mL 三口烧瓶中，加入 38mL 水、

20g 氢氧化钠，当其完全溶解后，降至室温，搅拌下加入 9.4g 苯酚，完全溶解后加入 0.16mL（3～6 滴）三乙胺，水浴加热至 50℃时，在强烈搅拌下，于 30min 内缓缓滴加 16mL 氯仿。滴完后，继续搅拌回流 1h，此时反应瓶内物料渐由红色变为棕色，并伴有悬浮着的黄色水杨醛钠盐。

回流完毕，将反应液冷至室温，以 1∶1 盐酸酸化反应液至 pH＝2～3，静置，分出有机层，水层以乙酸乙酯萃取，合并有机层，常压蒸除溶剂后，残留物水蒸气蒸馏至无油珠滴出为止，分出油层，水层以乙酸乙酯萃取三次，将油层合并后，加饱和亚硫酸氢钠溶液。大力振摇后，滤出水杨醛与亚硫酸氢钠的加成物，用 10%硫酸于热水浴上分解加成物，分出油层，以无水硫酸钠干燥之，过滤后，将滤液常压蒸馏，收集 195～197℃馏分即得淡黄色水杨醛产品，$n_D^{20}=1.5720$。

**【注意事项】**

（1）控制好水浴温度。

（2）16mL 氯仿应在 30min 内缓慢滴加。

**【思考题】**

（1）如何将水杨醛与苯酚分离？

（2）实验中三乙胺有何作用？

# 实验二十八　乙酸异戊酯的制备

**【实验目的】**

(1) 了解由有机酸和醇合成酯的一般原理和方法

(2) 掌握回流装置的安装拆卸，掌握液态有机物的干燥方法。

(3) 巩固蒸馏及液体洗涤操作。

**【实验原理】**

$$CH_3C(=O)OH + CH_3CH(CH_3)CH_2CH_2OH \xrightleftharpoons{H^+,\ \triangle} CH_3C(=O)OCH_2CH_2CH(CH_3)CH_3 + H_2O$$

乙酸　　异戊醇　　乙酸异戊酯

由于酯化反应是一个可逆反应，当反应达到平衡状态时，难以继续进行，因此，为了提高反应产率，应设法破坏反应平衡，其方法有两种：其一，使其中某一反应物过量；其二，不断地移去某一生成物。本实验采用的是第一种方法，且使乙酸过量，因为乙酸较为便宜，并且在纯化过程中易于除去（利用其酸性）。

**【仪器与试剂】**

仪器：圆底烧瓶（100mL），球形冷凝管，分水器，蒸馏管，直形冷凝管，接液管，分液漏斗（100mL），锥形瓶（100mL）。

试剂：冰醋酸（CP），异戊醇（CP），浓硫酸，碳酸氢钠溶液（10%），氯化钠溶液（饱和），无水硫酸镁，沸石。

**【实验步骤】**

(1) 酯化

实验装置如图1所示。加料量：10.8mL 异戊醇（0.1mol）、12.8 冰醋酸（0.225mol）、5mL 浓硫酸、2～3 粒沸石。小火加热，保持回流，反应1h，冷却至室温。

(2) 洗涤

依次用 35mL 蒸馏水洗涤、15mL 碳酸氢钠溶液（10%）洗涤两次、10mL 氯化钠溶液（饱和）洗涤一次。

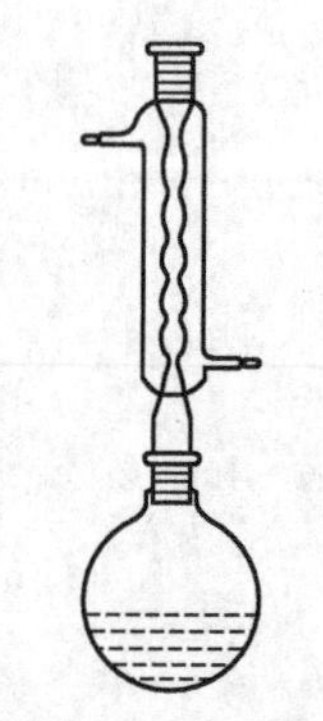

图1　回流装置图

(3) 干燥

将有机相转入锥形瓶，用无水硫酸镁 1～2g 干燥 20min。

(4) 蒸馏

收集馏分温度：138～143℃

(5) 用干燥并事先称量其质量的锥形瓶收集 138～142℃馏分，计算产品质量，计算产率（以不足量反应物计算）＝实际产量/理论产量×100%

【注意事项】

（1）加浓硫酸时，要分批加入，并在冷却下充分振摇，以防止异戊醇被氧化。

（2）拆除回流装置后，应立即将用于干燥的锥形瓶、圆底烧瓶、接收馏分的锥形瓶洗净，烘干，以备蒸馏时使用。

（3）应注意在碱洗时，及时排出生成的二氧化碳气体，以防气体冲出，损失产品。

（4）分离时，应将各层液体都保留到实验结束，当确认无误后，方可弃去杂质层。

【思考题】

画出后处理的流程图，指出每一步除去哪些杂质？

# 实验二十九　醋酸正丁酯的制备

## 【实验目的】

（1）掌握醋酸正丁酯合成的原理和方法。

（2）学习通过恒沸物除去反应体系中水分的方法。

## 【实验原理】

醋酸正丁酯是一种良好的有机溶剂，可以应用于人造革、医药、塑料及香料等工业，并可以用作萃取剂和脱水剂。醋酸正丁酯通过酯化反应由醋酸和正丁酯制备，加入极少量的浓硫酸作为催化剂。

$$CH_3COOH + CH_3CH_2CH_2CH_2OH \xrightleftharpoons{\text{浓硫酸}} CH_3COOCH_2CH_2CH_2CH_3 + H_2O$$

通过将体系中形成的副产物水除去，可以提高酯化反应的转化率。利用乙酸正丁酯-正丁醇-水形成恒沸物，可以通过分水器将反应过程中形成的水分分出，促进酯化反应平衡向右移动，提高反应的转化率。

## 【仪器与试剂】

仪器：分水器，冷凝管，分液漏斗。

试剂：正丁醇，浓硫酸，醋酸。

## 【实验步骤】

250mL 的三口烧瓶中加入 27.9mL 正丁醇和 14.4mL 醋酸，再加入 10 滴浓硫酸，反应装置装上分水器和回流冷凝管。可以在分水器中预先加入少量水，使水面略低于支管口的位置。开始加热回流，并记录分出水的体积。约 40min 后至体系中不再有水分出为止，停止加热。计算分出的水量，并与理论应分出的水量进行比较。冷却后将分水器中酯层和烧瓶中的反应物一起倒入分液漏斗，用 20mL 水洗涤，分出水层。酯层先用 25mL 浓度为 10wt％的碳酸钠溶液洗涤至中性，分出水层。将酯层再用 20mL 水洗涤，分出水层。酯层用无水硫酸镁干燥。

干燥好的酯层经蒸馏，收集 124～126℃的馏分。称重，计算产率。

## 【注意事项】

（1）实验中使用的作为催化剂的浓硫酸不可过量，以免引起有机物碳化脱水等。

（2）控制体系的回流温度。

（3）反应产物洗涤过程。

## 【思考题】

（1）影响反应产物转化率的主要因素有哪些？实验中是如何提高反应的转化率的？

（2）分水器使用的原理及方法是什么？

（3）反应过程中如何除去水分？

（4）怎样计算反应完全时分出的水量？酯化反应中为何要加过量的酸或碱？

（5）乙酸丁酯有哪些应用？

# 实验三十　α-苯乙胺的合成

## 【实验目的】

(1) 学习 Leuckart 反应合成外消旋体 α-苯乙胺的原理和方法。

(2) 通过外消旋 α-苯乙胺的制备，巩固萃取、分馏等基本操作。

## 【实验原理】

通过 Leuckart 反应，用苯乙酮和甲酸铵反应可制得外消旋 α-苯乙胺。反应式如下：

$$C_6H_5COCH_3 \xrightarrow{2HCOONH_4} C_6H_5CH(CH_3)NHCHO + NH_3 + CO_2 + 2H_2O$$

$$C_6H_5CH(CH_3)NHCHO \xrightarrow{HCl/H_2O} C_6H_5CH(CH_3)NH_2 \cdot HCl \xrightarrow{OH^-} C_6H_5CH(CH_3)NH_2$$

## 【仪器与试剂】

仪器：100mL 蒸馏瓶，直形冷凝管，电热套，分液漏斗，圆底烧瓶，分液漏斗，空气冷凝管，沸石。

试剂：苯乙酮，甲酸铵，苯，浓盐酸，50%氢氧化钠。

## 【实验步骤】

在 100mL 蒸馏瓶中加入 11.7mL（12g，0.1mol）苯乙酮，20g（0.32mol）甲酸铵和几粒沸石，装配成蒸馏装置（温度计要插入液面以下），小火缓缓加热，反应物慢慢熔化，当温度升至 150℃时，液体成两相，继续加热反应物变成一相，反应开始，当加热到 185℃时便可以停止加热（通常约需 1h，勿超过 185℃）。在此过程中有水、苯乙酮被蒸出，同时不断产生二氧化碳及氨气。冷凝管中可能生成一些固体碳酸铵。将流出液用滴管直接分出下层苯乙酮并加回反应瓶中，然后在 180～185℃加热 2h，反应物冷却后转入分液漏斗中，加入 10mL 水洗涤，以除去甲酸铵和甲酰胺。将分出的 *N*-甲酰-α-苯乙胺初品转入原反应瓶中，水层每次用 5mL 苯萃取 2 次，萃取液合并入反应瓶中，加 10mL 浓盐酸和几粒沸石，加热直至所有的苯被蒸出，再回流 0.5h，充分冷却（有时析出一些晶体）后，每次用 10mL 苯萃取苯乙酮 2 次。

将酸性水溶液转入圆底烧瓶中，小心加入 20mL 50%氢氧化钠溶液进行水蒸气蒸馏，收集馏出液 80～100mL，馏出液分成两层。冷却后用分液漏斗分液（取上层），水层每次用 10mL 苯萃取 2 次。合并有机层，再进行蒸馏，蒸出苯后改用空气冷凝管，收集 180～190℃馏分，产量约 1～2g（产率约 41%）。

## 【注意事项】

水蒸气蒸馏时，玻璃磨口处涂上凡士林，以防粘住。

**【实验结果】**

| 品名 | 性状 | 产量 | 收率 |
| --- | --- | --- | --- |
| | | | |

**【思考题】**

（1）各步骤中，用苯萃取的分别是什么物质？

（2）为什么在碱性条件下进行水蒸气蒸馏？馏出液含有什么成分？

（3）$\alpha$-苯乙胺的合成中加热温度为什么不能超过185℃，冷凝管中可能生成的固体是什么？加入盐酸回流时可能会析出什么晶体？

（4）外消旋的$\alpha$-苯乙胺可以如何拆分？

# 实验三十一　黄酮中间体邻羟基苯乙酮的制备

## 【实验目的】

（1）学习邻羟基苯乙酮的制备方法。

（2）巩固萃取、无水操作、减压蒸馏等基本操作。

## 【实验原理】

黄酮具有显著的生理活性，具有抗菌和抗炎作用，在植物体内具有抗病作用。邻羟基苯乙酮则是黄酮合成过程中的重要中间体。

反应式：

OH

$Ac_2O$ / NaOH

O

O

$CH_3$

$AlCl_3$

OH　O

$CH_3$

## 【仪器与试剂】

仪器：100mL 圆底烧瓶，分液漏斗，50mL 三口烧瓶，冷凝管，电热套。

试剂：氢氧化钠，苯酚，冰，醋酸酐，甲苯，无水硫酸镁，无水三氧化铝，盐酸。

## 【实验步骤】

（1）乙酸苯酚酯的合成

在 100mL 圆底烧瓶中，加入 3g 氢氧化钠、5mL 水和 4.7g（0.05mol）苯酚，搅拌使溶解。加 25g 碎冰，搅拌下滴入 7mL（0.053mol）醋酸酐、5mL 甲苯溶液，随即有油状物悬浮于溶液中。将此乳浊液转入分液漏斗中，依次用 5mL、5mL、5mL 甲苯萃取。合并甲苯萃取液，用 10mL 3% 的氢氧化钠溶液洗涤 2 次，再用 10mL 水洗涤 2 次，用无水硫酸镁干燥。滤出干燥剂，得乙酸苯酚酯的甲苯溶液。

纯乙酸苯酚酯沸点为 195.7℃，$d_4^{20}=1.0780$。

（2）邻羟基苯乙酮的合成[1]

称取 5.1g（0.038mol）无水三氯化铝，加入具有搅拌滴加回流装置的 50mL 反应瓶，在不断搅拌下滴加制备的乙酸苯酚酯的甲苯溶液，这时有较强烈的放热现象，同时反应物变为橙红色。

滴加结束后去除搅拌装置，大火回流将反应温度维持在 130～160℃下保持 0.5～1h。将反应混合物冷却至室温，加入 20mL 5% 的盐酸，使固体逐渐溶解，呈棕色油状物。分 3 次每次用 5mL 甲苯萃取，合并萃取液，用无水硫酸镁干燥。蒸除溶剂后水蒸气蒸馏，收集馏分后分液并用无水硫酸镁干燥，滤出干燥剂。产物为淡黄色黏稠状液体，产量约 2.0g。

纯邻羟基苯乙酮沸点为 218℃，$d_4^{20}=1.1307$。

## 【注释】

[1] 所用装置要提前烘干。

**【思考题】**

(1) 乙酸苯酚酯的合成中为何加入碎冰？为什么可以这么做？

(2) 邻羟基苯乙酮的合成中加盐酸时出现的固体是什么？

(3) 在合成乙酸苯酚酯时为何能够使用将乙酸酐滴加到苯酚钠水溶液中的方法？反过来操作可以吗？实际操作时要注意哪些细节？

(4) 在合成邻羟基苯乙酮时如果乙酸苯酚酯的量较少，如何进行操作？在合成邻羟基苯乙酮时主要的副产物是什么？如何除去？为什么可以这样操作？

# 实验三十二　苯甲酰肼的合成

**【实验目的】**

（1）学习由酯的肼解制备酰肼的方法。

（2）学习共沸分水的方法，巩固萃取、蒸馏等基本操作。

**【实验原理】**

取代苯甲酰肼类化合物的衍生物具有一些明显的生物活性，是重要的有机中间体，本文以苯甲酰肼为例学习由酯的肼解制备酰肼的方法。

反应式：

$$C_6H_5COOH \xrightarrow[C_2H_5OH]{浓\ H_2SO_4,加热} C_6H_5COOC_2H_5 \xrightarrow[加热]{NH_2NH\cdot H_2O} C_6H_5CONHNH_2$$

**【仪器与试剂】**

仪器：烧瓶，沸石，分水器，球形冷凝管，烧杯。

试剂：苯甲酸，乙醇，苯，浓硫酸，碳酸钠粉末，乙醚，85%水合肼。

**【实验步骤】**

（1）苯甲酸乙酯的合成

4g 苯甲酸、15mL95%乙醇、5mL 苯于烧瓶中，边摇荡边逐滴加入 1mL 浓硫酸，加入两粒沸石，装上分水器（预先加入（$V-3$）mL 水，为什么?）和球形冷凝管，加热回流至生成的水（哪一层?）不再增加后（怎么来判断?），将分水器的液体放空，继续回流使得苯全部进入分水器中，停止加热，冷却。将瓶中反应物倒入 30mL 冷水的烧杯中，边搅拌边分批加入碳酸钠粉末至中性。随后静置分液（哪一层是酯层?），余液用乙醚萃取、合并乙醚层，用热水浴蒸馏回收乙醚，酯层备用。

（2）苯甲酰肼的合成

合并制得的苯甲酸乙酯于烧瓶中，加 8mL 85%水合肼、10mL 95%乙醇和沸石回流约 50min，将反应完成后的液体中的乙醇蒸出后，转移到烧杯中在冰水中冷却，有果冻样物析出，充分静置后将固体滤出，干燥。

**【思考题】**

（1）在合成苯甲酸乙酯时，为何要在分水器预先加入一些水？加入水的量是如何确定的？

（2）在合成苯甲酸乙酯时，用碳酸钠粉末除去的是什么？如何判定碳酸钠已加足量？

（3）如何提高苯甲酸乙酯制备的产率？在合成苯甲酸乙酯时，分水器的液体是如何分层的？如何判定反应达平衡？

# 实验三十三　苯亚甲基苯乙醛酮（查尔酮）的制备

**【实验目的】**

了解 Aldol 缩合反应的机理、特点及反应条件。

**【实验原理】**

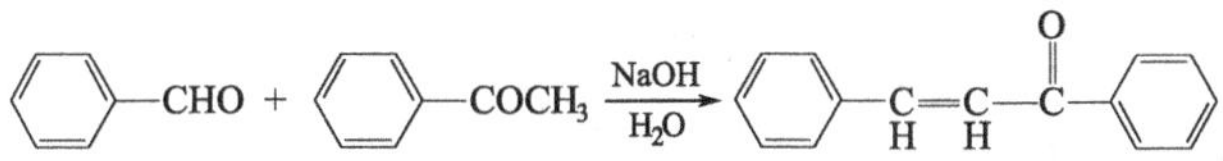

$$C_6H_5CHO + C_6H_5COCH_3 \xrightarrow[H_2O]{NaOH} C_6H_5CH{=}CHCOC_6H_5$$

**【仪器与试剂】**

仪器：100mL 三颈瓶，电热套，500mL 烧杯，布氏漏斗，抽滤瓶。

试剂：苯甲醛（4.6g），苯乙酮（5.2g），乙醇（95%）（15mL），氢氧化钠[2.2g（溶于20mL 水）]。

**【实验步骤】**

在配有搅拌、温度计、回流冷凝管及滴液漏斗的 100mL 的三颈瓶中，加入氢氧化钠水溶液、乙醇（95%）15mL 及苯乙酮 5.2g，水浴加热到 20℃，滴加苯甲醛 4.6g，滴加过程中维持反应温度 20～25℃，加毕，于该温度下继续搅拌反应 0.5h，加入少量的查尔酮做晶种，继续搅拌 1.5h，析出沉淀，抽滤、水洗至洗水呈中性，抽干得粗产品，以乙酸乙酯为溶剂重结晶，得纯品为浅黄色针状结晶，熔点：55～56℃。

**【思考题】**

（1）本实验中可能的副反应有哪些？怎样可以避免？

（2）为什么该产品析晶较困难？

# 实验三十四　2-巯基-4,6-二甲基嘧啶的合成

## 【实验目的】

（1）学习胺与羰基的缩合反应。

（2）学习回流反应的操作，学习恒压滴液漏斗的使用方法。

（3）学习重结晶操作，学习熔点的测量方法，学习红外和核磁对有机化合物的表征。

## 【实验原理】

2-巯基-4,6-二甲基嘧啶是一种含硫、含氮的化合物，具有较高的阻燃能力和合适的分解温度。2-巯基-4,6-二甲基嘧啶通过巯基与含烯烃化合物反应引入烯烃，然后与丙烯腈共聚实现聚丙烯腈的有效阻燃。此外，还可以通过与聚丙烯腈共混实现聚丙烯腈阻燃。

$$NH_2-\underset{\underset{S}{\|}}{C}-NH_2 + H_3C-\underset{\underset{O}{\|}}{C}-CH_2-\underset{\underset{O}{\|}}{C}-CH_3 \xrightarrow{浓盐酸} \text{(4,6-二甲基-2-巯基嘧啶)} + 2H_2O$$

## 【仪器与试剂】

仪器：250mL 圆底三口瓶，球形冷凝管1支，抽滤装置一套，恒温磁力搅拌器。

试剂：硫脲、乙酰丙酮、无水乙醇、浓盐酸、氢氧化钠。

## 【实验步骤（投料控制为0.1mol）】

（1）在装有冷凝管和滴液漏斗的250mL三口瓶中，加入19g（250mmol）硫脲，25mL（250mmol）乙酰丙酮和125mL乙醇，反应液呈无色。

（2）磁力搅拌，加热，回流2h，呈黄色，稍冷却至不沸腾后，滴加33.5mL浓盐酸，再继续搅拌回流1h，冷却至室温，析出大量晶体，静置过滤。

（3）滤得晶体用40mL水加热溶解，再用10%NaOH溶液调其pH=7左右，此过程溶液由黄色变成棕红色，静置冷却至室温，有大量细针状黄色晶体析出，过滤并于80℃烘干晶体除去结晶水。产品2-巯基-4,6-二甲基嘧啶为浅黄色不规则颗粒或粉末。

测量熔点单体熔程：219～220℃（文献值218～219℃）。测量产品的红外与核磁。

## 【实验要求】

（1）阅读给定的文献，并用关键词在网上或图书馆查阅相关的参考文献。

（2）制定研究方案，探索最佳合成工艺条件。

（3）对研究的结果展开讨论。

（4）提交研究论文。

## 【思考题】

（1）为什么严格控制原料的摩尔比？

（2）为什么稍冷却至不沸腾后，再滴加浓盐酸？

【实验提示】

**查阅文献的关键词**

硫脲，乙酰丙酮，2-巯基-4,6-二甲基嘧啶。

**实验关键**

(1) 严格控制原料的摩尔比。

(2) 硫脲和乙酰丙酮加热回流 2h 后，稍冷却至不沸腾后，再滴加浓盐酸。

# 实验三十五　桂皮酰哌啶的制备

胡椒碱是一种治疗癫痫病的药物。民间用“白胡椒加红心萝卜”治疗癫痫病作为秘方相传，经临床观察和药理试验，发现起治疗作用的是白胡椒，并进而发现其有效成分是胡椒碱。

但胡椒碱的结构比较复杂，不容易合成。如果由胡椒提取则成本太高，不能大量生产。利用药物化学中的同系原理对胡椒碱进行结构改造时，发现3-(3,4-亚甲基二氧苯基)-丙烯酰哌啶也具有类似胡椒碱的药理作用，其结构简单，便于合成，已用于临床。临床上亦称为抗癫灵。

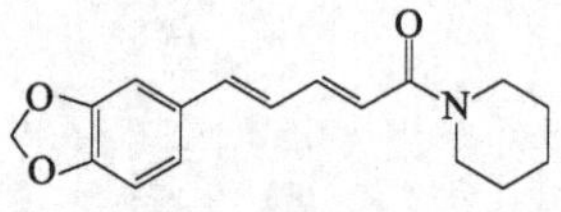

胡椒碱 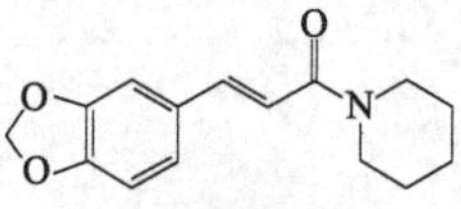　　抗癫灵

抗癫灵的结构简化物——桂皮酰哌啶结构更加简单，经药理实验证明，其药理作用与抗癫灵类似，并且具有广谱的抗惊作用，有一定的研究价值。

桂皮酰哌啶的化学结构：

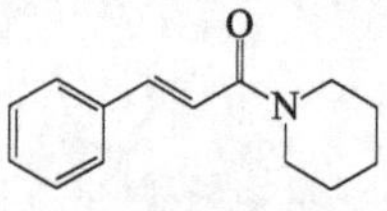

桂皮酰哌啶

分子式：$C_{14}H_{17}NO$，分子量：215.30。

本品为白色或类白色晶体，无臭，无味。在乙醇中溶解，几乎不溶于水，熔点121～122℃。

## 【实验目的】

(1) 掌握氯化、酰化的基本原理。

(2) 熟悉无水操作及产品精制的方法。

(3) 了解桂皮酰哌啶的合成路线。

## 【实验原理】

芳香醛和酸酐在酸酐相应的碱金属盐存在下，发生类似醇醛缩合反应得到$\alpha,\beta$-不饱和芳香酸。这个反应用于合成桂皮酸称为Perkin反应。生成的桂皮酸与二氯亚砜进行酰氯化反应得到酰氯化物，最后和哌啶缩合得到产物桂皮酰哌啶。

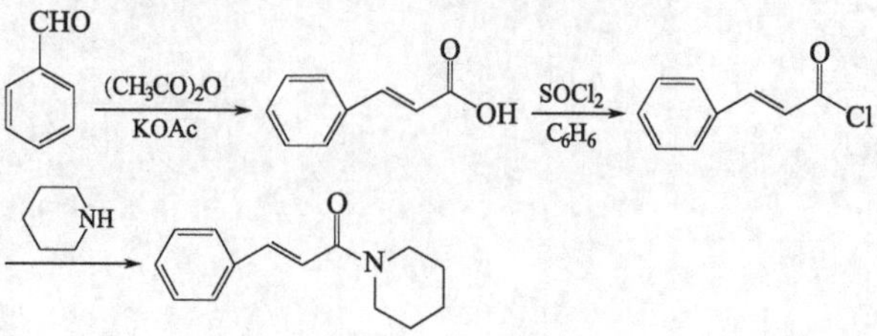

CHO　$(CH_3CO)_2O$ / KOAc　OH　$SOCl_2$ / $C_6H_6$　Cl

NH　O　N

**【仪器与试剂】**

仪器：圆底烧瓶，空气冷凝管，$CaCl_2$ 干燥管，长颈圆底烧瓶，球形冷凝管，克氏蒸馏烧瓶，温度计。

试剂：苯甲醛，酸酐，无水醋酸钾，$Na_2CO_3$，无水苯，$SOCl_2$、哌啶（六氢吡啶），盐酸，无水 $Na_2SO_4$，乙醇，活性炭。

**【实验步骤】**

(1) 桂皮酸的制备

配料比（质量比）：苯甲醛：醋酐：醋酸钾＝1：1.43：0.6，在 250mL 圆底烧瓶中加入 20g 苯甲醛、20mL 醋酐和新熔焙过的 12g 醋酸钾。如图 1 所示，安装空气冷凝管及 $CaCl_2$ 干燥管，在油浴上加热回流振摇使溶解，维持油浴温度 160℃（内温约 150℃）1.5h，然后升温至 170℃加热 2.5h。(内温约 160～170℃)。

反应完成后，取下反应瓶，将反应物倒入 125mL 热水中，并用少量水冲洗反应瓶，在反应液中加入适量 $Na_2CO_3$，调 pH 至 8 然后倒入 500mL 圆底烧瓶中进行水蒸气蒸馏，除尽未反应的苯甲醛后，加入适量活性炭约 2 匙，煮沸 15min，趁热抽滤，冷却后，慢慢滴加浓盐酸酸化，边加边搅拌，使桂皮酸结晶析出完全，抽滤，用水洗涤，干燥得粗品，用稀乙醇 [$V$（水）：$V$（95%EtOH）＝3：1] 重结晶，得桂皮酸结晶，熔点 131.5～132℃。

(2) 桂皮酰氯、桂皮酰胺的制备

配料比（质量比）：桂皮酸：$SOCl_2$：$C_6H_6$：哌啶＝1：0.89：19.04：1.15，将干燥的桂皮酸 7.4g 投入 250mL 圆底烧瓶中，加入 60mL 苯，加入 $SOCl_2$ 4mL，如图 2 所示，安装回流冷凝器、氯化钙干燥管、气体吸收装置，在油浴上加热回流至无 HCl 产生，约 2.5～3h，浴温 90～100℃，酰氯化反应完成后换成蒸馏装置，减压蒸除苯，得到桂皮酰氯的结晶（熔点 36℃或浆状物），蒸出的酸性苯勿倒入池中，回收。

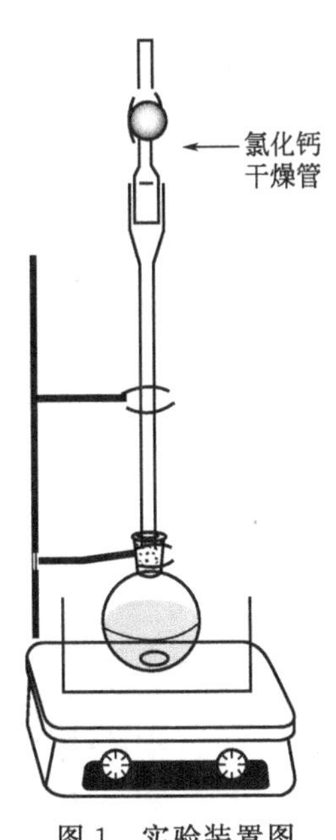

图 1　实验装置图

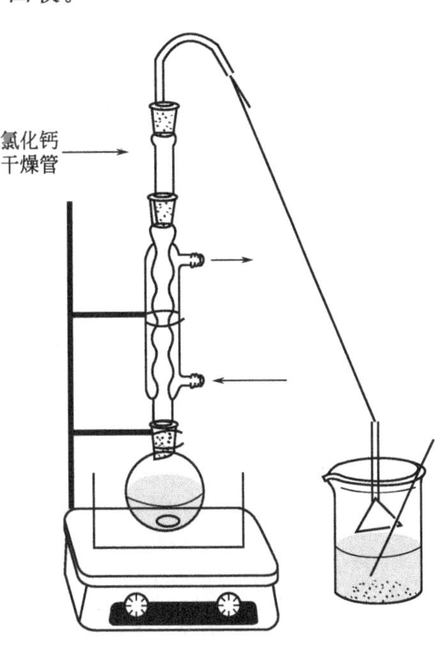

图 2　实验装置图

将桂皮酰氯用100mL无水苯温热溶解，分次加入哌啶10mL充分振摇，加塞于室温放置2h完成胺解反应。

将沉淀的哌啶盐酸盐抽滤除去，苯溶液用水洗两次（每次100mL），分出水层，苯层再用10%HCl约100mL洗至酸性，分离除去酸水，苯层再用饱和$Na_2CO_3$洗至微碱性，再用$H_2O$洗至中性，分出苯层，加入无水$Na_2SO_4$干燥1h（无水$Na_2SO_4$用前应先干燥，再使用）减压蒸馏除苯，析出产品，用EtOH重结晶，得桂皮酰哌啶，熔点121～122℃。

**【注意事项】**

（1）苯甲醛容易被空气氧化生成苯甲酸，工业品或开口放置过的化学纯品均应重蒸。

（2）桂皮酸的制备过程中无水条件的控制是反应的关键，无水醋酸钾必须新鲜熔融制得，方法：将含水醋酸钾在瓷蒸发器中加热，盐先在自身的结晶水中溶化，水分蒸发后再结晶成固体，强热使固体再熔化，并不断搅拌片刻，趁热倒在乳钵中，固化后研碎置于干燥器中待用。

（3）醋酐中如含有水则分解成醋酸，影响反应，所以醋酸含量较低时应重蒸，$SOCl_2$易吸水分解，用后应立即盖紧瓶塞，在通风柜中量取。

**【思考题】**

（1）桂皮酸合成为什么必须在无水条件下进行？

（2）醋酸钾为何必须新鲜熔融，如想提高收率可采取什么措施？

（3）从羧酸制备酰氯有哪些方法？选用$SOCl_2$的优点是什么？

（4）苯酰氯化后蒸出的酸性苯中有哪些杂质？应如何将其处理回收？

（5）桂皮酸合成反应中将反应物倒入事先沸腾的热水中，为什么？

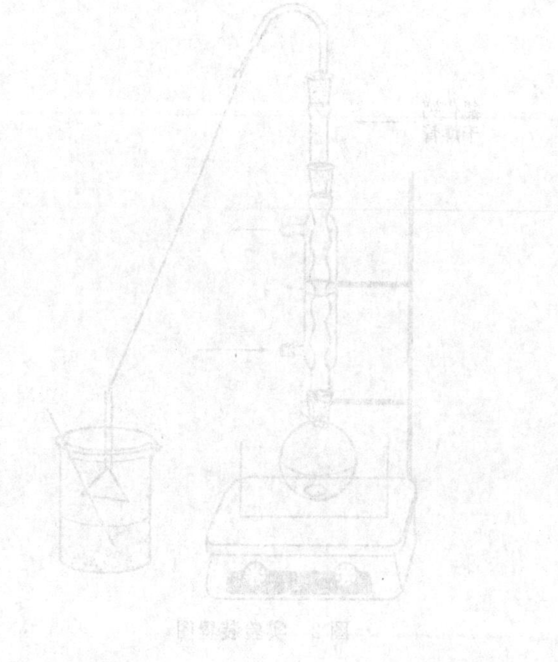

# 实验三十六　烟酸的制备

## 【实验目的】

（1）掌握高锰酸钾氧化法对芳烃的氧化原理及实验方法。

（2）熟悉酸碱两性有机化合物的分离纯化技术。

（3）了解烟酸的合成路线。

## 【实验原理】

烟酸（Nicotinic Acid）学名为吡啶-3-羧酸，又称维生素 $B_5$，是 B 族维生素中的一种，富集于酵母、米糠之中，可用于防治糙皮病，也可用作血管扩张药，并大量用作食品和饲料的添加剂。作为医药中间体，可用于烟酰胺、尼可刹米及烟酸肌醇酯的生产。

烟酸的化学结构：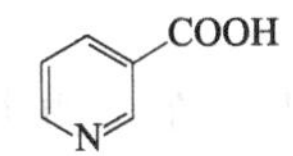

分子式：$C_6H_5NO_2$；分子量：123。

本品为无色针状结晶，熔点 236～239℃。

烟酸可以由喹啉经氧化、脱羧合成，但合成路线长，且所用的试剂为腐蚀性的强酸。因此可以通过对 3-甲基吡啶的氧化来制取。

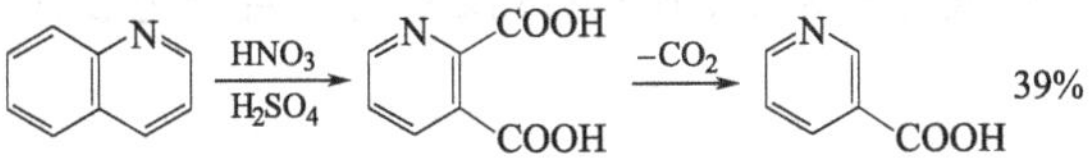

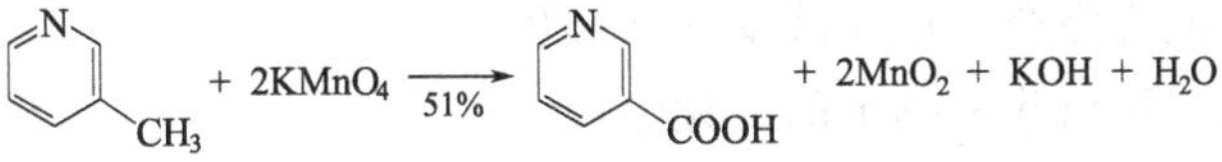

HNO₃ / H₂SO₄ → COOH, COOH → $-CO_2$ → COOH　39%

CH₃ + 2KMnO₄ →(51%) COOH + $2MnO_2$ + KOH + $H_2O$

## 【仪器与试剂】

仪器：球形冷凝管，圆底烧瓶，三颈烧瓶，尾接管，布氏漏斗，抽滤瓶，圆底烧瓶，温度计，恒温磁力搅拌器。

试剂：3-甲基吡啶，高锰酸钾，浓盐酸。

## 【实验步骤】

（1）投料比

投料比见表 1。

**表 1　投料比**

| 化学试剂 | 3-甲基吡啶 | 高锰酸钾 | 浓盐酸 | 活性炭 |
| --- | --- | --- | --- | --- |
| 分子量 | 93 | 157.9 | 36.5 | |
| 投料量/g | 5 | 21 | 适量 | 适量 |
| 摩尔数/mol | 0.054 | 0.108 | | |

（2）操作步骤

如图 1 所示，在配有回流冷凝管、温度计和搅拌子的三口烧瓶中。加入 3-甲基吡啶 5g、蒸馏水 200mL，水浴加热至 85℃。在搅拌下，分批加入高锰酸钾 21g，控制反应温度在 85～90℃，加毕，继续搅拌反应 1h。停止反应，改成常压蒸馏装置，蒸出水及未反应的 3-甲基吡啶，至流出液呈现不浑浊为止，约蒸出 130mL 水，停止蒸馏，趁热过滤，用 12mL 沸水分三次洗涤滤饼（二氧化锰），弃去滤饼，合并滤液与洗液，得烟酸钾水溶液。

将烟酸钾水溶液移至 500mL 烧杯中，用滴管滴加浓盐酸调 pH 值至 3～4（烟酸的等电点的 pH 值约 3.4，注意：用精密 pH 试纸检测），冷却析晶，过滤，抽干，得烟酸粗品。

（3）精制

将粗品移至 250mL 圆底烧瓶中，加粗品 5 倍量的蒸馏水，水浴加热，轻轻振摇使溶解，稍冷，加活性炭适量，加热至沸腾，脱色 10min，趁热过滤，慢慢冷却析晶，过滤，滤饼用少量冷水洗涤，抽干，干燥，得无色针状结晶烟酸纯品，熔点 236～239℃。

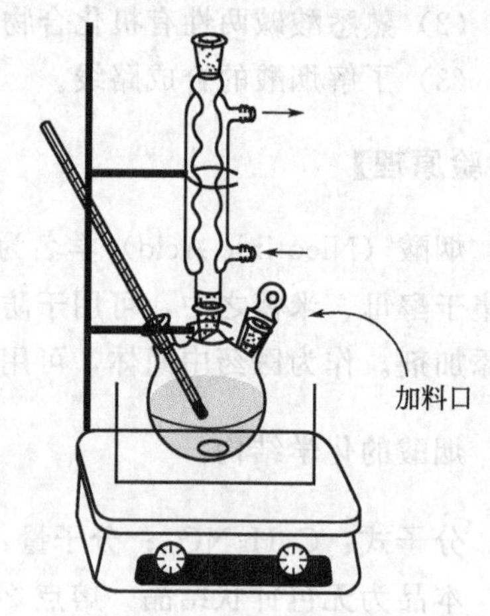

图 1　实验装置图

**【注意事项】**

［1］慢慢冷却结晶，有利于减少氯化钾在产物中的夹杂量。

［2］氧化反应若完全，二氧化锰沉淀滤去后，反应液不再显紫红色。如果显紫红色，可加少量乙醇，温热片刻，紫色消失后，重新过滤。

［3］精制中加入活性炭的量可由粗品的颜色深浅来定，若颜色较深可多加一些。

**【思考题】**

（1）氧化反应若反应完全，反应液呈什么颜色？

（2）为什么加乙醇可以除去剩余的高锰酸钾？

（3）在产物处理过程后，为什么要将 pH 值调至烟酸的等电点？

（4）本实验在烟酸精制过程中为什么要强调缓慢冷却结晶处理？冷却速度过快会造成什么后果？

（5）如果在烟酸产物中尚含有少量氯化钾，如何除去？试拟定分离纯化方案。

## 实验三十七　香豆素-3-羧酸的合成

香豆素又名1,2-苯并吡喃酮，白色斜方晶体或结晶粉末，存在于许多天然植物中。它最早是1820年从香豆的种子中发现的，也含于薰衣草、桂皮的精油中。香豆素为香辣型，表现为甜而有香茅草的香气，是重要的香料，常用作定香剂，用于配制香水、花露水香精。香豆素的衍生物除用作香料外，还可以用作农药、杀鼠剂、药物等。

由于天然植物中香豆素含量很少，大量是通过合成得到的。1868年，Perkin用邻羟基苯甲醛（水杨醛）与醋酸酐、醋酸钠一起加热制得，称为Perkin合成法。

OH / CHO + $(CH_3CO)_2O$ $\xrightarrow{CH_3COONa}$ OH / C(H)=C(H)—COONa $\xrightarrow{H_3^+O}$

OH / COOH + OH / COOH $\xrightarrow{-H_2O}$ O / O

**【实验目的】**

（1）掌握Knovengel反应的基本原理和操作方法。

（2）熟悉回流和重结晶的操作。

（3）了解Perkin合成法。

**【实验原理】**

水杨醛和醋酸酐首先在碱性条件下缩合，经酸化后生成邻羟基肉桂酸，接着在酸性条件下闭环成香豆素。

本实验采用改进的方法进行合成，用水杨醛和丙二酸酯在有机碱的催化下，可在较低的温度合成香豆素的衍生物。这种合成方法称为Knovengel反应。水杨醛与丙二酸酯在六氢吡啶催化下，缩合生成中间体香豆素-3-甲酸乙酯。后者加碱水解，不但酯基而且内酯也被水解，然后再次环内酯化即生成香豆素-3-羧酸。

凡具活性亚甲基的化合物（如丙二酸酯、$\beta$-酮酸酯、氰乙酸酯、硝基乙酸酯等）在氨、胺或其羧酸盐的催化下，与醛、酮发生醛醇型缩合，脱水而得$\alpha,\beta$-不饱和化合物的反应称为Knovengel反应。

CHO / OH + $CH_2(COOC_2H_5)_2$ $\xrightarrow{\text{N-H (piperidine)}}$ $COOC_2H_5$ / O / O

$\xrightarrow{NaOH}$ COONa / COONa / ONa $\xrightarrow{HCl}$ COOH / O / O

**【仪器与试剂】**

仪器：圆底烧瓶，干燥管，锥形瓶，球形冷凝管，恒温磁力搅拌器，布氏漏斗，抽滤瓶。

试剂：水杨醛（5g，0.014mol），丙二酸二乙酯（6.8mL，0.045mol），

六氢吡啶（0.5mL），无水乙醇（25mL），冰醋酸（2滴），95%乙醇（适量），NaOH，HCl，无水氯化钙。

**【实验步骤】**

（1）香豆素-3-甲酸乙酯的合成

在干燥的100mL圆底烧瓶中，加入4.2mL水杨醛、6.8mL丙二酸二乙酯、25mL无水乙醇、0.5mL六氢吡啶和2滴冰醋酸，放入几粒沸石后，装上回流冷凝管，冷凝管上口接一氯化钙干燥管。在水浴上加热回流2h。稍冷后将反应物转移到锥形瓶中，加入30mL水，置于冰浴中冷却。待结晶完全后，过滤，晶体每次用2～3mL 50%冰冷过的乙醇洗涤2～3次。粗产物为白色晶体，经干燥后质量约6～7g，熔点92～93℃。粗产物可用25%的乙醇水溶液重结晶，熔点93℃。

（2）香豆素-3-羧酸的合成

在100mL圆底烧瓶中加入4g香豆素-3-甲酸乙酯、3g氢氧化钠、20mL 95%乙醇和10mL水，加入几粒沸石，装上回流冷凝管，用水浴加热至酯溶解后，再继续回流15min。稍冷后，在搅拌下将反应混合物加到盛有10mL浓盐酸和50mL水的烧杯中，立即有大量白色结晶析出。在冰浴中冷却使结晶完全。抽滤，用少量冰水洗涤晶体，压干，干燥后质量约为3g，熔点188℃。粗品可用水重结晶。

纯品香豆素-3-羧酸的熔点为190℃。

**【思考题】**

（1）试写出利用Konvengel反应制备香豆素-3-羧酸的反应机理。反应中加入醋酸的目的是什么？

（2）如何利用香豆素-3-羧酸制备香豆素？

# 实验三十八　苯佐卡因的合成

## 【实验目的】

（1）掌握文献查阅和局部麻醉药苯佐卡因合成路线选择的基本原理和评价。

（2）熟悉氧化、酯化、还原、酰化反应的原理和操作方法。

（3）了解化合物的酸碱性进行纯化的方法。

## 【实验原理】

外科手术必须用的麻醉剂或称止痛剂，是一类已被研究透彻的药物。化学家在这方面充分显示了他们的才能，他们研究天然药物古柯碱，最终以更理想的合成品来替代它们，这种合成品作用更强，且无副作用和危险性。

最早的局部麻醉药是从南美洲生长的古柯植物中提取的古柯碱或称可卡因，但具有容易成瘾和毒性大等缺点，在搞清楚了古柯碱的结构和药理作用之后，人们已合成和试验了数百种局部麻醉剂，苯佐卡因和普鲁卡因仅是其中的两种。已经发现的有活性的这类药物均有如下共同的结构特征：分子的一端是芳环，另一端则是仲胺或叔胺，两个结构单元之间相隔1～4个原子连接的中间链。苯环部分通常为芳香酸酯，它与麻醉剂在人体内的解毒有密切的关系；氨基还有助于使此类化合物形成溶于水的盐酸盐以制成注射液。

芳香族残基　中间链　胺基

可卡因

普鲁卡因：$H_2N-C_6H_4-C(=O)-O-CH_2CH_2-N(CH_2CH_3)_2$

苯佐卡因：$H_2N-C_6H_4-C(=O)-O-CH_2CH_3$

局部麻醉剂的通式：$R-C_6H_4-C(=O)-O-(CH_2)_n-NR_1R_2$

A　B　C

本实验阐述了局部麻醉药苯佐卡因的制备，它是一种白色的晶体粉末，制成散剂或软膏用于疮面溃疡的止痛。

苯佐卡因通常有两条合成路线：方法一由对硝基甲苯首先被氧化成对硝基苯甲酸，再经乙酯化后还原而得。

$$p\text{-}CH_3C_6H_4NO_2 \xrightarrow{[O]} p\text{-}HOOCC_6H_4NO_2 \xrightarrow[H_2SO_4]{C_2H_5OH} p\text{-}C_2H_5OOCC_6H_4NO_2 \xrightarrow{[H]} p\text{-}C_2H_5OOCC_6H_4NH_2$$

这是一条比较经济合理的路线。

方法二采用对甲苯胺为原料，经酰化、氧化、水解、酯化一系列反应制备苯佐卡因。

$$p\text{-}CH_3C_6H_4NH_2 \xrightarrow{(CH_3CO)_2O} p\text{-}CH_3C_6H_4NHCOCH_3 \xrightarrow[(2)H^+,H_2O]{(1)KMnO_4} p\text{-}H_2NC_6H_4COOH \xrightarrow[H_2SO_4]{C_2H_5OH} p\text{-}H_2NC_6H_4COOC_2H_5$$

此路线虽然比方法一中以对硝基甲苯为原料路线长一些，但原料易得，操作方便，适用于实验室小量制备。

两条路线均有大量文献报道。现将两种合成方法列出，根据查阅文献的情况和兴趣，自己确定合成方法。

**【仪器】**

仪器：三颈烧瓶，圆底烧瓶，干燥管，烧杯，锥形瓶，球形冷凝管，机械搅拌器，布氏漏斗，抽滤瓶。

## Ⅰ 苯佐卡因的制备方法一

### (1) 对硝基苯甲酸的合成（氧化反应）

**【试剂】**

对硝基甲苯（10g 熔点 51～54℃），重铬酸钾（34g），浓硫酸（40mL），5%硫酸（40mL），5% NaOH（75mL），10%硫酸（150mL），活性炭（适量）。

**【实验步骤】**

在三颈烧瓶中加入对硝基甲苯（10g，73mmol）、重铬酸钾（34g，0.115mol）和水（65mL），搅拌下小心滴加浓硫酸（40mL），滴加过程中，控制反应体系内温度不超过60℃，必要时用水浴冷却之，当加入一半量硫酸后，注意控制温度，勿使反应过分剧烈。硫酸加毕后，升温至微沸，缓缓回流 1h，至反应液呈绿色，冷却到 50℃，将反应液倒入烧杯中，加入冷水 80mL，搅拌析出晶体，抽滤，用冷水（40mL）分两次洗涤滤饼。

粗品对硝基苯甲酸为黄黑色，可将其置于 5%的硫酸 40mL 中，加热 10min，以溶解铬酸，冷却，过滤，抽干，得晶体。再将晶体溶于温热的 5%氢氧化钠溶液中，冷却，过滤①，滤液中加入约 0.5g 的活性炭，温热至约 50℃，振摇或搅拌 5～10min 后过滤。滤液冷却，搅拌下将滤液滴加到 10%的硫酸（150mL）中，冷却，析出晶体充分，过滤②，用冷水洗涤，干燥，计算收率，测定熔点③。

**【注意事项】**

① 这一步是除去未反应的对硝基甲苯和铬酸，将铬酸变成氢氧化铬后除去。

② 硫酸不能反加到滤液中，否则生成的沉淀包含杂质，影响产物的纯度。

③ 必要时用水、乙醇、苯或冰醋酸重结晶。

### (2) 对硝基苯甲酸乙酯的制备（酯化反应）

**【试剂】**

对硝基苯甲酸（8g），浓硫酸（9.6g，5.3mL），95%乙醇（20mL），5%的碳酸钠溶液。

**【实验步骤】**

将95%的乙醇（20mL）置于100mL干燥的圆底烧瓶中，慢慢加入浓硫酸（5.3mL），再加入对硝基苯甲酸（8g），装上球形冷凝管，于85℃水浴中搅拌、回流1.5h，至对硝基苯甲酸固体消失①，瓶底有透明的油状物。反应完毕后，取下圆底烧瓶，在剧烈振摇下冷却②析出晶体，然后倒入80mL冷水中，搅拌，过滤，得滤液一。滤饼用水洗涤2次，然后置于5%的碳酸钠溶液中，使pH=8左右，以溶去未反应的对硝基苯甲酸，过滤，得到滤液二，滤饼用水洗涤至中性，减压干燥，得对硝基苯甲酸乙酯，计算收率，测定熔点（本品熔点较低，注意干燥温度）。合并滤液一、二，用酸酸化，过滤，可以回收部分未反应的对硝基苯甲酸。

**【注意事项】**

① 若沉淀没有完全溶解，说明酯化还未进行完全，可视情况酌量补加硫酸和乙醇再继续回流。

② 必须剧烈振摇，使油层乳化，这样冷却后析出的结晶颗粒细，之后用碳酸钠处理时易除去酸，否则会结块，用碳酸钠不易处理。

(3) 苯佐卡因的合成（还原反应）

**【试剂】**

对硝基苯甲酸乙酯（8g），铁粉（7.2g），醋酸（1g），95%乙醇（90mL），10%硫化钠溶液，活性炭（0.1～0.2g）。

**【实验步骤】**

将铁粉7.2g、水24mL和醋酸1g置于装有搅拌器和温度计的100mL三颈烧瓶中，80℃搅拌15min①，然后缓慢加入②对硝基苯甲酸乙酯，于80℃剧烈搅拌③3h。冷却到40℃，过滤，滤饼用水洗涤至中性，将滤渣移入100mL烧杯中，加乙醇分三次热提取（50mL一次，20mL二次），于70℃水浴上加热，搅拌5min过滤，合并三次的滤液。加10%硫化钠溶液一滴，检查有无铁离子，若有铁离子，再加硫化钠溶液至不再有黑色沉淀产生为止（此时需过滤），加活性炭，加热15min脱色，趁热过滤，滤液浓缩至20mL，冷却，析出晶体，过滤，用少量95%左右的乙醇洗涤，得白色结晶，必要时用95%乙醇进行重结晶，本品的熔点91～92℃。用TLC检测纯度，计算收率。

**【注意事项】**

① 先加热15min的目的是使Fe活化，同时生成催化剂$Fe(Ac)_2$。

② 对硝基苯甲酸乙酯加入时反应放热，如加料速度快，则导致冲料。

③ 铁粉重，必须剧烈搅拌，才能使之不致沉积在烧瓶底部，使反应完全。

**【思考题】**

(1) 用重铬酸盐氧化时，除生成对硝基苯甲酸外，可能还有哪些副产物存在，如何分离及充分利用？

(2) 试述酯化反应的基本原理，指出酯化反应的关键在哪里？在纯化酯化产物时应注意哪些问题？

## Ⅱ 苯佐卡因的制备方法二

对氨基苯甲酸的合成 对氨基苯甲酸是一种与维生素 B 有关的化合物（又称 PABA），它是维生素 $B_{10}$（叶酸）的组成部分。细菌把 PABA 作为组分之一合成叶酸，磺胺药则具有抑制这种合成的作用。

对氨基苯甲酸的合成涉及三个反应。第一步反应是将对甲苯胺用醋酸酐处理转化为相应的酰胺，这是一个制备酰胺的常用方法，其目的是在第二步用高锰酸钾氧化反应中保护氨基，避免氨基被氧化，形成的酰胺在所采用的氧化条件下是稳定的。

第二步是将对甲基乙酰苯胺中的甲基被高锰酸钾氧化为羧基。氧化过程中，紫色的高锰酸钾被还原成棕色的二氧化锰沉淀。鉴于溶液中有氢氧根离子生成，故要加入少量的硫酸镁作为缓冲剂，使溶液碱性变得不致太强而使酰胺基发生水解。反应产物是羧酸盐，经酸化后可使生成的羧酸从溶液中析出。

最后一步是酰胺水解，除去起保护作用的乙酰基，此反应在稀酸溶液中很容易进行。

反应式

$$p\text{-}CH_3C_6H_4NH_2 \xrightarrow[CH_3COONa]{(CH_3CO)_2O} p\text{-}CH_3C_6H_4NHCOCH_3 + CH_3COOH$$

$$p\text{-}CH_3C_6H_4NHCOCH_3 + 2KMnO_4 \longrightarrow p\text{-}KOOCC_6H_4NHCOCH_3 + 2MnO_2 + H_2O + KOH$$

$$p\text{-}KOOCC_6H_4NHCOCH_3 \xrightarrow[H_2O]{H^+} p\text{-}HOOCC_6H_4NH_2 + CH_3COOH$$

**【试剂】**

对甲苯胺（7.5g，0.07mol），醋酸酐（8.7g，8mL，0.085mol），醋酸钠（$CH_3COONa \cdot 3H_2O$）(12g)，高锰酸钾（20.5g，0.13mol），硫酸镁晶体（$MgSO_4 \cdot 7H_2O$）(20g，0.08mol)，乙醇，盐酸，硫酸，氨水。

**【实验步骤】**

(1) 对甲基乙酰苯胺的合成

在 500mL 烧杯中，加入 7.5g 对甲苯胺，175mL 水和 7.5mL 浓盐酸，必要时在水浴上温热搅拌促使溶解。若溶液颜色较深，可加入适量的活性炭脱色后过滤。同时配置 12g 三水合醋酸钠溶于 20mL 水的溶液，必要时温热至所有的固体溶解。

将脱色后的盐酸对甲苯胺溶液加热至 50℃，加入 8mL 醋酸酐，并立即加入预先配制好的醋酸钠溶液，充分搅拌后将混合物置于冰浴中冷却，此时应析出对甲基乙酰苯胺的白色固体。抽滤，用少量冷水洗涤，干燥后称重，计算收率，测定熔点。对甲基乙酰苯胺纯品的熔点为 154℃。

（2）对乙酰氨基苯甲酸的合成

在 600mL 烧杯中，加入上述制得的对甲基乙酰苯胺（约 7.5g）、20g 七水合结晶硫酸镁和 350mL 水，将混合物在水浴上加热到约 85℃。同时制备 20.5g 高锰酸钾溶于 70mL 沸水的溶液。

在充分搅拌下，将热的高锰酸钾溶液在 30min 内分批加入对甲基乙酰苯胺的混合物中，以免氧化剂局部浓度过高破坏产物。加完后，继续在 85℃搅拌 15min。

混合物变成深棕色，趁热用两层滤纸抽滤除去二氧化锰沉淀，并用少量热水洗涤二氧化锰。若滤液呈紫色，可加入 2～3mL 乙醇煮沸直至紫色消失，将滤液再用滤纸过滤一次。

冷却无色滤液，加 20%硫酸酸化至溶液呈酸性，此时应生成白色固体，抽滤，压干，干燥后得到对乙酰氨基苯甲酸。计算收率，测定熔点。纯品的熔点为 250～252℃。湿品可直接进行下一步合成。

（3）对氨基苯甲酸的合成

称量上步得到的对乙酰氨基苯甲酸，将每克湿产物用 5mL 18%的盐酸进行水解。将反应物置于 250mL 圆底烧瓶中，在石棉网上用小火缓缓回流 30min。待反应物冷却后，加入 30mL 冷水，然后用 10%氨水中和，使反应混合物对石蕊试纸恰成碱性，切勿使氨水过量。每 30mL 最终溶液加 1mL 冰醋酸，充分振摇后置于冰水浴中骤冷以引发结晶，必要时用玻璃棒摩擦瓶壁或放入晶种引发结晶。抽滤收集产物，干燥后以对甲苯胺为标准计算累计产率，测定产物的熔点。纯品的熔点为 186～187℃。实验得到的熔点略低一点[①]。

**【注意事项】**

对氨基苯甲酸不必重结晶，对产物重结晶的各种尝试均未获得满意的结果，产物可直接用于合成苯佐卡因。

**【思考题】**

(1) 对甲苯胺用醋酸酐酰化反应中加入醋酸钠的目的何在？

(2) 对甲基乙酰苯胺用高锰酸钾氧化时，为何要加入硫酸镁结晶？

(3) 在氧化步骤中，若滤液有色，需要加入少量乙醇煮沸，发生了什么反应？

(4) 在最后水解步骤中，是否可以用氢氧化钠代替氨水中和？中和后加入醋酸的目的是什么？

（4）对氨基苯甲酸乙酯（苯佐卡因）的合成

反应式

$$H_2N\text{-}C_6H_4\text{-}COOH + C_2H_5OH \underset{}{\overset{H_2SO_4}{\rightleftharpoons}} H_2N\text{-}C_6H_4\text{-}COOC_2H_5 + H_2O$$

**【试剂】**

对氨基苯甲酸（2g，0.0145mol），95%乙醇（25mL），浓硫酸（2mL），10%碳酸钠溶液，乙醚，无水硫酸镁。

**【实验步骤】**

在100mL圆底烧瓶中，加入2g对氨基苯甲酸和95%乙醇25mL，振摇烧瓶使大部分固体溶解。将烧瓶置于冰水浴中冷却，加入2mL浓硫酸，立即产生大量沉淀（在接下来的回流中沉淀将逐渐溶解），将反应混合物在水浴上搅拌、回流1h。

将反应混合物转入烧杯中，冷却后分批加入10%碳酸钠溶液中和（约需12mL），可观测到有气体逸出，并产生泡沫（发生了什么反应?），直至加入碳酸钠溶液后无明显气体释放。反应混合物接近中性时，检查溶液pH值，再加入少量碳酸钠溶液至pH值为9左右。在中和过程中产生少量固体沉淀（生成了什么物质?）。将溶液倾倒入分液漏斗中，并用少量乙醚洗涤固体后并入分液漏斗。向分液漏斗中加入40mL乙醚萃取，振摇后分出醚层。经无水硫酸镁干燥后，在水浴上蒸出乙醚和大部分乙醇，至残留油状物约2mL为止。残留物用乙醇-水重结晶，计算收率，测定熔点。

纯品的熔点为91～92℃。

**【思考题】**

(1) 本实验中加入浓硫酸后，产生的沉淀是什么物质？试解释之。

(2) 酯化反应结束后，为什么要用碳酸钠溶液而不用氢氧化钠溶液进行中和？为什么不中和至pH为7而要使溶液pH为9左右？

(3) 如何以对氨基苯甲酸为原料合成普鲁卡因（Procaine）?

# 实验三十九 席夫碱衍生物的合成

## 【实验目的】

（1）通过多步合成掌握5-酰胺-3-氰基-1-(2，6-二氯-4-三氟甲基-苯基）-4-三氟甲基亚砜基-吡唑席夫碱衍生物的制备原理和方法。

（2）学习综合利用薄层色谱、柱色谱等分离方法对较复杂的有机化学反应进行后处理，纯化目标产物。

（3）进一步加深对有机合成的认识并熟悉相关的基本操作。

## 【实验原理】

5-酰胺-3-氰基-1-(2，6-二氯-4-三氟甲基-苯基)-4-三氟甲基亚砜基-吡唑席（氟虫腈）是由法国罗纳普朗克公司发明的苯基吡唑类杀虫剂，其作用机理是抑制$\gamma$-氨基丁酸（GABA）受体氯离子通道。目前，尽管氟虫腈因为对蜜蜂和水生生物等非靶标生物高毒已遭我国农业部禁用，但该杀虫剂由于对鳞翅目、蝇类和鞘翅目等一系列害虫的具有极高杀虫活性且与现有杀虫剂无交互抗性，研究者倾向于对其结构进行改造。其中，大连瑞泽公司已市场化丁烯氟虫腈品种；徐汉虹教授等先后合成了氟虫腈衍生物-糖基偶合物，氟虫腈硫代磷酸酯衍生物、菊酰胺类化合物。为了克服氟虫腈的高毒性，展开以氟虫腈为先导化合物的类同合成，预期衍生物与母体具有类似的作用机理，但活性和毒性可调整。

希夫碱又被人们称为席夫碱或者亚胺，希夫碱的结构特征是其结构中含有碳氮双键（C═N），这种含有C═N结构的一类化合物首先由Schiff于1864年发现，被称作Schiff Base，它的形成是由醛（酮）与伯胺反应生成相应的加成产物，加成产物再失一分子水得到亚胺。席夫碱类化合物具有生物活性、载氧性能、催化性能等而应用广泛。因此，氟虫腈上的氨基转化为C═N后，所得衍生物有可能有助于药物分子的杀虫功效，设计合成3种氟虫腈希夫碱衍生物。

Toluene
PTSA
4A Molecular sieve
Reflux

R= 1 2 3

## 【仪器与试剂】

仪器：单口烧瓶，电热套，冷凝管，旋转蒸发仪，恒压滴液漏斗，色谱柱，红外光谱仪，核磁共振仪。

试剂：氟虫腈，苯甲醛，4-乙基苯甲醛，5-甲基糠醛，对甲苯磺酸（p-TSA），分子筛，层析硅胶。

**【实验步骤】**

氟虫腈根据文献合成。苯甲醛、4-乙基苯甲醛、5-甲基糠醛为市售分析纯。

(1) 氟虫腈衍生物的合成

5-(亚苄基氨基)-1-(2,6-二氯-4-三氟甲基-苯基)-4-三氟甲基亚砜基吡唑-3-甲腈（$R_1$）合成步骤：在 50mL 的单口烧瓶中加入氟虫腈 0.03mol，苯甲醛 0.03mol（稍微过量），0.05g 对甲苯磺酸（p-TSA）和 1g 分子筛，甲苯 30mL，120℃回流 20h，停止加热，反应液的温度降低到 70～80℃左右时，将反应液抽滤。滤液吸附于活化硅胶，采用干法装柱经柱色谱得到产品，利用红外、核磁进行检测与表征。

1-(2,6-二氯-4-三氟甲基-苯基)-5-[(4-乙基-苯亚甲基)-氨基]-4-三氟甲基亚砜基吡唑-3-甲腈（$R_2$）合成步骤：在 50mL 的单口烧瓶中加入氟虫腈 0.03mol,4-乙基苯甲醛 0.03mol（稍微过量），0.05g 对甲苯磺酸（p-TSA）和 1g 分子筛，甲苯 30mL，120℃回流 20h，停止加热，反应液的温度降低到 70～80℃左右时，将反应液抽滤。滤液吸附于活化硅胶，采用干法装柱经柱色谱得到产品，利用红外、核磁进行检测与表征。

1-(2,6-二氯-4-三氟甲基-苯基)-5-[(5-甲基-呋喃-2-亚甲基)-氨基]-4-三氟甲基亚砜基吡唑-3-甲腈（$R_3$）合成步骤：在 50mL 的单口烧瓶中加入氟虫腈 0.03mol，5-甲基糠醛 0.03mol（稍微过量），0.05g 对甲苯磺酸（p-TSA）和 1g 分子筛，甲苯 30mL，120℃回流 20h，停止加热，反应液的温度降低到 70～80℃左右时，将反应液抽滤。滤液吸附于活化硅胶，采用干法装柱经柱色谱得到产品，利用红外、核磁进行检测与表征。

(2) 分离提纯

薄层色谱（TLC）作为色谱法之一，是快速分离提纯混合物的一种实验技术，最常用于跟踪有机反应进程。薄层色谱（俗称点板）的原理是混合物中各组分在某一固定物质中的吸附能力不同，混合物的溶液在流经该固定相物质时进行反复的吸附和解吸，从而达到分离提纯目的。

比移值 $R_f$：指薄层色谱法中原点到化合物斑点中心的距离与原点到溶剂前沿距离的比值。各种物质的 $R_f$ 和物质的种类、展开剂的性质及温度有关。在条件固定的情况下，特定物质的 $R_f$ 是一个常数，可以根据化合物的 $R_f$ 鉴定化合物。

点板方法：平放硅胶板，用铅笔在离板底 8～10mm 处轻轻画横线，作为起始线。用毛细管吸取样品，轻轻点在起始线上，然后放入展缸进行展开，如图 1 所示。

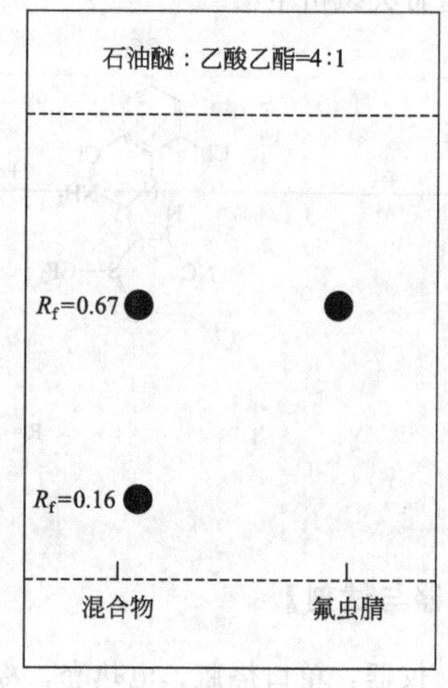

图 1　点板示意图

从有机混合物中分离提纯的最常用方法为柱色谱，俗称过柱子。基本原理：吸附柱色谱通常在玻璃管中填入吸附剂（一般是硅胶粉或氧化铝）。待分离的混合物溶液流过吸附柱时，各种成分同时被吸附在柱的上端。当洗脱剂流下时，由于不同化合物的吸附能力不同，往下洗脱的速度也不同，这样可以从柱底依次收集到不同的化合物。

**【注意事项】**

（1）由于反应过程中用到各种有机物，比较危险，应该特别注意指导学生，千万不能出现问题。

（2）分子筛使用前应该在马弗炉300℃烘三小时进行活化。

（3）对甲苯磺酸是有机强酸，使用时要注意，并且一定要保存在干燥的地方，用完后一定要放在干燥器里。

# 实验四十　二茂铁单羧酸和二茂铁单羧乙酯的合成

**【实验目的】**

（1）学习实验准备，培养独立开展工作的能力。

（2）学习化学实验的安全评估，培养安全的实验习惯。

（3）学习完成一系列实验或简单项目的综合设计能力。

（4）培养综合考虑、融合及应用化学知识的能力。

（5）初步了解确定一个化合物的方法。

（6）学习冰浴、干燥、避光操作实验。

（7）制得一些目标产物。

**【实验原理】**

通过以下途径制备单乙酰二茂铁。

$$Br_2 + NaOH \longrightarrow NaBrO + NaBr$$

$$\text{(Fe)}\text{-}COCH_3 \xrightarrow{NaBrO} \text{(Fe)}\text{-}COOH \xrightarrow[H_2SO_4]{C_2H_5OH} \text{(Fe)}\text{-}COOC_2H_5$$

**【预习内容】**

（1）列出并查阅实验中用到的任何化合物及产物的以下性质。

① 组成和结构式。

② 形状：气、固、液或其他特殊状态。

③ 熔点或沸点。

④ 液体试剂的密度。

⑤ 对光、空气、水（包括空气中的水汽）、冷或热、酸或碱是否稳定。

⑥ 有无毒性，是否需特殊防护或使用场所。

（2）根据本实验内容，查阅有关图书资料，思考并对以下问题给予肯定或否定的回答。

① 是否需要在氮气或其他惰性气体保护下反应？

② 是否需要加热？

③ 是否需要冰浴或其他冷浴装置？

④ 是否需要避光？

⑤ 是否需要干燥保护？

⑥ 根据反应机理，是否需要吸收酸雾、碱性气体、其他有毒或腐蚀性气体的装置，是否需要在通风柜中进行？

**【仪器与试剂】**

仪器：砂芯漏斗，旋转蒸发仪，恒压滴液漏斗，红外光谱仪，核磁共振仪。

试剂：乙酰二茂铁，浓盐酸，浓硫酸，乙醇，石油醚，无水硫酸镁。

**【实验内容】**

(1) NaBrO 溶液的制备

将 38g NaOH 溶于 110 mL 水[1]中，用低温反应器冷却至 0℃左右。剧烈搅拌[2]下，通过恒压漏斗将 22g $Br_2$ 慢慢加入其中[3],[4]，加入过程中维持温度在 5℃以下[5]。加完后再通过同一恒压漏斗慢慢加入 120mL 二氧六环，整个过程中仍然维持在 5℃以下。所得溶液立即用于下步反应。

(2) 二茂铁单羧酸的制备及纯化

在 2～5℃下，通过固体漏斗用 45～60min 的时间将 23g 研细的乙酰二茂铁加入分次加入到上述 NaBrO 溶液中，每次加入 0.5g 左右，保证低温。加完后在低温下继续搅拌2 h[6]。

通过砂芯漏斗[7]抽滤除去反应体系中的不溶物，然后在搅拌下用浓盐酸[8]将滤液酸化至 pH 2 以下[9]。冷却后抽滤收集所得固体，并用水将其洗至 pH 5 以上。最后将所得固体真空干燥[10]。

(3) 二茂铁单羧酸乙酯的制备

将二茂铁单羧酸悬浮于乙醇中[6]，搅拌下往其中滴加浓硫酸，加完后搅拌回流至固体全部溶解。反应物冷却至室温后，抽滤收集所得固体，用少量石油醚洗涤所得固体，空气晾干。根据所得产物量，决定滤液的处理：a. 如果产率在 70%，一般来说，滤液可直接丢弃；b. 如果产率太低（如低于 50%），滤液需做以下处理。

滤液的处理：将滤液旋转蒸干[11]后溶于一定量[12]的二氯甲烷或乙酸乙酯[13]中，水洗该有机相数次[14]，用无水硫酸镁干燥有机相。将干燥后的有机滤液旋转浓缩至出现固体，然后搅拌下加入 200～300mL 石油醚，抽滤收集所得固体，并将其用石油醚洗涤后，空气晾干。

将直接析出的固体和从滤液中得到的固体分开收集，通过熔点测试，H-NMR，TLC[15]确定其是否为同一物质。只有确定是同一物时才可混合。

(4) 乙酰二茂铁及羧基二茂铁的表征

① 熔点测试：二茂铁单羧酸乙酯。

② FT-IR 的表征：用 KBr 压片法。

③ H-NMR 的表征：二茂铁单羧酸在 NaOH＋$D_2O$ 中测试，二茂铁单羧酸乙酯在 $CDCl_3$ 中测试。

**【注意事项】**

[1] 需要蒸馏水吗？

[2] 机械搅拌操作较复杂，易漏气，但搅拌效果好；电磁搅拌操作简单，易密封，但大量反应物时效果不好，一般综合考虑。本实验建议用电磁搅拌，但要选择好的搅拌子。

[3] 如何用简单方法减少恒压漏斗中溴的挥发？

[4] 用什么仪器量取溴比较合适？请从以下选择：

a. 天平和烧杯；b. 量筒；c. 移液管；d. 带刻度的恒压漏斗。

[5] 温度高了会用什么后果？

[6] 根据预习所得知识和以上的实验内容，确定反应瓶的体积和形状，要不要接冷凝管？是否需要尾气吸收？要不要插入温度计？

[7] 强酸、强碱或其他强腐蚀性溶液不可用滤纸过滤。

[8] 该处理在何处进行比较合适？

[9] 在什么反应器中较合适？

[10] 现场示范。

[11] 现场学习。

[12] 所用量根据具体情况决定，无定数。

[13] 在这里可查阅这两种溶剂的各种物理、化学和生理毒性后，根据个人喜好选择。

[14] 如何操作？

[15] 薄层色谱。

## 实验四十一　超声波辐射法仿生催化合成取代二苯乙醇酮（安息香）

**【实验目的】**

（1）掌握取代二苯乙醇酮的制备原理和方法。

（2）学习综合利用湿法装柱法、重结晶等分离方法对较复杂的有机化学反应进行后处理，纯化目标产物。

（3）进一步加深对有机合成的认识并熟悉相关的基本操作。

**【实验原理】**

二苯乙醇酮又名安息香，是一种重要的半合成中间体和光聚催化剂。经典制备方法是在氰化钠（钾）催化下，由两分子苯甲醛通过缩合反应而得，此法毒性大，严重污染环境，人们期待一些改进的方法。维生素 $B_1$ 是组成丙酮酸去氢酶复合物的五种辅酶之一——硫胺素焦磷酸（TPP）的必要物质，其主要结构是噻唑环，环上的 S 和 N 之间的氢原子有一定的酸性，在碱的作用下形成碳负离子（类似于 $CN^-$），能进攻苯甲醛的醛基，使羰基碳极性反转，从而催化合成安息香，因此维生素 $B_1$ 可以代替氰化物催化安息香缩合反应，无毒无污染，条件温和，具有仿生催化的特点。Richard 和 Loomis 在上世纪 20 年代首先发现超声波可以加速化学反应，近年来超声波在有机合成中因具有反应条件温和、操作简便、清洁无污染等优点而受到了广泛关注。为了改变 NaOH 作为强碱性试剂时容易导致维生素 $B_1$ 结构破坏、反应时间长、重现性低等问题，也为了进一步提高实验操作安全性，以温和的弱碱性试剂 $Na_2CO_3$ 代替 NaOH 在超声波条件下合成了 4 种二苯乙醇酮衍生物。

R—C₆H₄—CHO (1) → [$VB_1/Na_2CO_3$, $C_2H_5OH/H_2O$, 65℃超声] → 2

a: R=H　　b: R=F　　c: R=Br

糠醛 CHO (3) → [$VB_1/Na_2CO_3$, $C_2H_5OH/H_2O$, 65℃超声] → 4

**【仪器与试剂】**

仪器：超声波仪，100mL 圆底烧瓶，球形冷凝管，抽滤瓶，布氏漏斗，恒压滴液漏斗，薄板色谱，色谱柱，红外光谱仪，核磁共振仪。

试剂：四丁基溴化铵，95％乙醇，碳酸钠，维生素 $B_1$，苯甲醛，糠醛，对氟苯甲醛，对溴苯甲醛为市售分析纯。

**【实验步骤】**

Benzoin（2a）合成步骤：称取 1.75g 维生素 $B_1$ 和 0.2g 四丁基溴化铵于 100mL 圆底烧

瓶中，加入 7 mL 蒸馏水振荡使其溶解并将烧瓶放入冰水中冷却，同时将用冰水冷却过的饱和 $Na_2CO_3$ 溶液缓慢滴加到烧瓶中，边滴加边振荡以防止局部碱性过强而破坏维生素 $B_1$ 的结构，滴加过程中可以看到有气泡产生，调节溶液 pH 为 9～10，此时溶液为淡黄色，之后迅速加入 10mL 新蒸的苯甲醛和 15mL 乙醇并振荡使之混合均匀，装上球形回流冷凝管，放入水温 65℃±2℃的超声波清洗器中超声，反应过程中保持溶液 pH 为 8～9，若 pH 偏低可适当补加 $Na_2CO_3$ 溶液并振荡均匀。TLC 点板监测，反应结束后将烧瓶置于冰水浴中充分冷却，析出浅黄色的结晶，抽滤，用薄板监测，用冷水分两次洗涤结晶。粗产品用 95%的乙醇重结晶（安息香在沸腾的 95%乙醇中的溶解度为 12～14g/100mL）得 2a，利用红外、核磁进行检测与表征。

1,2-Bis(4-fluorophenyl)-2-hydroxyethan-1-one (2b)合成步骤：称取 0.175g 维生素 $B_1$ 和 0.02g 四丁基溴化铵于 50mL 圆底烧瓶中，加入 3mL 蒸馏水振荡使其溶解并将烧瓶放入冰水中冷却，同时将用冰水冷却过的饱和 $Na_2CO_3$ 溶液缓慢滴加到烧瓶中，边滴加边振荡以防止局部碱性过强而破坏维生素 $B_1$ 的结构，滴加过程中可以看到有气泡产生，调节溶液 pH 为9～10，此时溶液为淡黄色，之后迅速加入1mL 的对氟苯甲醛和 5mL 乙醇并振荡使之混合均匀，装上球形回流冷凝管，放入水温 65℃±2℃的超声波清洗器中超声，反应过程中保持溶液 pH 为 8～9，若 pH 偏低可适当补加 $Na_2CO_3$ 溶液并振荡均匀。TLC 点板监测，反应结束后后处理采用硅胶柱色谱得到（乙酸乙酯：石油醚＝1：15）2b，利用红外、核磁进行检测与表征。

1,2-Bis(4-bromophenyl)-2-hydroxyethan-1-one (2c)合成步骤：称取 0.175g 维生素 $B_1$ 和 0.02g 四丁基溴化铵于 50mL 圆底烧瓶中，加入 3mL 蒸馏水振荡使其溶解并将烧瓶放入冰水中冷却，同时将用冰水冷却过的饱和 $Na_2CO_3$ 溶液缓慢滴加到烧瓶中，边滴加边振荡以防止局部碱性过强而破坏维生素 $B_1$ 的结构，滴加过程中可以看到有气泡产生，调节溶液 pH 为9～10，此时溶液为淡黄色，之后用 5mL 乙醇溶解 0.1g 对溴苯甲醛并加入反应体系振荡使之混合均匀，装上球形回流冷凝管，放入水温 65℃±2℃的超声波清洗器中超声，反应过程中保持溶液 pH 为 8～9，若 pH 偏低可适当补加 $Na_2CO_3$ 溶液并振荡均匀。TLC 点板监测，反应结束后后处理采用硅胶柱色谱得到（乙酸乙酯：石油醚＝1：15）2c，利用红外、核磁进行检测与表征。

1,2-Bis(2-furanyl)-2-hydroxyethan-1-one (4)合成步骤：称取 1.75g 维生素 $B_1$ 和 0.2g 四丁基溴化铵于 100mL 圆底烧瓶中，加入 7 mL 蒸馏水振荡使其溶解并将烧瓶放入冰水中冷却，同时将用冰水冷却过的饱和 $Na_2CO_3$ 溶液缓慢滴加到烧瓶中，边滴加边振荡以防止局部碱性过强而破坏维生素 $B_1$ 的结构，滴加过程中可以看到有气泡产生，调节溶液 pH 为 9～10，此时溶液为淡黄色，之后迅速加入 10mL 新蒸的糠醛和 15mL 乙醇并振荡使之混合均匀，装上球形回流冷凝管，放入水温 65℃±2℃的超声波清洗器中超声，反应过程中保持溶液 pH 为 8～9，若 pH 偏低可适当补加 $Na_2CO_3$ 溶液并振荡均匀。TLC 点板监测，反应结束后将烧瓶置于冰水浴中充分冷却，析出浅黄色的结晶，抽滤，用薄板监测，用冷水分两次洗涤结晶。粗产品用 95%的乙醇重结晶（安息香在沸腾的 95%乙醇中的溶解度为 12～14g/100mL）得 4，利用红外、核磁进行检测与表征。

**【注意事项】**

(1) 在滴加碱液时一定要不断振摇，因为刚刚加入碱液时 pH 较高，而振摇后 pH 会有所下降。要保证 pH 达到 10，一定要细心仔细；

(2) 维生素 $B_1$ 露置在空气中，易吸收水分。在碱性溶液中容易分解变质，噻唑环开环失效，因此，反应前维生素 $B_1/Na_2CO_3$ 溶液必须用冰水冷透。

(3) 苯甲醛的缩合反应必须在碱性的条件下进行，碱可以使苯甲醛的羰基碳生成碳负离子，进攻另一个羰基碳；但碱性太大会使苯甲醛发生歧化反应生成苯甲酸和苯甲醇；酸性不能使苯甲醛的羰基碳生成碳负离子，所以不能反应。在酸性条件下，维生素 $B_1$ 稳定，但易吸水，在水溶液中易被氧化而失效；在强碱条件下，噻唑易开环而使维生素 $B_1$ 失效。弱碱性 (pH = 9～10) 条件是反应的最佳条件。

## 2.4 高分子化学

### 实验四十二 无机添加型阻燃剂低水合硼酸锌的制备

**【实验目的】**

(1) 了解低水合硼酸锌的性质和用途。

(2) 掌握用氧化锌制备低水合硼酸锌的原理和方法。

**【实验原理】**

低水硼酸锌的商品名为 Firebrake ZB。本品系白色细微粉末，分子式为 $2ZnO \cdot 3B_2O_3 \cdot 3.5H_2O$，相对分子质量为 436.64，平均粒径为 2～10$\mu$m，相对密度为 2.8。作为阻燃剂，其特点是在 350℃的高温下，仍然保持其结晶水，而这一温度高于多数聚合物的加工温度，这样拓宽了 ZB 使用范围。与常用的阻燃剂氧化锑相比，具用价廉、毒性低、发烟少、着色度低等许多优点，已被广泛应用于许多聚合物，如 PVC 薄膜、墙壁涂料、电线电缆、地毯等的阻燃。

低水合硼酸锌工业生产方法主要有：硼砂-锌盐合成法、氢氧化锌-硼酸合成法、氧化锌-硼酸合成法等。氧化锌-硼酸合成法具有工艺简单、易操作、产品纯度高等优点，母液可循环使用，无三废污染等。实验室制备低水合硼酸锌一般采用这种方法，其化学反应式为：

$$2ZnO + 6H_3BO_3 \longrightarrow 2ZnO \cdot 3B_2O_3 \cdot 3.5H_2O + 5.5H_2O$$

**【仪器与试剂】**

仪器：四口瓶，搅拌器，电热套，冷凝管，烧杯，电热鼓风干燥箱，抽滤瓶，布氏漏斗。

试剂：水，硼酸，ZnO，氧化锌。

**【实验步骤】**

量取水 16mL 加入四口瓶中，搅拌下加入 11g 硼酸，待溶解后再加入 5g 氧化锌，并不断搅拌，加热升温至 80～90℃，反应 3h。冷却至室温后减压过滤，滤饼用 100mL 水分两次洗涤。滤饼取出后放入烧杯中，置于 110℃电热鼓风干燥箱中，烘干 1h，得白色细微粉末状晶体低水合硼酸锌。

**【思考题】**

(1) 氧化锌与硼酸合成法制备低水合硼酸锌，该法有哪些优点？

(2) 低水合硼酸锌有哪些主要性质和用途？

(3) 查阅相关文献，了解热重分析等仪器在材料表征方面的应用。

# 实验四十三　丙交酯的制备及聚乳酸的合成

## 【实验目的】

(1) 掌握丙交酯制备的原理及方法。

(2) 掌握重结晶法纯化丙交酯。

(3) 掌握开环聚合法合成聚乳酸的原理及方法。

(4) 掌握乙酸乙酯和二氯甲烷的纯化方法。

## 【实验原理】

聚乳酸是最重要的一类可降解聚合物，由于其广泛的单体来源及环境友好性，近年来在许多领域已部分代替了传统塑料。聚乳酸的合成方法主要有两种，一是乳酸直接缩聚法，二是丙交酯开环聚合法。

乳酸缩聚法得到的聚合物的分子量往往较低，而且分子量分布较宽，相对而言，丙交酯开环聚合法得到的聚合物的分子量、分子量分布都能通过引发体系得到很好的控制，所以近年来的研究中往往采用第二种方法（见图1）。

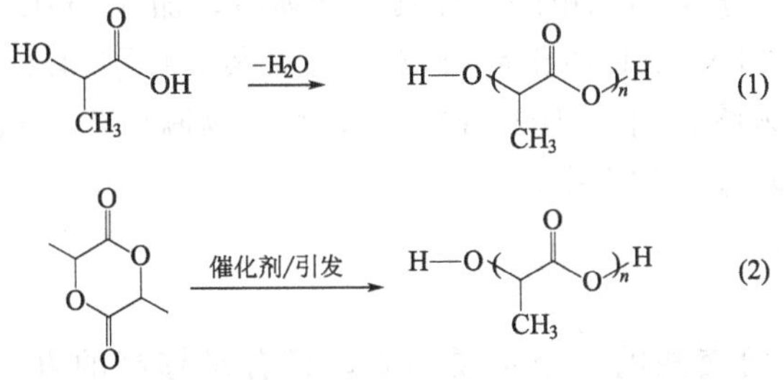

$-H_2O$　(1)

催化剂/引发　(2)

图1　聚乳酸的合成方法（1）乳酸缩合聚合，（2）丙交酯开环聚合

开环聚合需要高纯的丙交酯，所以制备丙交酯是进行聚合的前提，丙交酯制备一般采用乳酸寡聚物热解环化合成（见图2），粗产品的纯度一般在70%～80%之间，更高纯度的丙交酯需要通过对粗产品进行重结晶，溶剂一般采用乙酸乙酯。由于丙交酯分子内有两个酯键，且环张力较大，对水敏感，所以重结晶的溶剂需要进行无水处理。

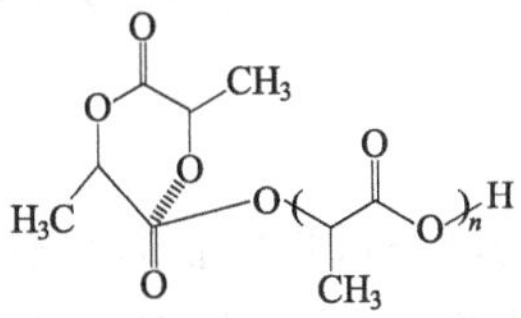

图2　寡聚乳酸热解环化制备丙交酯的示意图

此外由于聚合物中的单体靠酯键连接，所以反应对水较敏感，需要对溶剂二氯甲烷进行无水处理。

## 【仪器与试剂】

仪器：油浴、500mL圆底烧瓶，蒸馏头，直形冷凝管，空气冷凝管，三叉燕尾管，

100mL 圆底烧瓶，接液管，500mL 锥形瓶。

试剂：乳酸，$LaCl_3$，$K_2CO_3$，无水乙酸乙酯，丙交酯，对苯二甲醇，无水二氯甲烷，催化剂(1,5,7-三氮杂二环[4,4,0]癸-5-烯)溶液，苯甲酸，甲醇。

## 【实验步骤】

（1）丙交酯的制备

① 量取一定量的乳酸置于 500mL 圆底烧瓶中，油泵减压下于 180℃脱水至无液体产生。

② 降温至 100℃，加入催化剂 $LaCl_3$、$K_2CO_3$ 各 1% 当量，控制真空度，逐渐升温至 180℃真空下继续反应 1h，然后升温至 200℃。

③ 200℃真空下继续反应，至无丙交酯（白色晶体）产生，粗产品为白色晶体同时还有黄色液体，计算粗产品产率，用气相色谱表征产品纯度。

（2）丙交酯的纯化

① 称取一定量的丙交酯粗产品，溶于经过无水处理的乙酸乙酯中，搅拌至回流，继续加热 10min。

② 冷却至室温，过滤。

③ 重复步骤①，步骤②直至产品无黄色，用气相色谱表征产品纯度。

（3）丙交酯开环聚合反应

称取 2g 丙交酯、20mg 对苯二甲醇，经真空处理后，加入 6mL 经过无水处理的二氯甲烷，置于 40℃油浴中，加入 1mL 催化剂(1,5,7-三氮杂二环[4.4.0]癸-5-烯)溶液。半分钟后，聚合反应完成，加入终止剂苯甲酸，冷却后，将产物滴加至 50mL 甲醇中，沉淀析出聚合物，真空干燥后，计算聚合物产率。

## 【注意事项】

（1）真空度是制备丙交酯的一个重要因素，只有足够高的真空度才能保证丙交酯的蒸出。

（2）加入 $Ki_2CO_3$ 真空度要控制好，过高的真空度容易引起体系的暴沸，需通过放空阀逐渐地增加真空度。

（3）产生丙交酯的过程中，部分产品可能凝结在冷凝管壁上，可能引起冷凝管的堵塞，可以采用吹风机加热。

（4）丙交酯的纯度是保证聚合正常进行的关键，不纯的丙交酯可能导致催化剂失活。

## 【思考题】

（1）$LaCl_3$、$K_2CO_3$ 在丙交酯的制备过程中各起什么作用。

（2）根据丙交酯制备的原理，考虑为什么 $Ki_2CO_3$ 加入后，真空度过高容易引起体系的暴沸。

# 实验四十四 大环配合物$[Ni(14)4,11\text{-二烯-}N_4]I_2$合成和特性

**【实验目的】**

通过$[Ni(14)4,11\text{-二烯-}N_4]I_2$的制备和某些性质的测定，了解大环配合物的合成特性。

**【实验原理】**

近年来对大环金属配合物如卟啉配合物、酞箐配合物等已有了广泛的研究。因为这类化合物类似于生物体内所发现的大环金属配合物，如人体血液中具有载氧能力的血红蛋白、在光合作用中起着捕集光能作用的叶绿素 a，就是这类大环金属配合物中的卟啉配合物，因此，对这类大环金属配合物的合成和特性研究可提供生物机能的有关信息。

本实验合成的是镍的大环配合物——5,7,7,12,14,14-六甲基-1,4,8,11-四氮环 14-4,11-二烯合镍碘化物，简写为$[Ni(14)4,11\text{-二烯-}N_4]I_2$。其结构为

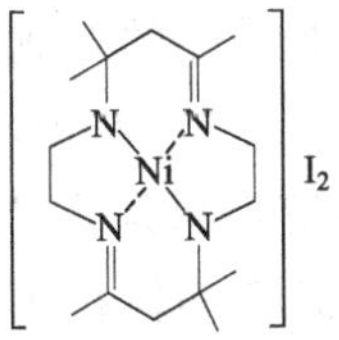

$I_2$

在酸性条件下，丙酮缩合成异亚丙基丙酮，然后与乙二胺反应形成一氨基酮，一个分子的氨基与另一个分子的酮基缩合而成大环配体，然后大环配体与镍离子反应形成大环金属配合物，其反应过程为

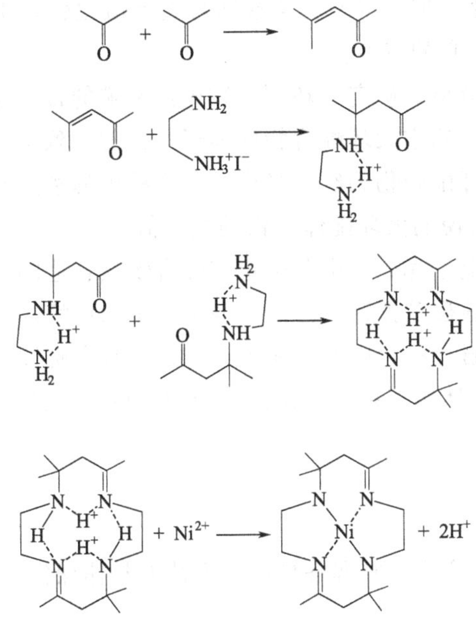

O + O ⟶ O

O + $NH_2$ $NH_3^+I^-$ ⟶ NH O $H^+$ N $H_2$

NH O $H^+$ N $H_2$ + $H_2$ N $H^+$ O NH ⟶ N N $H^+$ H H $H^+$ N N

N N $H^+$ H H $H^+$ N N + $Ni^{2+}$ ⟶ N N Ni N N + $2H^+$

对所合成的大环配合物，通过有关的化学分析和各种物理测试方法，验证所得产物是预期的大环配合物，并描述它的特性，其特性应包括大环配合物的构型、是否有磁性、大环配体与中心离子的配位形式等。

【仪器与试剂】

仪器：搅拌器 1 只，干燥器 1 只，三颈烧瓶（100mL）1 只，冷凝管（15cm）1 支，抽滤瓶 1 只，布氏漏斗 1 只，烧杯（250mL）2 只，量筒（50mL）1 只。

试剂：乙二胺（分析纯），丙酮（分析纯），氢碘酸（分析纯），甲醇（分析纯），乙醇（分析纯），乙酸镍[$Ni(OA)_2 \cdot 4H_2O$]。

【实验步骤】

（1）大环配体[Ni(14)4,11-二烯-$N_4 \cdot 2HI$]的合成

在 250mL 烧杯中注入 10mL 无水乙醇，再加入 13.2mL 无水乙二胺，把烧杯放在水浴中冷却，慢慢滴加 36mL（0.2mol）47%氢碘酸（加入氢碘酸时有大量的热放出，必须缓慢操作），然后再加入 30mL 丙酮（需过量 0.4mol）。烧杯在水浴中进一步冷却有晶体析出。由于晶体析出较慢，在冰浴中需放置 2～3h 或更长时间才能使晶体析出较完全，抽滤得白色针状晶体，此晶体在真空干燥器中干燥半小时后，称重，并计算产率。

（2）大环配合物[Ni(14)4,11-二烯-$N_4$]$I_2$ 的合成

在装有回流冷凝管、搅拌器的 100mL 三颈瓶中，注入 30mL 乙醇和与配体等物质的量的乙酸镍，慢慢加热并搅拌使乙酸镍溶解，再加入合成的大环配体，在搅拌下回流 1h，然后趁热过滤溶液，将滤液在水浴上浓缩到有晶体析出为止。把浓缩液放在冰浴中冷却 1h 或更长时间，过滤溶液得亮黄色的晶体，即为大环配合物。在乙醇中重结晶提纯产品，将亮黄色晶体放在干燥器中干燥，称其质量，计算产率。

（3）大环配合物[Ni(14)4,11-二烯-$N_4$]$I_2$ 的特性测定

通过下面几种方法的测定把所得的实验数据与文献值比较来确证所合成的大环配合物，并用实验测得的数据来描述它的特性。

① 通过镍和碘的元素分析，确定大环配合物中镍和碘的百分含量。

② 通过电导率的测定，确定大环配合物的离子数目的大致结构。

③ 测定大环配体和大环配合物的红外光谱，与文献中的谱图对照来确证该大环配合物，并比较上述两谱图的异同来说明大环配体与镍的配位信息。

④ 测定大环配合物的电子光谱，由此确定该配合物最合适的构型。

⑤ 测定大环配合物的核磁共振谱，标出其各个质子的谱峰。

⑥ 测定大环配合物的磁化率，由此说明配合物是否具有磁性。

以上测定方法，根据具体情况可以选做部分内容，也可选择其他方法来测定大环配合物的有关特性。

【注意事项】

严格按要求制备大环配合物，掌握各种测定方法的具体操作。

【思考题】

（1）从大环配体和配合物的红外光谱图，如何说明大环配体与镍离子形成了配合物？

（2）为何从配合物的电子光谱能判断其构型？

# 实验四十五　液致相分离法制备聚苯乙烯微孔膜

## 【实验目的】

（1）了解液致相分离制备微孔膜技术以及影响膜结构的因素。

（2）掌握环境扫描电镜操作方法。

## 【实验原理】

液致相分离成膜是指在聚合物/溶剂体系中，利用溶剂挥发引起高分子溶液相溶性变差、发生液-液分相的过程，制得多孔膜结构。将可与聚合物溶液溶剂混溶的非溶剂作为凝固浴，当聚合物溶液滴加在凝固浴上时，由于凝固浴中的非溶剂会扩散到聚合物溶液中，聚合物溶液中的溶剂也会不断挥发，使聚合物溶液与非溶剂发生液-液相分离。相分离发生后，聚合物液膜中存在的非溶剂以小液滴形式存在，液滴的大小与分布各点聚合物浓度有关。当溶剂完全脱离聚合物后，被非溶剂液滴占据的部分就会在聚合物表面及内部留下孔洞。在本实验中，当铸膜液（PS+THF）倾倒于非溶剂组成的凝固浴（丙三醇+正丙醇）上时，液膜-凝固浴界面附近的溶剂（THF）进入非溶剂中的速度很快，量很大，因此在液膜与凝固浴界面处的聚合物浓度增加了，聚合物发生凝胶化，在液膜与凝固浴接触部分形成了致密的皮层，这个皮层阻碍了凝固浴与液膜间的相互扩散；同时由于溶剂四氢呋喃不断向空气中挥发，液膜溶剂浓度降低，发生液-液分相，液膜中的非溶剂形成小液滴，溶剂完全挥发后，最终形成多孔结构亚层。

## 【仪器与试剂】

仪器：分析天平，干燥器，环境扫描电镜。

试剂：丙三醇，正丙醇，四氢呋喃（THF），聚苯乙烯（PS）。

## 【实验步骤】

（1）凝固浴的配制

将丙三醇、正丙醇按体积比为 3∶1、5∶1、1∶1、10∶0 分别倒入表面皿中，用玻璃棒搅拌均匀，在干燥器中抽真空脱泡 30min。

（2）聚苯乙烯铸膜液（PS+THF）的配制

称取 1g 聚苯乙烯溶于 10mL 四氢呋喃中密封，放置一夜待其完全熟化。

（3）聚苯乙烯微孔膜的制备

分别在不同实验条件下制备聚苯乙烯微孔膜，研究膜结构的影响因素。

① 常温下：量取 2mL 铸膜液，快速倒入放置于室温下（20℃）的凝固浴上；

② 低温下：量取 2mL 铸膜液，快速倒入放置于冰箱中（4℃）的凝固浴上；

③ 抽风条件下：量取 2mL 铸膜液，快速倒入放置于通风橱中的凝固浴上，控制抽风速度。

2h 后，四氢呋喃挥发完毕，具有不同膜结构的聚苯乙烯微孔膜形成，将其从凝固浴中取出，用蒸馏水洗净，烘干，标号，备后续使用。

（4）聚苯乙烯微孔膜表面形貌的观察

将制好的聚苯乙烯膜剪成小块，贴于样品台上，抽真空干燥后喷金，在扫描电子显微镜下观察样品表面形态结构。

**【思考题】**

（1）凝固浴组成对膜结构的影响是什么？

（2）成膜温度对膜结构的影响是什么？

（3）溶剂挥发速率对膜结构的影响是什么？

# 实验四十六　溶胶的制备及性质研究

**【实验目的】**

（1）学习溶胶制备的基本原理，并掌握制备溶胶的主要方法。

（2）了解影响溶胶稳定性的主要因素。

**【实验原理】**

溶胶指极细的固体颗粒分散在液体介质中的分散体系，其颗粒大小约在 1nm 至 1μm 之间，若颗粒再大则称之为悬浮液。要制备出比较稳定的溶胶或悬浮液一般必须满足两个条件：①固体分散相的质点大小必须在胶体分散度的范围内；②固体分散质点在液体介质中要保持分散不聚结，为此，一般需加稳定剂。

制备溶胶或悬浮液原则上有两种方法：①特大块固体分割到胶体分散度的大小，此法称为分散法；②使小分子或离子聚集成胶体大小，此法称为凝聚法。

（1）分散法

分散法主要有 3 种方式，即机械研磨、超声分散和胶溶分散。

① 研磨法　常用的设备主要有胶体磨和球磨机等。胶体磨有两片靠得很近的磨盘或磨刀，均由坚硬耐磨的合金或碳化硅制成。当上下两磨盘以高速反向转动时（转速约 5000～10000$r \cdot min^{-1}$），粗粒子就被磨细。在机械研磨中胶体磨的效率较高，但一般也只能将质点磨细到 1μm 左右。

② 超声分散法　频率高于 16000Hz 的声波称为超声波。高频率的超声波传入介质，在介质中产生相同频率的疏密交替，对分散相产生很大撕碎力，从而达到分散效果。此法操作简单，效率高，经常用于胶体分散及乳状液的制备。

③ 胶溶法　胶溶法是把暂时聚集在一起的胶体粒子重新分散从而形成溶胶。例如，氢氧化铁、氢氧化铝等沉淀实际上是胶体质点的聚集体，由于制备时缺少稳定剂，故胶体质点聚在一起而沉淀。此时若加入少量电解质，胶体质点因吸附离子而带电，沉淀便会在适当的搅拌下重新分散成溶胶。

有时质点聚集成沉淀是因为电解质过多，设法洗去过量的电解质也会使沉淀转化成溶胶。利用这些方法使沉淀转化成溶胶的过程称为胶溶作用，胶溶作用只能用于新鲜的沉淀。若沉淀放置过久，小粒经过老化，出现粒子间的连接或变成了大的粒子，就不能利用胶溶作用来达到重新分散的目的。

（2）凝聚法

凝聚法主要有化学反应法和改换介质法。此法的基本原则是形成分子分散的过饱和溶液，控制条件，使不溶物在达到胶体质点的大小时析出。此法与分散法相比不仅在能量上有利，而且可以制成高分散度的胶体。

① 化学反应法　凡能生成不溶物的复分解反应、水解反应以及氧化还原反应等皆可用来制备溶胶。由于离子的浓度对溶胶的稳定性有直接影响，在制备溶胶时要注意控制电解质的浓度。

② 改换介质法　此法利用同一种物质在不同溶剂中溶解度相差悬殊的特性，使溶解于

良溶剂中的溶质，在加入不良溶剂后，因其溶解度下降从而以胶体粒子的大小析出，形成溶胶。此法制作溶胶方法简便，但得到的胶体粒子不太细。

在溶胶中，分散相质点很小，这就使得溶胶具有许多与小分子溶液和粗分散体系不同的性质。这种性质主要有动力性质（包括布朗运动、扩散与沉降等）、光学性质（包括光散射现象等）、流变性质、电性质、表面性质以及由许多性质所决定的稳定性。

根据胶体体系的动力性质可知，强烈的布朗运动使得溶胶分散相质点不易沉降，而具有一定的动力稳定性。但是由于分散相有大的相界面，故又有强烈的聚结趋势，因而这种体系又是热力学不稳定体系。此外，由于多种原因胶体质点表面常带有电荷，带有相同符号电荷的质点不易聚结，从而提高了体系的稳定性。带电质点对电解质十分敏感，在电解质作用下胶体质点因聚结而下沉的现象称为聚沉。在指定条件下使某溶胶聚沉时，电解质的最低浓度称为聚沉值，聚沉值常用 $mmol \cdot L^{-1}$表示。

影响聚沉的主要因素有反离子的价数、离子的大小及同号离子的作用等。一般来说，反离子价数越高，聚沉效率越高，聚沉值越小，聚沉值大致与反离子价数的 6 次方成反比。同价无机小离子的聚沉能力常随其半径增大而减小，这一顺序称为感胶离子序。与胶体质点带有同号电荷的 2 价或高价离子对胶体体系常有稳定作用，即使该体系的聚沉值有所增加。此外，当使用高价或大离子聚沉时，少量的电解质可使溶胶聚沉；电解质浓度大时，聚沉形成的沉淀物又重新分散；浓度再提高时，又可使溶胶聚沉。这种现象称为不规则聚沉。不规则聚沉的原因是低浓度的高价反离子使溶胶聚沉后，增大反离子浓度，它们在质点上强烈吸附带有反离子符号的电荷而重新稳定；继续增大电解质浓度，重新稳定的胶体质点的反离子又可使其聚沉。

向溶胶中加入少量的高分子化合物时常使稳定性降低或破坏，这种作用前者称为敏化作用，后者称为絮凝作用。但是，当加入的高分子化合物浓度较大时，常可提高溶胶的稳定性，这种作用称为高分子的保护作用。一般认为，絮凝作用的机理是吸附在质点表面上的高分子长链可能同时吸附在其他质点的空白表面上，从而将多个质点拉在一起，导致絮凝。而高分子浓度大时质点表面可完全被吸附的高分子化合物覆盖，质点间不再被拉扯到一起，从而产生保护作用。

**【仪器与试剂】**

仪器：721 型分光光度计，显微镜（带暗视场聚光镜），3～5mW 氦氖激光管，滴定管，烧杯，试管，量筒，锥形瓶，移液管。

试剂：三氯化铁，氨水，硫黄，硫酸，硫代硫酸钠，硝酸银，碘化钾，丹宁酸，氯化铝，水解聚丙烯酰胺。

**【实验步骤】**

(1) 溶胶的制备

① 胶溶法

氢氧化铁[$Fe(OH)_3$]溶胶的制备。取 10mL 20％$FeCl_3$ 放在小烧杯中，加水稀释到 100mL，然后用滴管逐滴加入 10％$NH_4OH$ 到稍微过量为止。过滤生成的 $Fe(OH)_3$ 沉淀，用蒸馏水洗涤数次。将沉淀放入另一烧杯中，加 10mL 蒸馏水，再用滴管滴加约 10 滴左右的 20％$FeCl_3$ 溶液，并用小火加热，最后得到棕红色透明的 $Fe(OH)_3$ 溶胶。

② 改换介质法

硫溶胶的制备。取少量硫黄放在试管中加 2mL 酒精，加热至沸腾，使硫黄充分溶解。趁热将上部清液倒入盛有 20mL 水的烧杯中，并搅动，得到硫溶胶。注意观察出现的现象。

③ 化学反应法

硫溶胶的制备（氧化还原法）。取 1mL 浓度为 $1mol \cdot L^{-1}$ 的 $H_2SO_4$ 和 1mL 浓度为 $1mol \cdot L^{-1}$ 的 $Na_2S_2O_3$ 溶液，然后将两溶液各稀释到 10mL 后混合，待观察到溶液开始混浊时倒入一干净的试管，透过光线观察溶胶颜色的变化。当溶胶混浊增加到盖住颜色时（约需几分钟），再把溶液稀释一倍继续观察溶胶的颜色变化。记下溶胶颜色随时间变化的情况。

碘化银（AgI）溶胶的制备（复分解法）。在两锥形瓶中分别准确地加入 5mL $0.02mol \cdot L^{-1}$ KI 和 5mL $0.02mol \cdot L^{-1}$ $AgNO_3$ 溶液，在盛有 KI 溶液的锥形瓶中再准确地用滴定管滴加 4.5mL $0.02mol \cdot L^{-1}$ $AgNO_3$ 溶液。在另一盛有 $AgNO_3$ 溶液的瓶中再准确地滴加 4.5mL $0.02mol \cdot L^{-1}$ KI 溶液。观察此两锥形瓶中 AgI 溶胶透射光及散射光颜色的变化。

银溶胶的制备。取 100mL 蒸馏水加入 4mL $0.1mol \cdot L^{-1}$ $AgNO_3$ 溶液，然后再加 1～2mL 的 1%丹宁酸溶液，将它们混匀并加热到 70～80℃，然后加入 2mL 1% $Na_2CO_3$ 溶液不断地搅拌，$Ag_2CO_3$ 被丹宁酸还原成 Ag，生成茶色的 Ag 溶胶。

（2）Tyndall 现象和 Brown 运动的定性观察

① Tyndall 现象的观察

将一束光线通过胶体溶液，在与光束前进方向相垂直的方向上观察，可以看到一个混浊发亮的光柱，这种乳光现象被称作 Tyndall 现象，它是胶体粒子强烈散射光线的结果。

观察 Tyndall 现象的装置可以是很简单的：在一分为两格的暗盒中，一格内装一普通大度数白炽灯，正对灯泡方向的隔板上开一小孔；另一格的上方开一直径略大于通试管的孔，试管插入时应在隔板小孔的前方；侧向开一观察孔。实验时将溶胶加入试管中，插入暗盒上方孔内，从侧孔观察即可。若使用 3～5mW 激光管更为方便，不加暗盒即可观察。

本实验观察前述已制备好的氢氧化铁溶胶和 AgI 溶胶的 Tyndall 现象。

② Brown 运动的观察

用暗视野显微镜可以观察到胶体质点的光散射及 Brown 运动。其具体方法是：在一干净的凹形载片上，放几滴制备好的硫溶胶、银溶胶（注意，所滴溶胶要稀释到合适的浓度才利于观察），盖上玻璃盖片，注意应避免有气泡；然后在带有暗视野的显微镜下进行观察，可以看到溶胶质点所发出的散射光点，在不停地作 Brown 运动。若图像不清晰，则最好用油镜头进行观察。

（3）溶胶的稳定性

① 聚沉值的测定

测定聚沉值的溶胶一般都应经渗析纯化。根据使溶胶刚发生聚沉时所需电解质溶液的体积 $V_1$、电解质溶液的浓度 $c$ 和溶胶的体积 $V_2$ 可计算出聚沉值

$$聚沉值 = \sqrt{V_1 + V_2}$$

$Fe(OH)_3$ 溶胶聚沉值的测定　用移液管向 3 个干净并烘干的 100mL 锥形瓶中各移入 10mL 经过渗析的 $Fe(OH)_3$ 溶胶，然后分别以 NaCl 溶液（$0.2mol \cdot L^{-1}$）、$Na_2SO_4$ 溶液（$0.2mol \cdot L^{-1}$）及 $K[Fe(CN)_6]$溶液（$0.001mol \cdot L^{-1}$）滴定锥形瓶中的 $Fe(OH)_3$ 溶胶。

每滴1滴电解质溶液，都必须充分搅动，直到溶胶刚刚产生浑浊为止。记下此时所需各电解质溶液的体积数，计算聚沉值。

$As_2S_3$ 溶胶聚沉值的测定　将 $As_2S_3$ 溶胶用移液管分别取出 10mL 放到 5 个干净的 100mL 锥形瓶中，以浓度均为 0.5mol·L$^{-1}$ 的 $AlCl_3$、$BaCl_2$、NaCl、$Na_2SO_4$、$Na_2HPO_4$ 等溶液分别滴定 $As_2S_3$ 溶胶，直到 $As_2S_3$ 溶胶刚变混浊时，记下此时所需电解质的毫升数，计算聚沉值。

② 溶胶的相互聚沉作用

一般来说电性相同的胶体相互混合后胶体的稳定性没有变化，但若将电性相反的两种胶体混合，则发生聚沉，这种现象称作互沉现象。聚沉的程度与两种胶体混合的比例有关。在等电点附近沉淀最完全；若两种胶体比例相差很大，沉淀则不完全。上述现象的主要原因是电荷的相互中和；此外，两种胶体上的稳定剂也可能相互作用形成沉淀，从而破坏了胶体的稳定性。胶体的互沉现象并不限于疏液胶体，缔合胶体、大分子胶体等皆有此性质。

取本实验中[见本实验(1)中③]制备的两种 AgI 溶胶各 5mL，在试管中混合，观察 AgI 溶胶的互沉现象并记录之。

③ 保护作用

在溶胶中加入少量亲液胶体或缔合胶体，使溶胶对电解质的稳定性显著提高的现象称为保护作用。

选取 5mL 前面实验中所制备的溶胶，如 $Fe(OH)_3$ 溶胶与 1%明胶溶液 5mL 混合均匀。测定各种电解质对溶胶的聚沉值，并与未加明胶时得到的聚沉值相比较。

④ 高分子化合物的絮凝作用

许多高分子化合物能直接引起溶胶聚沉，称此为高分子的絮凝作用。能起絮凝作用的高分子叫高分子絮凝剂。早期使用的高分子絮凝剂多是高分子电解质，它们的作用主要是电性中和。若高分子电解质的离子与胶体所带电荷相反，则能发生互沉作用，有时也会由于电性中和促进其他电解质的聚沉作用。后来发现，电性中和作用并非高分子絮凝作用的唯一因素，一些非离子型高分子（如聚氧乙烯，聚乙烯醇），甚至某些带同号电荷的高分子电解质，也能对胶体起絮凝作用。其原因是高分子浓度较稀时，吸附在质点表面的高分子长链可能同时吸附在另一质点表面上，以“搭桥”的方式将2个或更多的质点拉在一起导致絮凝。

水解聚丙烯酰胺（HPAM）对 AgI 溶胶的絮凝作用。取 0.01mol·L$^{-1}$ KI 溶液 90mL，用滴定管慢慢滴入 100mL 浓度为 0.01mol·L$^{-1}$ $AgNO_3$ 溶液，并充分搅拌均匀。取 10 支 25mL 具塞量筒，分别用移液管移入 20mL 制备的 AgI 溶胶，再分别加 0.1mL、0.2mL、0.5mL、0.7mL、0.8mL、1.0mL、1.2mL、1.4mL…浓度为 0.02%水解聚丙烯酰胺溶液（分子量～$10^6$），然后在每支量筒中加蒸馏水至满刻度。将塞子塞紧后，各支量筒上下倒置振荡约 10 次，静置 1h；从液面下（靠底部约 2cm 处）吸取 5mL 量筒内液体，用 721 型分光光度计测定每一量筒内液体的吸光度（用 420nm 波长，以蒸馏水为空白液）。

由于高分子的最佳絮凝浓度与所用的水解聚丙烯酰胺的分子量大小、水解度、所用溶胶的性质及浓度有关。因而所加入的水解聚丙烯酰胺的量，要因条件而异，做适当变动。

**【结果处理】**

(1) 根据实验结果总结制备溶胶的方法。

(2) 求出各电解质对溶胶的聚沉值的作用进而讨论电解质反离子价数对溶胶聚沉的

影响。

(3) 以水解聚丙烯酰胺（HPAM）浓度为横坐标，絮凝效率 $Ar$ 为纵坐标作图，求出最佳絮凝值。

$$Ar=\frac{\text{加 HPAM 溶胶的吸光度}}{\text{未加 HPAM 溶胶的吸光度}}$$

(4) 详细记录各实验中观察到的现象，并加以解释。

(5) 根据实验结果讨论亲液胶体的保护作用及高分子对溶胶的絮凝作用。

**【思考题】**

(1) 什么是溶胶、Tyndall 现象和 Brown 现象？

(2) 什么是溶胶的稳定性？影响因素有哪些？

# 实验四十七　疏水型大孔树脂吸附亚甲基蓝

## 【实验目的】

（1）了解大孔树脂的微观结构。

（2）掌握分光光度法测定吸附量的方法。

（3）了解大孔树脂吸附有机染料的吸附动力学。

## 【实验原理】

大孔树脂是一类具有交联结构的聚合物，根据骨架性质的不同而具有不同的名称及用途。本实验中，我们采用的是苯乙烯-二乙烯基苯树脂（简称 PS-PDVB 树脂），其合成及分子结构示意图如图 1 所示，由于其交联结构，其骨架内具有大小不等的孔，图 2 为大孔树脂的微观结构，其孔的大小和分布可以通过调节交联剂的比例和加入不同的致孔剂得到。

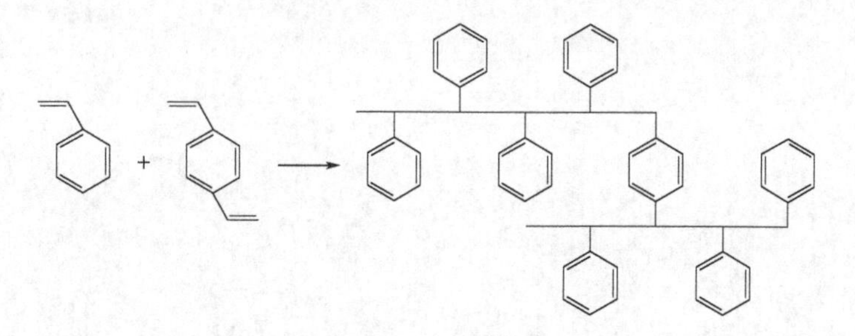

图 1　PS-PDVB 树脂的合成示意图

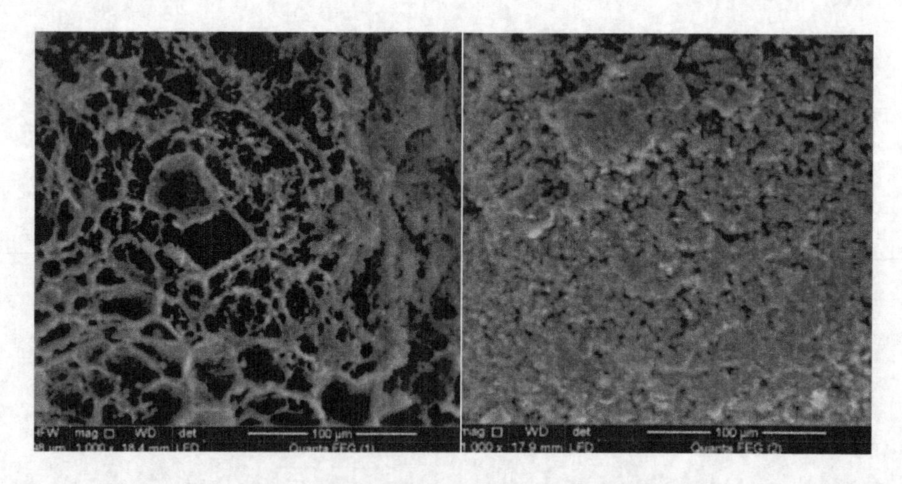


图 2　大孔树脂在扫描电镜下的微观结构

由于其多孔结构及骨架的疏水性，所以，可以用来吸附水中的有机分子。本实验中，我们将用 PS-PDVB 树脂来吸附水溶性染料亚甲基蓝。由于染料分子一般具有很强的消光系数，所以可以采用分光光度法来标定水溶液中的染料分子的浓度，从而测定吸附量及吸附动力学。

【仪器与试剂】

仪器：烧杯，量筒/容量瓶，移液管，磁力搅拌，水泵，抽滤瓶，抽滤漏斗，滤纸，分光光度计。

试剂：亚甲基蓝溶液（标准曲线用 2.4～12mg/L，吸附用 10mg·$L^{-1}$用量约 50mL），湿态 PS-PDVB 树脂 0.5～1g。

【实验步骤】

（1）配制一系列不同浓度的亚甲基蓝水溶液 2.4～12mg·$L^{-1}$，测定样品在 670nm 处的吸光度，用于实验后绘制标准曲线。

（2）配制吸附用亚甲基蓝水溶液 50mL，浓度约 10mg·$L^{-1}$。

（3）通过抽滤，将树脂与浸泡液分离，得湿态树脂。

（4）将待吸附的溶液置于磁力搅拌上，搅拌下，将 0.5～1g 的湿态树脂投入待吸附的溶液中。

（5）于 1min、2min、3min、5min、7min、10min、15min、20min、30min、40min、60min、80min、100min、120min、140min 时，停止搅拌，稍静置后，取上层吸附液，用分光光度计测定其吸光度，实验后通过与标准曲线对照，计算溶液中亚甲基蓝的浓度及吸附量。

【注意事项】

亚甲基蓝浓度不宜过大，否则超出分光光度计的量程，从而引起较大的误差。

【数据处理】

（1）绘制亚甲基蓝的吸光度-浓度（$A$-$c$）工作曲线（标准曲线）。

（2）根据吸附实验中不同时间下吸附液的吸光度，计算溶液中亚甲基蓝的浓度，同时计算相应时间的吸附量。

（3）绘制吸附动力学曲线［吸附量（$m$g 亚甲基蓝/kg 树脂）-时间 $t$］，并讨论平衡时间及平衡吸附量。

【思考题】

（1）用树脂吸附具有相同溶质质量、不同浓度的染料溶液（比如 50mL 的 2mg·$L^{-1}$的溶液和 20mL 的 5mg·$L^{-1}$的溶液），吸附量是否会有差别，为什么？

（2）对于本实验，影响吸附量的因素有哪些，分别对吸附量会有怎样的影响？

# 实验四十八 苯乙烯的溶液聚合及聚合物分子量的表征

**【实验目的】**

(1) 掌握溶液聚合的方法和原理。

(2) 了解聚合物分子量以及分子量分布的概念。

**【实验原理】**

将单体溶于溶剂中进行聚合的方法叫做溶液聚合。生成的聚合物有的溶解，有的不溶，前一种情况称为均相聚合，后者则称为沉淀聚合。自由基聚合、离子型聚合和缩聚均可用溶液聚合的方法。

沉淀聚合中，由于聚合物处在非良溶剂中，聚合物链处于卷曲状态，端基被包裹，聚合一开始就出现自动加速现象，不存在稳态阶段。随着转化率的提高，包裹程度加深，自动加速效应也相应增强。沉淀聚合的动力学行为与均相聚合明显不同：均相聚合时，依据双基终止机理，聚合速率与引发剂浓度的平方根成正比；而沉淀聚合一开始就是非稳态，随包裹程度的加深，只能发生单基终止，故聚合速率将与引发剂浓度的一次方成正比。

均相溶液中，聚合物处于良溶剂环境中，聚合物链呈现比较伸展的状态，包裹程度浅，链段扩散容易，活性端基容易相互接近而发生双基终止。只有在高转化率时，才开始出现自动加速现象。如果单体浓度不高，还有可能消除自动加速效应，使反应遵循正常的自由基聚合动力学规律。因此，溶液聚合是实验室中研究聚合机理及聚合动力学最常用的方法之一。

与本体聚合相比，溶液聚合具有以下优点。

① 体系黏度较低，混合以及传热容易，不容易产生局部过热，聚合反应温度易于控制。

② 聚合物容易从体系中取出。

③ 可以通过选择不同的溶剂或者通过分子量调节剂控制聚合物的分子量。

④ 聚合体系中聚合物的浓度较低，向聚合物的链转移不易发生，产物不易形成交联结构或产生凝胶化。

⑤ 引发剂、分子量调节剂和残存的单体等都可简单除去。

虽然溶液聚合方法优点颇多，但是，工业生产上却由于单体的聚合速率慢，聚合过程存在向溶剂的链转移反应使分子量变低，反应设备的利用效率较低，且使用有机溶剂将增加成本，溶剂回收困难还附加运行成本，因此，溶液聚合在工业上并不经常采用，只在直接使用聚合物溶液的情况下才采用溶液聚合的方法，如涂料、胶黏剂、浸渍剂和合成纤维纺丝液等。

进行溶液聚合时，最简单的溶液聚合体系包括三个组分：单体、引发剂和溶剂，根据实际需要有时还添加其他组分如分子量调节剂等。为了获得具有所期望性能的聚合物，在单体确定后，必须考虑到溶剂并非完全惰性，对反应会产生各种影响。所以，选择合适的溶剂是至关重要的。溶剂的选择应兼顾以下几个方面。

(1) 对引发剂分解的影响

不同种类引发剂的分解速率对溶剂的依赖性不同，偶氮类引发剂（如偶氮二异丁腈）的分解速率受溶剂的影响很小，但有机过氧化物引发剂的分解速率对溶剂有较大的依赖性。这主要是溶剂对引发剂的诱导分解作用造成的，诱导分解的结果使得引发剂引发效率降低，引发速率增大，聚合速率加快。这种作用按下列顺序依次增大：芳烃、烷烃、醇类、醚类、胺类，即溶剂属于给电子型，则诱导分解效应加强，过氧类引发剂在醇、醚、胺类溶剂中诱导分解现象明显，就是因为苯甲酸酯自由基与受电子体之间的相互作用。

(2) 溶剂的链转移作用

自由基是一个非常活泼的反应中心，不仅能引发单体分子进行聚合，而且还能与溶剂发生反应，夺取溶剂分子的一个原子，如氯或氢，以满足它的不饱和原子价。溶剂分子提供这种原子的能力越强，链转移作用就越强。若发生链转移反应生成的自由基活性降低，则聚合速率也将减小。另一方面，发生向溶剂的链转移反应后生成的自由基活性不变，引发聚合的效果不变，即不影响聚合反应速率。但是，总体来说，链转移的结果使聚合物分子量降低，且改变了聚合物链的端基。

(3) 对聚合物的溶解性能

溶剂溶解聚合物的能力控制着活性链的形态（卷曲或舒展）及其黏度，决定了链终止速率和分子量的分布。

除此之外，还需要综合考虑溶剂的价格、毒性、来源是否方便、是否容易回收等。

在溶液聚合中，另一个组分引发剂的选择同样是十分重要的。均相溶液聚合体系首先要选择溶于聚合体系的引发剂，其次要根据聚合反应温度选择半衰期合适的引发剂，保证自由基形成速率适中。如果半衰期过长，分解速率过低，聚合时间势必延长；半衰期过短，引发太快，聚合反应温度就难以控制，也可能造成引发剂过早分解完毕，造成聚合反应在较低的转化率下就停止反应。一般要求引发剂的半衰期最好比聚合时间短一些，或者至少处于同一数量级。

进行溶液聚合反应时，影响聚合反应的因素还有很多，如单体/溶剂比例、搅拌速度、引发剂用量、反应时间长短等。因而要设计一个成功的实验方案，必须全面考虑各个因素的影响才能达到预期的目的。

苯乙烯的聚合反应以化学反应方程式表示如下：

引发反应

$$I \longrightarrow 2R^+$$

$$R^+ + CH_2{=}CH(C_6H_5) \longrightarrow R{-}CH_2{-}\overset{+}{C}H(C_6H_5)$$

增长反应

$$R{-}CH_2{-}CH(C_6H_5) + n\,CH_2{-}CH(C_6H_5) \longrightarrow R{\left[CH_2{-}CH(C_6H_5)\right]}_n CH_2{-}\overset{+}{C}H(C_6H_5)$$

偶合终止反应

$$2\,R{\left[CH_2{-}CH(C_6H_5)\right]}_n CH_2{-}\overset{+}{C}H(C_6H_5) \longrightarrow R{\left[CH_2{-}CH(C_6H_5)\right]}_n CH_2{-}CH(C_6H_5){\left[CH(C_6H_5){-}CH_2\right]}_n CH(C_6H_5){-}CH_2{-}R$$

在均相溶液聚合结束后，可加入适当的沉淀剂使聚合物与溶剂分离，再用过滤等方法，得到固体聚合物。

**【仪器与试剂】**

仪器：100mL 两口烧瓶，球形冷凝管，温度计，量筒，烧杯，凝胶色谱仪（GPC）。

试剂：苯乙烯，过氧化苯甲酰，乙醇，甲苯。

**【实验步骤】**

在装有温度计以及球形冷凝管的 100mL 两口烧瓶中，加入 20mL 苯乙烯、20mL 甲苯以及 0.3g 过氧化苯甲酰。电磁搅拌下，加热逐步升温至 95℃，并在 95℃下反应 2～3h。冷却，将 10mL 所得产物慢慢倒入盛有 100mL 95%乙醇的烧杯中，边倒边搅拌，使聚苯乙烯沉淀出来。然后用布氏漏斗抽滤，沉淀用少量乙醇洗涤，转移到表面皿上，在 50℃真空烘箱中干燥，称重，计算产率。

产品干燥后，利用凝胶色谱仪测定其分子量以及分子量分布。

**【思考题】**

(1) 试叙述溶液聚合的特点。
(2) 工业上在什么情况下采用溶液聚合？为什么？
(3) 进行溶液聚合时，选择溶剂应注意那些问题？
(4) 凝胶色谱柱分离聚合物的原理是什么？

# 2.5 能源催化材料

## 实验四十九　溶胶-凝胶法制备 $TiO_2$ 纳米粒子及其表征

**【实验目的】**

（1）了解纳米材料的性质及应用。

（2）掌握溶胶-凝胶法制备 $TiO_2$ 纳米粒子的方法。

（3）了解扫描电子显微镜和 X 射线粉末衍射仪的实验原理和方法。

（4）分析制备条件对 $TiO_2$ 纳米粒子的形貌和结构的影响。

**【实验原理】**

纳米材料粒子一般尺寸在 1～100nm 之间。由于极细的晶粒和大量处于晶界和晶粒内缺陷中心的原子，纳米材料在性能上与同组成的微米晶粒材料有着非常显著的差异。纳米材料粒子具有壳层结构，由于原子粒子表层占很大比例，而且表面原子是既无长程有序又无短程有序的非晶层，可认为粒子表面层的实际状态更接近于气态，而在粒子的中心部存在结晶完好、周期排布的原子。纳米粒子的这种特殊结构导致了它的特殊性质。其主要体现在：①量子尺寸效应：当粒子尺寸降到某一值时，金属费米能级附近的电子能级由准连续变为离散能级，纳米半导体微粒存在不连续的最高被占据分子轨道和最低未被占据分子轨道能级，能隙变宽，这些现象均称为量子尺寸效应，由于量子尺寸效应，必然导致纳米材料的磁、光、声、电及超导电性与宏观特性有显著的不同；②小尺寸效应：当超细微粒的尺寸与光波波长、德布罗意波长以及超导态的相干长度或透射深度等物理特征尺寸相当或更小时，晶体周期性的边界条件将被破坏，非晶态纳米微粒的颗粒表面层附近原子密度减小，导致声、光、电磁、热力学等特性均随尺寸的减小而发生显著变化，例如，光吸收显著增加并产生吸收峰的等离子共振频移、磁由有序态变为无序态、超导相向正常相转变、声子谱发生改变等，这些均由尺寸减小导致，称为小尺寸效应；③表面与界面效应：由于纳米微粒的尺寸小、表面能高、比表面积大、材料中表面缺陷浓度较大、表面所占据的比例较大、表面原子有很大的活性，由此引起的一些性能改变就是表面和界面效应，这种表面原子的活性引起纳米晶粒表面原子输运和构型的变化，因此表面与界面效应是纳米及其固体材料中最重要的效应之一；④宏观量子隧道效应：微观粒子具有贯穿势垒的能力，称为隧道效应，纳米材料的一些宏观性质和磁性强度，量子相干器件中的磁通量等也具有隧道效应，称之为宏观量子隧道效应。

自 20 世纪 80 年代纳米材料概念形成以后，世界各国先后对这类新型材料给予了极大的关注。近年来，纳米磁性材料、纳米材料传感器、纳米陶瓷材料及其在生物、医学、催化、光学等方面的应用研究都取得了令人瞩目的成果。纳米材料的制备科学在当前纳米科学研究中占据极为重要的地位。新的材料制备工艺和过程的研究与控制对纳米材料的微观结构和性能具有重要的影响。纳米材料的合成与制备包括粉体、块体及薄膜材料的制备。其制备方法也很多，根据制备过程及原理可粗略分为物理方法和化学方法。物理方法包括：①蒸发冷凝法：用真空蒸发、激光、加热、弧高频感应等方法使原料汽化或形成等离子体，然后骤冷使之冷凝；②物理粉碎法：通过机械粉碎、电火花爆炸法制得纳米粒子；③机械合金法：利用高能球磨法，控制适当的球磨条件以制得纳米级晶粒的纯元素、合金和复合材料。化学方法包括：①化学气相沉淀法：利用挥发性金属化合物蒸气的化学反应合成所需的物质；②水热法：高温高压下在水溶液或蒸气等流体中合成物质，再经分离和热处理得到纳米粒子；③化学共沉淀法：把沉淀剂加入金属盐溶液反应后将沉淀热处理；④溶剂蒸发法：把溶剂制成小滴后进行快速蒸发使组分偏析最小制得纳米粒子，制得的纳米粉末一般采用喷雾法（包括冷冻干燥法、喷雾干燥法及喷雾分解法）处理；⑤微乳液法：金属盐和一定的沉淀形成微乳状液，在较小的微区内控制胶粒成核和生长，热处理后得到纳米粒子；⑥溶胶-凝胶法：采用胶体化学原理制备粉体的方法，主要用于制备各组分氧化物玻璃、高纯陶瓷粉体和硅酸盐材料等。其基本原理是采用适当的无机或有机盐配制成溶液，然后加入能使之成核、凝胶化的溶液，控制其凝胶化的过程即可制得具有球形颗粒的凝胶体，经一定温度烧结分解得到所需的粉体。其过程可简单表示为：

$$\text{原料}\xrightarrow{\text{水解}}\text{活性单体}\xrightarrow{\text{聚合}}\text{溶胶}\xrightarrow{\text{凝胶化}}\text{凝胶}\xrightarrow{\text{干燥}\quad\text{热处理}}\text{纳米粒子}$$

锐钛矿型 $TiO_2$ 材料是一种重要的氧化物 $n$ 型半导材料，能带间隔为 3.2eV，具有很好的光催化性能，是目前最有应用前景的环境净化光催化剂之一。由于纳米级 $TiO_2$ 光催化剂具有光催化效率高、无毒性和化学稳定性好等特性，可应用于空气和水的净化和杀菌。纳米 $TiO_2$ 还具有强紫外线屏蔽能力、高光催化活性以及能产生奇特颜色效应等性能，在涂料、防晒护肤品、废水处理和汽车工业等诸多领域有着广阔的应用前景。由于溶胶-凝胶法制得的粉体具有高度的化学组成均匀性、高纯性、超细性（凝胶颗粒粒径一般小于 0.1μm）、易烧结等特点，本实验是采用溶胶-凝胶法制备纳米级 $TiO_2$，以 $TiCl_4$ 和无水乙醇为原料，使 $TiCl_4$ 先发生醇解形成溶胶，经凝聚、老化后，再经干燥、热处理得到纳米级 $TiO_2$ 粒子。

（1）扫描电子显微镜（SEM）的工作原理

扫描电子显微镜采用一束极细的高能入射电子轰击扫描样品表面，通过电子束与样品的相互作用产生各种效应（主要是二次电子发射），收集电子信号表征样品表面的形貌特征。当电子束扫描样品表面时，在样品表面激发出次级电子，次级电子的多少与电子束入射角有关，也就是说与样品的表面结构有关，次级电子由探测体收集，并在探测体被闪烁器转变为光信号，再经光电倍增管和放大器转变为电信号来控制荧光屏上电子束的强度，显示与电子束同步的扫描图像。图像为立体形象，反映了标本的表面结构。扫描电子显微镜的优点是：①有较高的放大倍数，20～20 万倍之间连续可调；②有很大的景深、视野大、成像富有立体感，可直接观察各种试样凹凸不平表面的细微结构；③试样制备简单。

近三十年来，由于电子显微镜的分辨率不断提高，人们已经可以在 0.1～0.2nm 水平上拍摄到晶体结构在电子束方向的二维投影的高分辨像。更为重要的是，这种高分辨像可以直观地给出晶体中局部区域的原子配置情况，如晶体缺陷、微畴、晶体中各种界面表面处的原子分布等。目前的扫描电镜都配有 X 射线能谱仪装置，这样可以同时进行显微组织形貌的观察和微区成分分析，因此它是当今十分有用的科学研究仪器。

（2）X 射线衍射仪（XRD）的工作原理

由于每种晶体物质都有特定的晶体结构和晶胞尺寸，而衍射峰的位置及衍射强度完全取决于该物质的内部结构特点，因此每一种结晶物质都有其独特的衍射花样，即“指纹”谱。它们的特征可以用各个衍射面的面间距 $d$ 和衍射线的相对强度 $I$ 表征。因此，根据晶体对 X 射线的衍射特征（衍射线的位置、强度及数量），可以鉴定晶体物质的物相。其理论基础为布拉格（Bragg）方程：

$$2d\sin\theta = n\lambda$$

式中，$d$ 为衍射晶面的晶面间距；$\theta$ 为入射角度；$\lambda$ 为 X 射线波长；$n$ 为正整数。

X 射线定性分析是将所测得的未知物相的衍射图谱与粉末衍射卡片（PDF 卡片，Powder Diffraction Files）中的已知晶体结构物相的标准数据相比较（可通过计算机自动检索或人工检索进行），以确定所测试样中所含物相。

可采用谢乐（Scherrer）方程计算晶粒的平均大小，具体公式为

$$D = \frac{K\lambda}{\beta\cos\theta}$$

式中，$K$ 为谢乐常数，一般取 0.89；$\lambda$ 为 X 射线的波长；$\beta$ 为衍射峰的半高宽，弧度；$\theta$ 为布拉格衍射角。

**【仪器与试剂】**

仪器：扫描电子显微镜（SEM），X 射线粉末衍射仪（XRD），箱式电阻炉，电热恒温调节器，磁力搅拌器，超声波分散仪，烧杯，移液管，陶瓷坩埚，玛瑙研钵。

试剂：$TiCl_4$（分析纯），乙醇（分析纯），去离子水。

**【实验步骤】**

（1）准备工作

① 用乙醇（99.5%）精制无水乙醇（99.9%）。

② 玻璃仪器洗净、干燥。

③ 学习实验设备的使用和维护。

④ 学习 SEM 和 XRD 数据分析。

（2）制备溶胶

室温下用移液管取 3mL$TiCl_4$ 液体，在通风橱内缓慢滴加到持续搅拌的 30mL 无水乙醇-水混合溶液（$V:V=30:0$，$29:1$，$26:4$，$15:15$）中。混合溶液用超声波清洗仪超声振荡 15min，得到均匀透明的淡黄色溶液。将该溶液搁置 72h 进行成胶化，获得具有一定黏度的透明溶胶。

（3）制备干凝胶

将前述溶胶在 353K 下水浴加热挥发溶剂，形成淡黄色的干凝胶。将干凝胶破碎，用适量（15mL，两次）无水乙醇分散，然后在 353K 下水浴加热蒸干。再用适量的水（10mL，两次）重复以上操作。最后得到白色固体。

（4）热处理

将白色固体研磨细化，均匀平铺在陶瓷坩埚中，在空气气氛下经 673K 热处理 4h，粉碎得到 $TiO_2$ 纳米粒子。

（5）扫描电镜分析

采用扫描电镜观察制备的 $TiO_2$ 纳米粒子。分析其形貌特征，并测算粒径的分布范围。

（6）X 射线衍射分析

采用X射线衍射仪测试制备的 $TiO_2$ 纳米粒子。分析物相组成和相对含量，并列出各成分的主要衍射峰位置和对应的晶面参数。采用谢乐方程估计粒子的平均粒径。

**【数据处理】**

(1) 不同制备条件对 $TiO_2$ 纳米粒子形貌的影响

列举不同制备条件下产物的形貌特征，并分析制备条件对形貌的影响。

| $V_{乙醇}:V_{水}$ | 30∶0 | 29∶1 | 26∶4 | 15∶15 |
|---|---|---|---|---|
| 形貌特征描述 | | | | |

(2) 不同制备条件对 $TiO_2$ 纳米粒子物相组成的影响

通过XRD分析获得产物的物相组成（锐钛矿相和金红石相），选择合适的PDF卡片，计算二者的相对含量。分析制备条件对产物晶型的影响。

| $V_{乙醇}:V_{水}$ | | 30∶0 | 29∶1 | 26∶4 | 15∶15 |
|---|---|---|---|---|---|
| 物相组成 | 锐钛矿(A) | | | | |
| | 金红石(R) | | | | |
| 相对含量(A/R) | | | | | |
| 最强峰高比(A/R) | | | | | |

(3) 不同制备条件对 $TiO_2$ 纳米粒子尺寸大小的影响

列出从SEM和XRD分别获得的纳米粒子尺寸。分析制备条件和产物尺寸的相关性。

| $V_{乙醇}:V_{水}$ | 30∶0 | 29∶1 | 26∶4 | 15∶15 |
|---|---|---|---|---|
| TEM估计 | | | | |
| 谢乐公式计算 | | | | |

(4) 不同晶型的主要衍射峰位置和对应晶面指数

| 主要衍射峰 | | 1 | 2 | 3 | 4 | 5 | 6 |
|---|---|---|---|---|---|---|---|
| 锐钛矿 $TiO_2$(A) | $2\theta$ | | | | | | |
| | $(hkl)$ | | | | | | |
| | 相对强度 | | | | | | |
| 金红石 $TiO_2$(R) | $2\theta$ | | | | | | |
| | $(hkl)$ | | | | | | |
| | 相对强度 | | | | | | |

**【思考题】**

(1) 结合文献，讨论 $TiO_2$ 形成机理。

(2) 去离子水使用量对产物的物相和形貌的影响规律有哪些？

(3) 从SEM和XRD得到的粒子的粒径是否相同？如果不同，原因是什么？

## 实验五十 溶胶凝胶法制备 $Li_4Ti_5O_{12}$ 锂离子电池负极材料

尖晶石钛酸锂（$Li_4Ti_5O_{12}$）作为新型储能锂离子电池的负极材料近年来日益受到人们的重视，这是因为在充放电过程中锂离子插入和脱出前后尖晶石钛酸锂的晶格常数变化很小，称为锂离子插入的"零应变材料"，因而理论上具有优异的循环稳定性。此外，钛酸锂具有平稳的放电电压且电极电压较高，从而避免了电解液的分解现象或保护膜的生成。制备 $Li_4Ti_5O_{12}$ 的原料来源比较丰富，因此 $Li_4Ti_5O_{12}$ 不失为一种比较理想的能代替碳材料的锂离子负极材料。

采用不同的方法制备材料对其结构和形貌具有很大的影响，最终影响其性能。采用溶胶凝胶法可以制备球形 $Li_4Ti_5O_{12}$。研究发现，球形颗粒粉末材料能够大大缩小颗粒间的接触缝隙，是提高 $Li_4Ti_5O_{12}$ 材料振实密度和电化学性能的一种有效途径。

**【仪器与试剂】**

仪器：磁力加热搅拌器，电热恒温鼓风燥箱，马弗炉，X 射线粉末衍射仪，超声波清洗器，电子天平等。

试剂：十六烷基三甲基溴化铵（CTAB），钛酸丁酯，醋酸锂，无水乙醇，去离子水等。

**【实验步骤】**

（1）称取一定量的 CTAB 和醋酸锂先后溶于无水乙醇。

（2）按化学计量比称取一定量的钛酸丁酯，在快速磁力搅拌下，缓慢的滴加到上述溶液中，形成黄色透明溶液。

（3）继续搅拌 12 h 形成黄色透明溶胶。

（4）置于空气中陈化，缓慢形成白色凝胶。

（5）将所得凝胶在 100 ℃下干燥 24 h，形成干凝胶前驱体。

（6）所得前驱体经研磨，在 400 ℃预烧 4 h，再在不同温度下热处理 12 h 得到白色粉末。

（7）产物进行形貌和物相表征。

**【数据及分析】**

（1）物相分析。产物进行 X 射线粉末衍射（XRD）分析，判断产物是否为 $Li_4Ti_5O_{12}$，以及是否含有杂质。

（2）形貌表征。产物进行扫描电子显微镜（SEM）分析，观察产物形貌和粒径的分布情况。

（3）讨论制备条件对产物物相组成和形貌特征的影响。

# 实验五十一　石墨烯-$TiO_2$基Pickering乳液的合成及表征

## 【实验目的】

（1）了解Pickering乳液的构建原理。

（2）掌握石墨烯-$TiO_2$复合材料的制备方法，并学会合成Pickering乳液。

（3）了解部分表征仪器的基本原理与操作方法，并学会分析表征数据，增强逻辑性和综合分析能力。

## 【实验原理】

乳液广泛应用于化学、生物、农业、医药等学科，是一种液体以液滴的形式分散在另一种与之不相溶的液体中形成的均匀体系。若只有液滴和连续的液体，体系界面能很大，液滴会快速聚合，并最终相分离为两相，因此需要添加乳化剂来实现乳液的稳定。传统乳化剂主要为表面活性剂或具有表面活性的聚合物。1903年，Ramsden在研究蛋白质分散系时发现胶体颗粒可以用作乳化剂。随后，1907年，Pickering对这类固体颗粒稳定的乳液进行系统性的研究，故这类乳液也称为Pickering乳液。Pickering乳液的稳定机理，最为公认的是机械阻隔机理。固体颗粒乳化剂在乳液液滴表面紧密排布，当固体颗粒表面具有两亲性且亲水性大于亲油性时，其包裹在水油界面形成稳定的水包油系统（如图1所示），反之则可以形成油包水系统，相当于在油/水界面间形成了一层致密的膜，空间上阻隔了乳液液滴之间的碰撞聚集；为了降低水、油、固体三相界面的表面张力，固体颗粒将会以单层的形式均匀紧密地排布在水油界面上，而不是无规则地团聚在一起；同时，颗粒乳化剂吸附在液滴表面，也增加了乳液液滴之间的相互斥力，共同作用提高了乳液的稳定性。与传统表面活性剂相比，Pickering乳液有其自身的优势：在较低乳化剂用量下即可形成稳定的乳液，降低了生产成本；毒性远低于传统表面活性剂，在食品、化妆品、医药等领域独具优势；对环境友好，绿色无污染且能够重复利用；固体颗粒在油/水界面上的吸附几乎是不可逆的，所以具有很强稳定性。

很多纳米或微米级固体颗粒和有机乳胶等都可以用来稳定Pickering乳液。新型碳材料氧化石墨烯（GO）就是其中的一种。石墨烯是从石墨材料中剥离出来、由碳原子组成的只有一层原子厚度的二维晶体，它是目前自然界最薄、强度最高的材料，几乎是完全透明的，只吸收2.3%的光。经浓酸氧化处理的氧化石墨烯自身即具有两亲性，因为其表面既具有疏

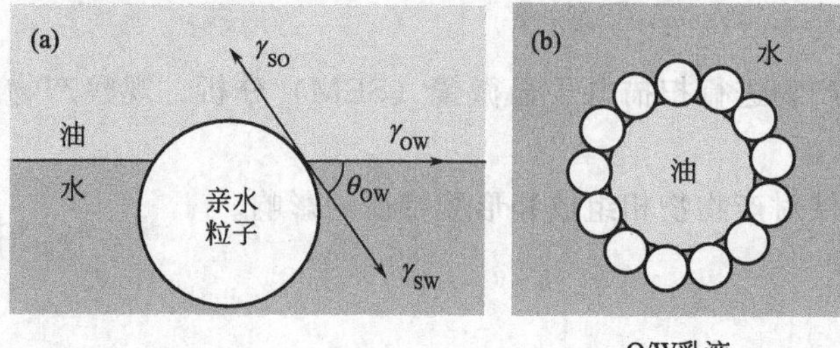


图1　(a) 亲水粒子与水、油界面之间的界面张力及接触角示意图；
(b) 由固体颗粒稳定水油界面得到的“水包油”型Pickering乳液示意图

水的六元碳环结构，又具有亲水的含氧基团。在光催化领域，将GO与半导体复合后即可在不加表面活性剂的条件下调控乳化剂材料的两亲性，从而构建理想的Pickering乳液。所得到的乳液在光催化分解水和降解污染物等方面均具有潜在的应用。

本综合实验以石墨烯-$TiO_2$复合物作为乳化剂制备Pickering乳液，用XRD、TEM、DRS等分析手段表征所制得材料的性质，用光学显微镜观察所制得乳液的形貌，并系统地探讨复合物中石墨烯的含量对于Pickering乳液的形成的影响。

## 【仪器与试剂】

仪器：玻璃烧杯若干，塑料样品管若干，离心管若干，不锈钢水热反应釜（含聚四氟乙烯内衬），移液枪，磁力搅拌器（配搅拌磁子），电子天平，乳化器，鼓风干燥箱，大型离心机，超声机，光学显微镜，X射线衍射仪，透射电子显微镜，紫外可见分光光度计（带积分球）。

试剂：$TiO_2$粉末（德固赛P25），氧化石墨烯（GO），氢氧化钠（分析纯）去离子水，无水乙醇，液体石蜡（分析纯）。

## 【实验步骤】

（1）石墨烯-$TiO_2$复合物（GT）的制备

① 在60mL去离子水中加入80mg $TiO_2$粉末和一定量的GO粉末，所得复合物分别命名为$GT_x$（$x$=1,5,10,15,$x$代表所加入GO与$TiO_2$粉末的质量百分比）。将混合溶液置于超声机中超声30min，进行充分混合。

② 将溶液分别转移到4个聚四氟乙烯反应釜内衬中，封装后放入鼓风干燥箱中，在180℃下水热反应12h。

③ 待反应釜冷却至室温后，采用离心法去除上清液，用去离子水离心洗涤沉淀至中性，再用乙醇离心洗涤一次，在室温下干燥，最后研磨成粉末备用。

（2）制备Pickering乳液

将一定量所制得的$GT_x$复合材料超声分散于一定量去离子水中，然后将液体石蜡（油相溶液）加入该分散液中，通过乳化器振荡10min，之后静置1h以上，即得到石墨烯-$TiO_2$基Pickering乳液。样品粉末、油相和水相的比例S∶O∶W为8∶1∶15，例如：样品质量为0.8mg，油相体积为0.1mL，水相体积为1.5mL。

（3）性能表征

利用X-射线衍射（XRD）技术分析鉴定所制得物质的晶相和晶化度；通过透射电镜（TEM）观测所得材料的形貌和晶格条纹；通过紫外可见漫反射光谱（DRS）分析样品的吸光性能和禁带宽度。通过荧光显微镜观察Pickering乳液形成前后的形态。

## 【数据处理】

（1）在XRD图谱上标出$TiO_2$的每个衍射峰对应的晶面，并用谢乐方程计算晶粒尺寸，分析石墨烯的含量对$TiO_2$结晶度的影响。

（2）在TEM图像上标出$TiO_2$和石墨烯。

（3）利用DRS图谱计算$TiO_2$的禁带宽度，并分析石墨烯的含量对$TiO_2$吸光性能的影响。

(4) 根据荧光显微镜图片，描述所得乳液的状态和形貌，并统计出每个样品所制得Pickering乳液中微胶囊的尺寸分布图，根据结果综合分析石墨烯含量对石墨烯-$TiO_2$基Pickering乳液的形成和性质的影响。

**【注意事项】**

(1) 水热反应过程涉及高温，因此注意待反应釜冷却后再触碰，避免烫伤。

(2) 离心管一定要注意成对且相对两离心管中液体质量相等后再放入离心机。

(3) 严禁在不经过专业训练之前私自动手操作实验室仪器。

**【思考题】**

(1) 影响Pickering乳液形态的因素有哪些?

(2) $TiO_2$-石墨烯基Pickering微胶囊在哪些方面有潜在的应用?

## 参考文献


[1] Pickering SU. Emulsions. *Journal of the Chemical Society Transactions*, 1907, 91: 2001-2021.

[2] 陆佳，田晓晓，金叶玲，陈静，丁师杰. Pickering乳液的研究进展[J]. 日用化学工业，2014，44(8)：460-466.

[3] 周君，乔秀颖，孙康. Pickering乳液的制备与应用研究进展[J]. 化学通报，2012，75(2)：99-105.

[4] 赵永亮. 二氧化钛稳定的Pickering聚合机理研究[D]. 上海：复旦大学，2011：5-12.

# 实验五十二　皮克林微胶囊的构建及其制备条件优化

**【目的要求】**

(1) 了解皮克林微胶囊的构建原理。

(2) 掌握光学显微镜的使用方法。

(3) 学会使用 Nano Measurer 软件绘制微胶囊尺寸分布直方图。

**【实验原理】**

1907 年，英国化学家 Spencer Pickering 发现表面具有两亲性的胶体尺寸的固体颗粒可以自发地排布在水油界面上，形成热力学稳定微胶囊，所得到的乳液体系被称作 Pickering 乳液。Pickering 乳液具有较高的热力学稳定性、较少稳定剂用量、颗粒可选种类较多、制备工艺简单、易于工业化等优点，可广泛应用于微分离器、微反应器、载药和药物缓释、制备复合大孔材料、催化体系等。

根据 Finkle 准则，稳定剂的两亲性决定了乳液的类型：当两亲性固体颗粒表面的亲水性略大于亲油性时，将形成水包油型微胶囊，反之则将形成油包水型微胶囊，若颗粒表面早强亲水性或强疏水性时，则不能稳定 Pickering 乳液。本实验充分利用水中部分污染物分子亲水基因和疏水基团并存的特质，使得表面强亲水性的 $TiO_2$ 纳米颗粒能够在没有额外修饰剂的情况下直接乳化污染物水溶液（水相）和不相溶有机溶剂（油相），从而构建稳定的 Pickering 微胶囊，示意图如图 1 所示。

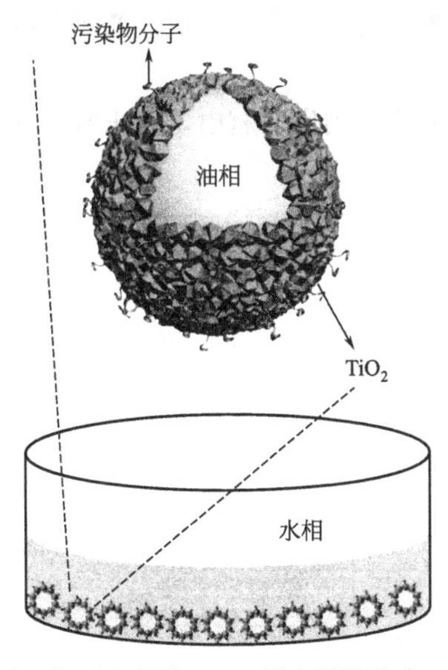


图 1 水中特定污染物分子辅助免修饰 $TiO_2$ 纳米颗粒构建 Pickering 微胶囊示意图

**【仪器与试剂】**

仪器：精密天平 1 台，带盖玻璃瓶 2 个，10mL 量筒 3 个，超声机 1 台，振荡器 1 台，光学显微镜 1 台，电脑 1 台，小型离心机 1 台 。

试剂：$TiO_2$ 粉末，甲基橙染料水溶液，1 瓶，水杨酸水溶液，1 瓶，二氯甲烷，1 瓶。

**【实验步骤】**

(1) 称取 10 mg $TiO_2$ 粉末，置于 4 个玻璃瓶中，分别倒入 4 mL 甲基橙染料水溶液 4mL 甲基橙染料水溶液、4mL 水杨酸水溶液和 4 mL 水杨酸水溶液，分别命名为 MO-1，MO-2，SA-1，SA-2。然后超声分散均匀。

(2) 将 4 个玻璃瓶置于振荡器上，避光振荡 1h。

(3) 向 4 玻璃瓶中各加入 2 mL、4 mL、2 mL、4 mL 二氯甲烷作为油相，盖紧盖子，手动沿上下方向剧烈摇晃至少 2 min，静置。

(4) 观察皮克林乳液的生成。首先用眼睛观察，水相溶液是否变得澄清，油相是否全部变为乳液相，如果没有，记录相关现象。然后用滴管取一滴乳液相中的乳液，在光学显微镜下观察皮克林微胶囊的形貌，保存图像。

**【数据处理】**

(1) 描述所得到皮克林微胶囊的图像，分析成乳情况，并使用 Nano Measurer 软件绘制微胶囊尺寸分布图。

(2) 分析微胶囊形成和尺寸的影响因素，提出制备皮克林微胶囊的优化方案。

(3) 画出甲基橙和水杨酸的分子结构式，结合实验原理推测皮克林微胶囊成功形成的原因。

**【实验安全提示】**

(1) 二氯甲烷具有强挥发性，有一定毒性，应注意佩戴口罩，避免皮肤接触，及时盖好试剂瓶盖。

(2) 实验结束后废液一定要收集到废液瓶中，禁止倒入下水道。

# 实验五十三　带隙可控的$Zn_{1-x}Cd_xS$固溶体的制备及其可见光催化产氢性能测定

**【实验目的】**

(1) 掌握 $Zn_{1-x}Cd_xS$ 固溶体的制备方法。

(2) 了解半导体光催化产氢原理。

(3) 了解部分表征仪器的基本原理与操作方法，并学会分析表征数据，增强逻辑性和综合分析能力。

**【实验原理】**

化石燃料的过度燃烧使得全球性能源危机和环境污染日益恶化，因此，将取之不尽用之不竭的太阳能转化为氢能的技术受到越来越多的关注，这是因为氢气拥有燃烧值大，可循环使用、清洁无污染等优点，很有可能成为未来取代化石燃料的能源之一。自从 Honda 和 Fujishima 于 1972 年首次发现二氧化钛电极在太阳光的照射下可以光电催化分解水产生氢气和氧气以来，半导体光催化分解水产氢技术逐渐被证实是一种可以将太阳能转化为化学能的有效途径。然而，二氧化钛的带隙很宽，为 3.2eV，因而不能被可见光激发。事实上，在太阳光中，可见光比紫外光所占比例更大，为了更有效地利用太阳能，研究者们最近将更多的精力放在开发可见光响应的半导体光催化剂上。金属硫化物尤其是硫化镉因其具有合适的带隙和能带位置而在光催化产氢领域中受到广泛的关注。但是，作为一种常见的可见光光催化剂，硫化镉的研究仍面临很多瓶颈，比如因带隙较窄而导致光生电荷容易快速复合，光照下容易发生光腐蚀等，这些缺点大大限制了硫化物的实用性。为了解决这些问题，将拥有相同配位模式的硫化锌与硫化镉进行复合形成硫化锌镉固溶体是一种行之有效的方法，因为硫化锌镉固溶体的带隙和能带位置可以通过改变固溶体中锌与镉的摩尔比来进行调控。因此，合成硫化锌镉固溶体是一项重要的技术。

到目前为止，人们所开发出来的硫化锌镉固溶体的合成方法有很多，比如共沉积法、微乳法、化学浴沉积法、阳离子交换法、水热法和热解法等。其中，用共沉积法所合成的固溶体中实际元素组成一般不与初始配比相一致，这是因为在制备过程中有一部分金属离子会流失。用阳离子交换法合成时，由于镉离子的半径（0.97Å）比锌离子的半径（0.74Å）大很多，因此很难得到能带结构可控的硫化锌镉固溶体。而用水热法合成时，通常需要很长时间才能得到结晶较好的固溶体晶体。对比之下，用热解法制备固溶体可能更有优势，因为在高温处理下，固溶体可以快速形成，且所得到的固溶体通常拥有较高的结晶度和较高的光催化活性。本实验采用一种简单的热解法制备出具有可见光效应光催化产氢活性的硫化锌镉固溶体纳米颗粒，并对其晶体结构、能带结构、吸光性能和光催化产氢活性进行综合测试分析。

**【仪器与试剂】**

仪器：玻璃烧杯若干，三口烧瓶，不锈钢水热反应釜（含聚四氟乙烯内衬），磁力搅拌器（配搅拌磁子），电子天平，氙灯，滤波片，鼓风干燥箱，马弗炉，氮气钢瓶，超声机，X 射线衍射仪，透射电子显微镜，气相色谱仪（TCD 检测器），紫外可见分光光度计（带积分球）。

试剂：硫脲，二水醋酸锌，二水醋酸镉，硫化钠，亚硫酸钠，去离子水，无水乙醇。

**【实验步骤】**

（1）样品制备

以硫脲、二水醋酸锌和二水醋酸镉作为原料，采用一种简单的热解锌-镉-硫脲复合物的方法制备硫化锌镉固溶体。所用试剂的纯度均为分析纯，且使用之前无需进行进一步的纯化处理。在整个实验中，所用的水均为去离子水。首先合成锌-镉-硫脲复合物，具体地，将不同物质的量配比的二水醋酸锌和二水醋酸镉溶解于 30mL 乙醇中，在室温下持续搅拌 30min。二水醋酸锌和二水醋酸镉的总物质的量为 2.5mmol。同时，将 10mmol 硫脲溶解于另外 30mL 乙醇中，在 60℃下搅拌直到形成透明清澈的溶液。随后，将以上两份溶液混合均匀，超声 2h，然后将混合溶液在 80℃下干燥，直到溶液中的乙醇被全部蒸发，即得到锌-镉-硫脲复合物固体粉末。再将所得到的锌-镉-硫脲复合物在氮气气氛下煅烧，煅烧温度为 500℃，时间为 30min，升温速率为 5℃·min$^{-1}$，即得到硫化锌镉固溶体。所得到的硫化锌镉固溶体根据其不同的锌镉摩尔配比被命名为 $Zn_{1-x}Cd_xS$（$x=0,0.1,0.3,0.4,0.5,0.6,0.7,0.9$ 和 1.0）。

（2）性能表征

利用 X 射线衍射分析仪考察所制备样品的晶相结构，用谢乐方程 $d=0.9\lambda/B\cos\theta$ 计算样品的平均晶粒尺寸，其中 $d$ 为平均晶粒尺寸，$\lambda$ 为 Cu 的 $K_\alpha$ 射线波长，$B$ 为以弧度单位的半高宽，$\theta$ 为布拉格衍射角。用透射电子显微镜观察样品的形貌。用紫外可见分光光度计考察样品的吸光性能。用电感耦合等离子体原子发射光谱（ICP-AES）考察样品的化学组成。

（3）光催化产氢活性的测试

样品的光催化产氢实验于常温常压下在容积为 100mL 的三口烧瓶中进行，三口烧瓶的开口处用硅胶塞进行密封。采用功率为 350W 的氙灯作为光源，光源与反应器之间的距离为 20cm。使用一块紫外截止滤波片（≥400nm）过滤掉紫外光，透过的可见光则作为光源用来激发光催化反应。将 50mg 所制备的 $Zn_{1-x}Cd_xS$ 固溶体样品分散在 80mL $Na_2S$（0.44mol·L$^{-1}$）和 $Na_2SO_3$（0.31mol·L$^{-1}$）的混合水溶液中，转移至三口烧瓶内。向三口烧瓶通入氮气，赶走体系中的氧气，制造无氧的环境。在光催化产氢实验中，对溶液进行磁力搅拌使催化剂颗粒始终均匀地分散在体系中。产氢结束后，从三口烧瓶溶液上方的气体中抽取 0.4mL 注入气相色谱仪中检测氢气的含量。

**【数据处理】**

（1）在 XRD 图谱上标出样品的每个衍射峰对应的晶面，并用谢乐方程计算晶粒尺寸，分析 $Zn_{1-x}Cd_xS$ 固溶体的晶相和结晶度随 $x$ 值的变化。

（2）利用 DRS 图谱计算 $Zn_{1-x}Cd_xS$ 的禁带宽度，并分析 $Zn_{1-x}Cd_xS$ 固溶体的能带结构随 $x$ 值的变化。

（3）根据 ICP-AES 结果计算 $Zn_{1-x}Cd_xS$ 的实际化学组成，并与理论值作对比。

（4）考察 $Zn_{1-x}Cd_xS$ 的可见光光催化产氢性能，综合分析产氢性能的影响因素。

**【注意事项】**

（1）马弗炉高温运行时注意避免烫伤。

（2）严禁在不经过专业训练之前私自动手操作实验室仪器。

**【思考题】**

（1）为什么硫化锌与硫化镉之间可以形成固溶体？

（2）为什么要在 $N_2$ 气氛下煅烧制备 $Zn_{1-x}Cd_xS$ 固溶体？

# 实验五十四　硫醇自组装动力学的测定

**【实验目的】**

（1）掌握自组装膜的原理和制备方法。

（2）掌握电化学研究方法的应用。

（3）掌握自组装动力学的基本理论及操作方法。

**【实验原理】**

分子自组装膜具有高度的稳定性和有序性，是在分子水平上研究表面和界面现象的典型体系。自组装膜分子有序排列，缺陷少，易于用近代物理和化学的表征技术研究。而自组装膜的可控性为考察界面体系中的特殊相互作用、探求分子结构对于二维有序分子组装体系提供了非常大的设计自由度。有关自组装膜结构和功能的研究也是考察生物界面和生物膜的基础。此外，自组装也与界面科学诸多领域如黏接、防腐、润滑、摩擦等密切相关。

在电化学的基础研究中，自组装膜以其高度的有序性、致密性和稳定性为深入研究长程电子传递、表面电化学、表面功能基团的反应性和分子识别等问题提供了良好的模型。硫醇类分子能在贵金属表面形成一层稳定且致密有序的自组装单层膜，这种膜的制备方法简单可控，因此应用广泛。

自组装分子在电极表面的吸附量受到吸附和脱附的速率及其他因素的影响。物理吸附过程进行得非常快，以至于无法定量测定它的速率，但在包含物理吸附和化学吸附的情况下，吸附总量以可测的速度进行。吸附开始时速度很快，逐渐变慢。正像吸附平衡规律一样，吸附和脱附以什么样的速率进行，主要是吸附剂与吸附物质之间的相互作用决定的，但又受温度、压力等因素影响。因此，从吸附和脱附速率的研究中可以得到许多有关吸附特征的信息。特别是当吸附、脱附是异相反应的控制步骤时，研究它们更是探明整个异相反应机理所必须进行的内容。

分子自组装由于其过程的微观性，表征手段复杂多样。其表征方法大致可以分为四类：电化学表征、扫描探针显微术（SPM)、光谱学测定和自组装膜表面的润湿性。如：膜结构可通过小角X射线衍射的方法来研究；红外光谱和X射线光电子能谱可获得组装体系的分子结构和电子结构的信息；X射线反射可测自组装膜的厚度和粗糙度；二次离子能谱能对分子膜的成分进行测定。

椭圆偏光法、接触角测定法等非现场方法及现场的石英晶体微天平法均表明硫醇在Au表面的自组装动力学分为两步：首先是快速的物理吸附过程，在几分钟内就能完成，并符合一级动力学方程，接触角接近或达到极限值，厚度达到极限值的80%～90%，石英晶体微天平测得的频率改变值（质量改变值）接近极限值；第二步为较慢的表面的重组过程，一般维持数小时，在该过程中，厚度逐渐达到极限值。Bain等认为先是快速吸附产生不完美的单层膜，而后是慢步骤以减少缺陷增加致密性及硫醇长链的固结，可能包括取代污染及将溶剂从单层膜中排出。

电化学方法由于其灵敏性而广泛地应用于自组装膜的研究，循环伏安方法可用于考察

SAM 的性能，在支持电解质溶液中，可将 SAM 近似为理想的平板电容器，经 SAM 修饰的电极，其界面双层电容可由下式计算：

$$C=\Delta i(2vA) \tag{1}$$

式中，$C$ 为修饰电极的单位面积界面双层电容，$\mu F \cdot cm^{-2}$；$\Delta i$ 为双层充放电电流绝对值之和，$\mu A$；$v$ 为扫描速率，$V \cdot s^{-1}$；$A$ 为电极的面积，$cm^2$。

金属的欠电位沉积（UPD）是指金属在比其热力学电位更低处发生电位沉积的现象。这种现象常发生在金属离子在异体底物上的沉积。UPD 法是制备精细结构单层修饰电极的一种方法。在 UPD 法中，通常是将一些金属元素欠电位沉积在某些贵金属或过渡金属基底上，形成一定的空间结构的单原子层。

在一定的温度下，可以符合 Langmuir 吸附等温式的一级吸附动力学方程来描述自组装过程：

$$d\theta/dt=k_{ad}c\ (1-\theta) \tag{2}$$

式中，$\theta$ 代表已吸附的吸附位；$k_{ad}$ 为吸附动力学常数；$c$ 是硫醇在溶液中的浓度；$t$ 是组装时间。$\theta$ 也可由循环伏安法中的电容求得，也可由欠电位沉积中的积分电量求得。由循环伏安法求电容得：

$$\theta=(C_{gold}-C_t)/(C_{gold}-C_{SAM}) \tag{3}$$

式中，$C_{gold}$ 为裸金电极的电容；$C_t$ 为在 $t$ 时刻该电极的电容；$C_{SAM}$ 为硫醇单分子层组装致密时的电容。

由欠电位沉积求得：

$$\theta=1-Q_t/Q_0 \tag{4}$$

式中：$Q_t$ 为 $t$ 时刻的积分电荷量，$C \cdot mol^{-1}$；$Q_0$ 为金电极的积分电荷量，$C \cdot mol^{-1}$。

$$Q=nzF/A \tag{5}$$

式中，$n$ 为物质的量（mol）；$z$ 为电极反应中的电子得失数；$F$ 为法拉第常数，96485C/mol；$A$ 为电极面积（$cm^2$）。

将（2）式整理得：

$$\ln(1-\theta)=-k_{ad}ct \tag{6}$$

则以 $\ln(1-\theta)$ 为纵坐标，$t$ 为横坐标作图，可以得到一条直线，如图 1 所示由该直线的斜率可以求得吸附动力学常数 $k_{ad}$。

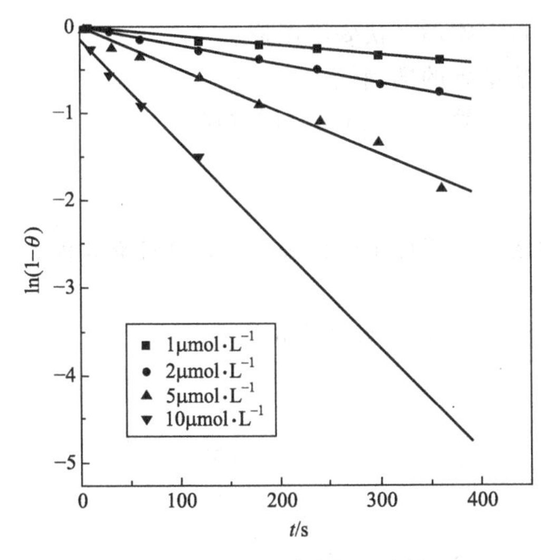


图 1　吸附动力学常数的计算

## 【仪器与试剂】

仪器：电化学工作站，微量进样器，三电极系统［工作电极：圆盘状多晶金电极；指示电极：Ag/AgCl（饱和氯化钾）

电极或饱和甘汞电极；对电极：铂丝]，容量瓶，烧杯。

试剂：半胱氨酸（分析纯），氯化钾（分析纯），硫酸，硫酸铜，无水乙醇。

**【实验步骤】**

（1）溶液配制

① 配制 $0.2mol \cdot L^{-1} CuSO_4$ 和 $0.1mol \cdot L^{-1}$ 的 $H_2SO_4$ 溶液 1L。

② 配制半胱氨酸的乙醇溶液，浓度为 $10\mu mol \cdot L^{-1}$。

③ 配制 $0.5mol \cdot L^{-1}$ 的硫酸溶液。

（2）金电极的处理和组装

① 电极的预处理　先用砂纸打磨，再用蒸馏水淋洗多次，最后进行 5min 的低功率的超声清洗。

② 电化学处理　利用循环伏安法对已处理过的金电极进行化学清洗至稳定的循环伏安图。电解液：$0.5mol \cdot L^{-1}$ 的硫酸溶液。每隔 15min 换一次电解液。

③ 测量电极表面积及表面粗糙因子。

④ 选择金电极氧化还原图的平稳电位区间，在 $0.5mol \cdot L^{-1}$ 的硫酸溶液中循环扫描，得到裸金电极的充放电电流图。

⑤ 用蒸馏水、乙醇淋洗电极，然后把电极浸入硫醇的乙醇溶液中浸泡给定的时间。

⑥ 取出电极，分别用乙醇和高纯水淋洗，转入电解池进行电化学测试。

（3）表面覆盖度的测定

① 在电解池中放入相应的溶液，固定好工作电极、铂丝辅助电极和甘汞电极。在所选的电位区间内，在 $0.5mol \cdot L^{-1}$ 的硫酸溶液中扫描修饰后的金电极，得其电容图。将蒸馏水淋洗后，置于 $0.2mol \cdot L^{-1} CuSO_4/0.1mol \cdot L^{-1} H_2SO_4$ 溶液中，循环扫描得到 Au 的 UPD 的伏安图。

② 将电极转移至硫酸溶液中做电化学抛光，准备下一组实验。如果得不到完美的 Au 电极的循环伏安图，需要重新抛光电极。

**【注意事项】**

（1）指示电极表面必须仔细清洗，否则严重影响循环伏安图图形。

（2）修饰电极必须认真做好，否则严重影响结果的准确性。

（3）每次扫描前，为使电极表面条件稳定，应静止 1～2min 再扫描测量。

**【数据处理】**

（1）从金电极在硫酸溶液中的循环伏安曲线的还原峰求电极表面积，并计算表面粗糙因子。由金电极的电容图计算 $C_{gold}$。

（2）由修饰的金电极电容图计算 $C_t$。由欠电位沉积结果计算 $\theta$。

# 实验五十五　液相水热合成法制备磷酸亚铁锂

## 【实验目的】

(1) 了解液相水热法的制备原理和方法。

(2) 学习管式气氛炉的使用。

(3) 掌握水浴搅拌反应器的使用。

## 【实验原理】

液相水热合成反应是指数种组分在水热条件下直接化合或经过中间态发生的化学反应。是通过高温、高压，在水溶液或水蒸气等流体中进行化学反应制备出粉体材料的一种方法。液相水热法得到的粉体材料物相均一、粉体粒径小、并且合成过程简单。液相水热合成法的原料可以达到分子级的混合，有较好的均一性，反应充分，有利于制得高纯度的 $LiFePO_4$ 材料。

$(NH_4)_2Fe(SO_4)_2 \cdot 6H_2O$ 和 $NH_4H_2PO_4$ 溶液中加入一定量 30%的 $H_2O_2$，即可得到三价铁源 $FePO_4 \cdot 2H_2O$（二水磷酸铁），反应方程式为：

$$2(NH_4)_2Fe(SO_4)_2 \cdot 6H_2O + 2NH_4H_2PO_4 + H_2O_2 = 2FePO_4 + 14H_2O + H_2SO_4 + 3(NH_4)_2SO_4$$

在乙醇中介质中，抗坏血酸可使 $FePO_4$ 中的三价铁还原为二价铁。同时 $FePO_4$ 与 $LiAc \cdot 2H_2O$ 反应，通过化学插锂生成不溶于乙醇的无定形态的 $LiFePO_4$ 沉淀。最后通过在惰性气氛中短时间烧结，可以得到结晶良好、电化学性能优良的晶态 $LiFePO_4$，反应方程式为：

$$2FePO_4 + 2LiAc + \text{(抗坏血酸结构式: OH, CHCH}_2\text{, OH, O, O, HO, OH)} = 2LiFePO_4 + 2HAc + \text{(结构式: OH, CHCH}_2\text{, OH, O, O, O, O)}$$

## 【仪器与试剂】

仪器：电热恒温鼓风干燥箱，管式气氛炉，刚玉坩埚，电子天平，恒温磁力搅拌器，烧杯。

试剂：硫酸亚铁铵［$(NH_4)_2Fe(SO_4)_2 \cdot 6H_2O$］，磷酸二氢铵（$NH_4H_2PO_4$），过氧化氢（$H_2O_2$，30%），醋酸锂（$CH_3COOLi \cdot 2H_2O$，简写 $LiAc \cdot 2H_2O$），乙醇（$CH_3CH_2OH$），抗坏血酸（$C_6H_8O_6$）。

## 【实验步骤】

准确称取一定化学计量比的 $(NH_4)_2Fe(SO_4)_2 \cdot 6H_2O$（15.68g）和 $NH_4H_2PO_4$（4.6g），溶解于去离子水（约 21mL）中，配成浓度为 $1g \cdot mL^{-1}$ 溶液。将 $(NH_4)_2Fe(SO_4)_2 \cdot 6H_2O$ 和 $NH_4H_2PO_4$ 的溶液加入到烧杯中，在磁力搅拌下反应一段时间，再加入适量 30%的 $H_2O_2$ 溶液（2.5mL），得到乳白色沉淀，将沉淀经过滤、洗涤、干燥，即得到

含有三价铁的 $FePO_4·2H_2O$。

在烧杯中将制得的 $FePO_4·2H_2O$（约 6.0g）混于过量的醋酸锂（$LiAc·2H_2O$，4.5g）的乙醇溶液中，加入适量还原剂抗坏血酸，60℃水浴搅拌 5h，得到黑褐色无定形 $LiFePO_4$ 沉淀。用无水乙醇将沉淀洗涤 2 次，80℃烘箱中干燥 0.5h 后，转入刚玉坩埚中，将坩埚置于管式炉中，在 $N_2$ 惰性气氛保护下，于 700℃高温煅烧 5h，煅烧完成后产品随炉自然冷却至室温，即得 $LiFePO_4$ 粉体。

## 【数据处理】

数据处理见表 1。

**表 1　原料、产量及产率的计算**

| $m_{(NH_4)_2Fe(SO_4)_2·6H_2O}$/g | $m_{NH_4H_2PO_4}$/g | $m_{30\%H_2O_2}$/ml | $m_{LiAc·2H_2O}$/g | $m_{抗坏血酸}$/g | $m_{LiFePO_4}$/g | $LiFePO_4$ 产率/% |
|---|---|---|---|---|---|---|
| | | | | | | |

## 【思考题】

(1) 实验中，硫酸亚铁盐能不能换成硝酸亚铁或者氯化亚铁？

(2) 实验中，醋酸锂为什么要过量？

## 实验五十六　高温固相碳热还原法制备磷酸亚铁锂

**【实验目的】**

（1）了解高温固相法的制备原理和方法。

（2）学习管式气氛炉的使用。

（3）学会球磨机的使用。

**【实验原理】**

由于反应温度与材料的纯度、电导率等紧密相关，高温固相合成法能得到纯度高、结构相对完整的材料，通过控制煅烧时间可以得到微米级或纳米级的功能材料。

蔗糖是一种很好的作为包覆或起还原作用的碳源。在升温条件下，蔗糖大约在150～180℃熔化，所生成的液态熔体将与其他材料均匀紧密的混合在一起。当温度升至大约450℃时，蔗糖分解生成炭和水。分解后所得到的炭以无定形的细小颗粒形式存在，有着很高的比表面积和活性。本实验中，当反应温度升高到650℃以上时，炭与混合材料发生还原反应，生成 $LiFePO_4$。反应后剩余的炭可作为导电剂与 $LiFePO_4$ 形成 $LiFePO_4/C$ 复合材料。

机械球磨是制备高分散性化合物的有效方法，它通过机械力的作用，不仅使颗粒破碎，增大反应物的接触面积，而且可使物质晶格中产生各种缺陷、位错、原子空位及晶格畸变等，有利于离子的迁移，同时还可使新生表面活性增大，表面自由能降低，促进化学反应，使一些只有在高温等较为苛刻的条件下才能发生的化学反应在低温下得以顺利进行。

因此本实验中高温固相合成法应用碳热还原思路，利用碳的还原性在惰性气氛下将 $Fe^{3+}$ 还原为 $Fe^{2+}$。采用廉价的三价铁源、锂盐和铵盐以及含碳化合物蔗糖按化学计量比在高温下发生还原反应，经二步煅烧工艺，可以得到 $LiFePO_4$ 材料。高温固相化学反应如下：

$$3Fe_2O_3+6LiOH\cdot H_2O+6NH_4H_2PO_4+C_{12}H_{22}O_{11} = 6LiFePO_4+3CO+9C+29H_2O+6NH_3$$

**【仪器与试剂】**

仪器：电热恒温鼓风干燥箱，行星式球磨机，管式气氛炉，刚玉坩埚，电子天平，烧杯等。

试剂：氧化铁（$Fe_2O_3$），氢氧化锂（$LiOH\cdot H_2O$），磷酸二氢铵（$NH_4H_2PO_4$），蔗糖（$C_{12}H_{22}O_{11}$），乙醇（$CH_3CH_2OH$）。

**【实验步骤】**

严格按照化学计量比分别称取原料 9.6g$Fe_2O_3$、5.04g$LiOH\cdot H_2O$ 和 13.8g$NH_4H_2PO_4$，加入聚四氟乙烯罐中，加入适量乙醇作为介质，在高速行星式球磨机上球磨3h（球磨机的转速为240$r\cdot min^{-1}$，球料比约10wt%），使原料混合均匀。球磨完毕，将反应罐打开，使其中的无水乙醇介质蒸发完，得到混合均匀的粉末状物质，转入玛瑙研钵中。然后称取作为还原剂碳源的蔗糖加入所得的球磨产物中，将上述混合物研磨 5h，混合均匀，转入刚玉坩埚中，将坩埚置于管式炉中。通入高纯 $N_2$ 保护（流速为 $500cm^3 \cdot min^{-1}$），采用两步控温煅烧方案：先以 5℃/min 升到第一温度 450℃，恒温处理 5h，再以 5℃/min 升到终点温度 700℃，恒温处理 10h。反应完成后样品随炉自然冷却，得到 $LiFePO_4/C$ 复合材料。将得到的 $LiFePO_4$（或 $LiFePO_4/C$）样品置于聚四氟乙烯罐中，球磨 1.5h，最终得到粒径更小、更加均匀的 $LiFePO_4$（或 $LiFePO_4/C$）粉末。

**【数据处理】**

数据处理见表 1。

**表 1 原料、产量及产率的计算**

| $m_{Fe_2O_3}$/g | $m_{LiOH \cdot 6H_2O}$/g | $m_{(NH_4)_2HPO_4}$/g | $m_{蔗糖}$/g | $m_{LiFePO_4}$/g | $LiFePO_4$ 产率/% |
|---|---|---|---|---|---|
| | | | | | |

**【思考题】**

(1) 本实验中，机械球磨后的球料分离应用什么溶剂做清洗剂？

(2) 实验中加入的炭源中碳元素为什么要过量？

(3) 本实验中管式气氛炉煅烧时为什么要通氮气？

# 实验五十七　海胆型 $TiO_2$ 空心微球光催化降解染料 X3B

**【实验目的】**

（1）了解二氧化钛光催化基本原理。

（2）了解空心结构材料的制备方法及其优点。

（3）学会使用水热合成法制备纳米材料。

（4）初步了解现代纳米材料表征方法（X射线多晶粉末衍射仪、扫描电镜和透射电镜）。

**【实验原理】**

以二氧化钛为代表的半导体光催化氧化技术是从20世纪70年代逐步发展起来的一种理想的环境污染治理和洁净能源生产技术。1972年日本科学家 A. Fujishma 和 K. Honda 发现半导体二氧化钛光电极上能够光电催化分解 $H_2O$ 产生 $H_2$，这为人类开发利用太阳能开发了崭新途径。1976年加拿大科学家 Gary 等首次报道了二氧化钛用于光催化降解水体中的有机污染物。1977年 Bord 等通过光催化和光电催化分解各种有机和无机化合物，明确提出了可以通过光照二氧化钛的方法进行水体净化。这些研究都为半导体光催化在环保方面的应用开了先河。到上世纪八九十年代，光催化研究越发受到大家关注，以二氧化钛为代表的光催化氧化技术在降解有机污染物方面备受关注。

半导体光催化的基本原理如图1所示。

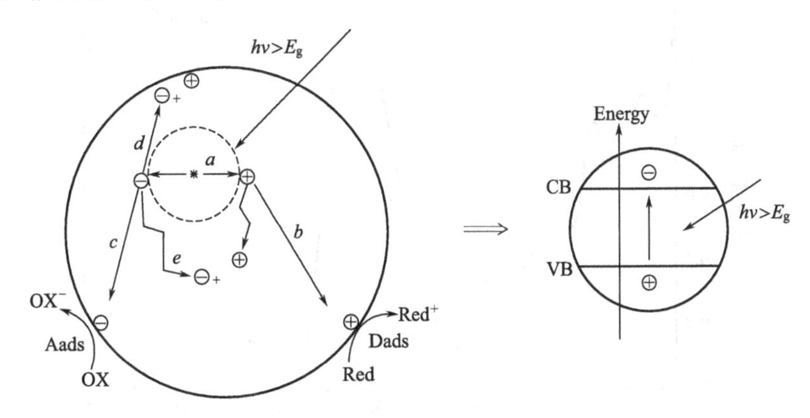


图1　半导体颗粒上的主要迁移过程

*a*—半导体受光激发，电子-空穴对分离；*b*—空穴扩散到半导体表面，氧化电子给体；

*c*—电子扩散到半导体表面，还原电子受体；*d*—电子-空穴在半导体表面复合；

*e*—电子-空穴在半导体体内复合

催化剂晶粒的大小也直接影响着 $TiO_2$ 光活性。其他因素不变的情况下，晶体结晶程度越高，越有利于光生载流子在表面的传输，催化剂的光催化活性越好。刚刚制备出来的样品，因晶粒较小而活性较差。经高温煅烧后，催化剂晶粒长大而变得完整，活性较高。

许多研究发现，空心结构的 $TiO_2$ 不仅易于过滤回收重复利用，而且具有大的比表面积和高的光活性。因此，本研究用类似方法制备实心 $TiO_2$ 微球和空心 $TiO_2$ 微球，进行活性比较。空心微球的制备方法，采用 $H_2O_2$ 辅助的氟离子化学诱导自转变法制备（Applied

Catalysis B：Environmental，2014，147，789-795)，$TiO_2$ 空心微球形成过程见图 2。

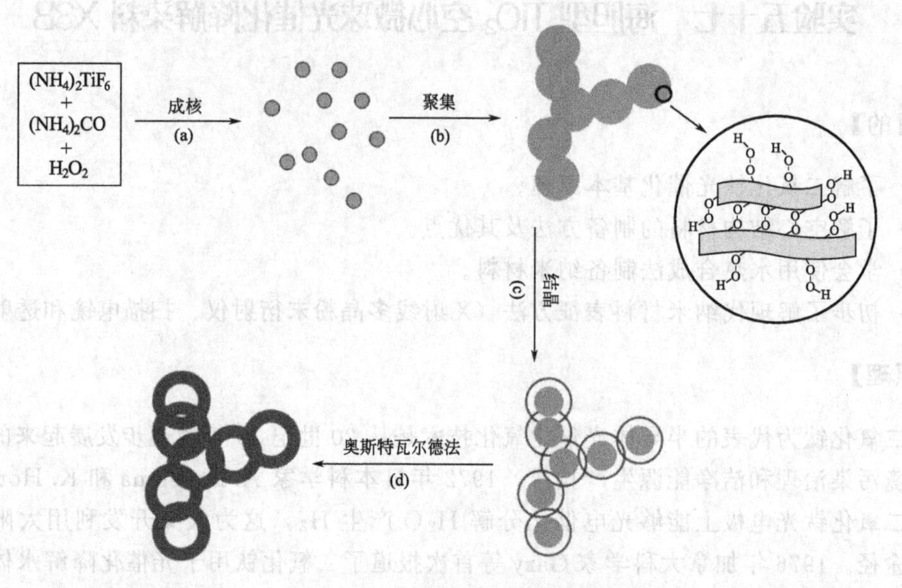


图 2　$TiO_2$ 空心微球形成过程

本实验用 X-3B（X3B）为模型污染物，测试其在紫外光照射 $TiO_2$ 溶液中的分解情况。X3B 溶液的结构与光谱，见图 3。

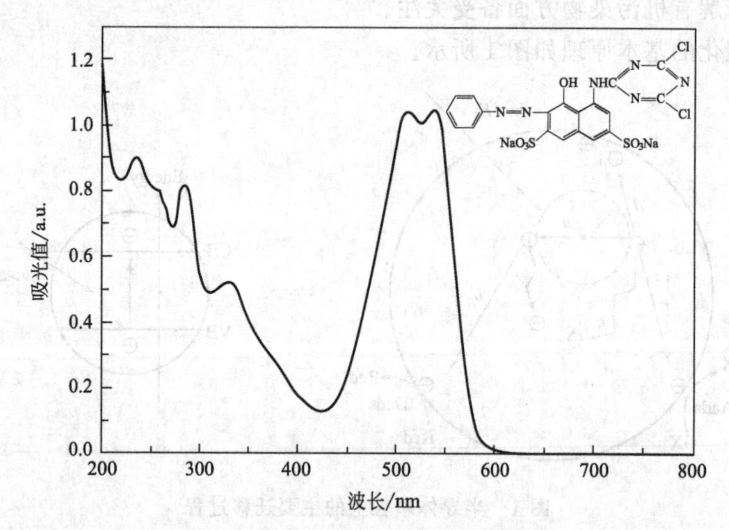


图 3　染料 X3B 的分子结构与光谱

## 【仪器与试剂】

仪器：X 射线粉末衍射仪，透射电子显微镜，UV-Vis 光谱仪，循环水真空泵，磁力搅拌器，烘箱，超声波清洗仪，调速振荡器，水热反应釜（100mL），光催化反应仪，电子天平，马弗炉。

试剂：氟钛酸铵（分析纯），尿素，$H_2O_2$（30%），NaOH（分析纯），HCl（分析纯），染料 X3B。

**【实验步骤】**

(1) $TiO_2$ 实心微球的制备

首先称取 1.19g (6mmol) 氟钛酸铵于 150mL 烧杯中，再向烧杯中加入 79mL 蒸馏水并磁力搅拌，待烧杯中药品溶解后再向烧杯中加入 2.42g (40mmol) 的尿素，持续搅拌至完全溶解。待溶液完全混合均匀后将其转入 100mL 的水热反应釜中，密封好反应釜后将其置于烘箱中 200°C 水热反应 10h。反应结束后自然冷却至室温，并用孔径为 0.45μm 的滤膜将沉淀物过滤，再用大量蒸馏水将沉淀物洗涤至中性并转入烘箱中 80℃过夜干燥。

(2) $TiO_2$ 空心微球的制备

首先称取 1.19g (6mmol) 氟钛酸铵于 150mL 烧杯中，再向烧杯中加入 65mL 的蒸馏水并磁力搅拌，待烧杯中药品溶解后，再向烧杯中加入 2.42g (40mmol) 的尿素，然后向其中加入 2.24g (40mmol) 的尿素，持续搅拌至完全溶解。再向溶液中逐滴加入 15mL 质量分数为 30%的 $H_2O_2$ 溶液（此过程中溶液会随着 $H_2O_2$ 的加入由无色逐渐变为亮黄色，并且颜色越来越深）。其后操作与上述制备 $TiO_2$ 实心微球相同。

(3) 海胆状 $TiO_2$ 空心微球的制备

先称取上面制备的 $TiO_2$ 空心球原料 0.5g 置于装有 50mL10mol·$L^{-1}$的 NaOH 溶液的聚四氟乙烯烧杯中，超声 3min，搅拌 5min 至混合均匀。随后将混合液转移至 100mL 的水热反应釜中，放入烘箱中 120℃水热反应 3h。反应结束后自然冷却至室温，用孔径为 0.45μm 的滤膜将沉淀物过滤，再用大量蒸馏水将沉淀物洗涤至中性，80℃烘干。然后再将上述产物置于 600mL0.1mol·$L^{-1}$的 HCl 溶液磁力搅拌 12h，抽滤，用大量蒸馏水将沉淀物洗涤至中性，80℃烘干。最后将所得样品放入马弗炉中 400℃煅烧，并保温 1h。(升温程序：升温速率为 1℃·$min^{-1}$)

(4) 海胆状 $TiO_2$ 空心微球的制备

以上述实心球为原料，按步骤 (3) 进行。

(5) 光催化性能测试

以 LED 灯作为点光源，波长为 365nm，功率为 3W，反应过程中反应器距离光源的距离保持在 10cm。在光催化降解实验中，催化剂的初始浓度为 1g·$L^{-1}$，X3B 的初始浓度为 $1.00\times10^{-4}$mol·$L^{-1}$，催化剂和 X3B 的混合液的总体积为 50mL。在光催化降解前，先将催化剂和 X3B 的混合溶液超声 5min，然后将其过夜振荡以达到吸附平衡。将平衡后的溶液全部转移到光催化反应仪中开始光催化反应。在一定的时间间隔 (0min，5min，10min，15min，30min，45min，60min) 每次取 4mL 溶液于 5mL 的离心管中，经离心除去催化剂颗粒，上层清液用孔径为 0.45μm 的水膜过滤。所得的滤液在 Agilent 8451 紫外可见分光光度计上进行光谱定量测定，测试波长为 510nm。

**【结果与讨论】**

(1) 根据 X 射线粉末衍射图确定制备所得样品的晶型并计算 $TiO_2$ 晶粒大小。

(2) 通过透射电镜照片，比较空心球、实心球和碱热处理及高温煅烧后样品的形貌差异。

(3) 数据处理，通过一级动力学方程拟合，分别计算实验过程中制备的几种催化剂降解 X3B 的速率常数，并通过比较这几个速率常数的大小来评估这些催化剂的光催化性能，讨论影响催化剂光催化性能的主要因素。

**【注意事项】**

(1) 氟钛酸铵具有毒性，在实验过程中要戴塑料薄膜手套。

(2) 在制备 $TiO_2$ 过程中加入 $H_2O_2$ 时要逐滴滴加。

(3) 在配制 $10mol \cdot L^{-1}$ 的 NaOH 溶液和用浓 HCl 配制 $0.1mol \cdot L^{-1}$ 的 HCl 时，操作要在通风橱中进行，并且操作过程中要谨慎。

(4) 在光降解 X3B 反应中，注意选择合适的初始浓度，使最大吸收峰处的吸光值为 1.0 左右，以使染料浓度与吸光度数值之间满足朗伯-比尔定律。如果染料降解速度太快，可以适当减少催化剂的用量。

**【思考题】**

(1) $TiO_2$ 空心球形成的机理及它用来光催化的基本原理是什么？

(2) 影响 $TiO_2$ 光活性的因素有哪些？

(3) $TiO_2$ 还有哪些方面的应用？

# 实验五十八　$TiO_2$ 半导体光催化降解罗丹明 B 染料活性测试

**【目的要求】**

（1）了解半导体光催化降解反应原理。

（2）掌握分光光度计的使用方法。

（3）根据化学动力学知识计算罗丹明 B 光催化降解反应速率常数和半衰期。

**【实验原理】**

光催化的概念始于 1972 年，Fujishima 和 Honda 发现光照下 $TiO_2$ 单晶电极能分解水，从而引发人们对光诱导氧化还原反应的兴趣。1976 年，Cary 等报道，浓度为 50 $\mu g \cdot L^{-1}$ 的多氯联苯在近紫外光的照射下半小时即发生脱氯现象，这个特性引起了环境研究工作者的极大兴趣，光催化消除污染物的研究日趋活跃。

$TiO_2$、ZnO、CdS、$Fe_2O_3$、$WO_3$、$SrTiO_3$ 等半导体材料是常用的光催化剂，其中 $TiO_2$ 具有价廉无毒、化学及物理稳定性好、耐光腐蚀、催化活性好等优点，故其研究最为广泛。半导体之所以能作为催化剂，是由其自身的光电特性所决定的。半导体粒子含有能带结构，通常情况下是由一个充满电子的低能价带和一个空的高能导带构成，它们之间由禁带分开。研究证明，当 pH＝1 时锐钛矿型 $TiO_2$ 的禁带宽度为 3.2eV，当用能量等于或大于禁带宽度的光照射半导体光催化剂时，半导体价带上的电子吸收光能被激发到导带上，因而在导带上产生带负电的高活性光生电子（$e^-$），同时在价带上产生带正电的光生空穴（$h^+$），形成光生电子-空穴对（图 1）。其中，空穴具有强氧化性；电子则具有强还原性。

光催化降解有机污染物的过程主要是氧化反应，需要具有氧化性的反应活性物种。一方面，空穴可以与半导体表面吸附的 $H_2O$ 或 $OH^-$ 离子反应，生成具有强氧化性的羟基自由基，反应如下：

$$H_2O + h^+ \longrightarrow \cdot OH + H^+$$
$$OH^- + h^+ \longrightarrow \cdot OH$$

而另一方面，电子也可以与表面吸附的氧分子反应，生成表面羟基自由基，具体的反应式如下：

$$O_2 + e^- \longrightarrow \cdot O_2^-$$
$$H_2O + \cdot O_2^- \longrightarrow \cdot OOH + OH^-$$
$$2 \cdot OOH \longrightarrow O_2 + H_2O_2$$
$$\cdot OOH + H_2O + e^- \longrightarrow H_2O_2 + OH^-$$
$$H_2O_2 + e^- \longrightarrow \cdot OH + OH^-$$

上述反应过程中空穴（$h^+$）、产生的羟基自由基（$\cdot OH$）以及超氧离子自由基（$\cdot O_2^-$）等氧化性很强的物质可以把吸附在催化剂表面的各种有机物最终氧化成二氧化碳、水等无机小分子和无毒矿物。而且，正是由于它们的氧化能力很强，氧化反应一般不会停留在中间步骤，从而没有中间产物生成，因此，这种完全氧化的过程具有广泛的应用前景。在环境治理中，可根据上述原理对水体中常见的有机污染物如染料、杀虫剂、除草剂、卤代烃、芳烃和表面活性剂等物质进行完全降解。半导体光催化降解有机物的反应原理如图 1 所示。

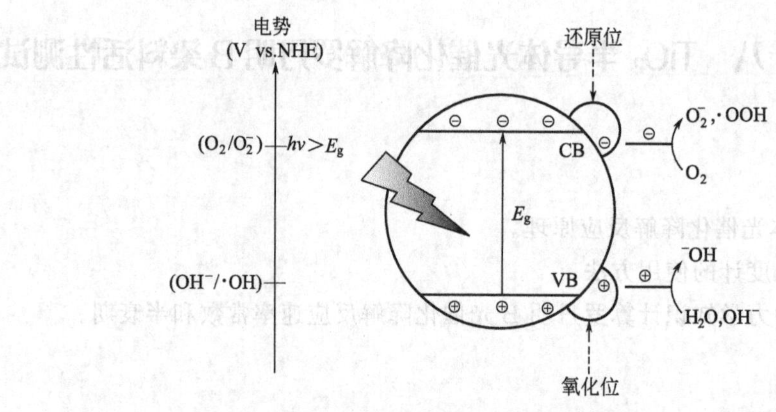


图 1　半导体光催化反应原理示意图

罗丹明 B 染料是一种常见的有机污染物，无挥发性，且具有相当高的抗直接光分解和氧化的能力；其浓度可采用分光光度法测定，方法简便，常被用作光催化反应的模型反应物。对于低浓度的罗丹明 B 水溶液，其光催化降解过程属于准一级反应，其动力学方程可以表示如下：

$$\ln(c_0/c)=kt$$

式中，$k$ 是表观速率常数；$c_0$ 和 $c$ 分别是在平衡之后罗丹明 B 溶液的起始浓度和实时浓度。而在一定浓度范围内（一般是稀溶液），罗丹明 B 溶液浓度与其 553 nm 处的吸光度显著的正相关，因此可用所检测得到的罗丹明 B 吸光度的比值 $A_0/A$ 代替浓度的比值 $c_0/c$。

## 【仪器与试剂】

仪器：紫外可见分光光度计 1 台，石英比色皿 1 支，氙灯 1 台，表面皿 1 个，超声机 1 台，鼓风干燥箱 1 台，精密天平 1 台，量筒 1 支。

试剂：罗丹明 B 水溶液（$1.0 \times 10^{-5}$ mol/L），P25 $TiO_2$ 粉末若干，去离子水。

## 【实验步骤】

(1) 开启分光光度计

打开分光光度计电源开关，预热至稳定。取一只石英比色皿，加入去离子水作为参比溶液，用擦镜纸擦干比色皿外表面，放入比色槽中，合上仪器盖，操作仪器调零校正基线，取出比色皿，倒出去离子水。

(2) 样品准备

将 40 mg $TiO_2$ 催化剂分散于去离子水中，倒入直径大约为 7 cm 的表面皿中，放入鼓风干燥箱中蒸发掉水分，使所有样品粉末呈均匀膜状涂在表面皿底部。将 20 mL 浓度为 $1.0 \times 10^{-5}$ mol · $L^{-1}$ 的罗丹明 B 溶液倒入涂有催化剂的表面皿中，避光放置 1h，使溶液中的催化剂、罗丹明 B 与水三者之间达到吸附－解吸附平衡。

(3) 光催化降解

将表面皿置于氙灯下，开始光照进行光催化降解反应。每隔 15min 停止光照，用滴管吸出 3 mL 左右上清液转移至比色皿中，利用紫外可见分光光度计测定罗丹明 B 在降解过程中的吸光度变化情况，检测完毕后将检测液倒回表面皿中，进行下一阶段光照。

【数据处理】

（1）设计实验数据表，记录环境温度，取样时间，$A_0$，$A$ 等数据。

（2）以 $A/A_0$ 对 $t$ 作图，绘制出降解曲线。

（3）求算降解速率常数。

根据本实验的原理部分知道，纳米 $TiO_2$ 光催化降解反应是一级反应：即 $\ln(A_0/A)=kt$。以 $\ln(A_0/A)$ 对时间 $t$ 作图，过零点绘制一条直线，求得直线的斜率，即为反应速率常数 $k$ 值。根据线性相关度判断实验误差。

（4）利用化学反应动力学知识计算罗丹明 B 光催化降解反应的半衰期 $t_{1/2}$。

【思考题】

（1）实验中，为什么用去离子水做参比溶液来调节分光光度计的基线？一般选择参比溶液的原则是什么？

（2）染料光催化降解速率与哪些因素有关？

# 实验五十九　锂离子电池电极片的制备

## 【实验目的】

（1）了解锂离子电池的概念及原理。

（2）了解锂离子电池的组成和结构。

（3）学会锂离子电池电极片的实验室制备方法。

## 【实验原理】

锂离子电池的前身是锂电池，锂电池一般分为锂一次电池（锂原电池）和锂二次电池（或二次锂电池），它们都是使用金属锂作为负极。20 世纪 50 年代开始了以锂金属作为负极材料的一次电池的研究，60 年代的能源危机推动了锂一次电池的大发展，70 年代就进入了产业化生产。20 世纪 80 年代后，研发出了以金属锂作为负极材料，$MoS_2$、$TiS_2$ 等嵌基化合物作为正极材料的可充电电池（即二次电池）。但是，锂二次电池却因为金属锂负极在反复充放电过程中枝晶问题，损害了电池的循环性能，并且带来严重的安全隐患，因此未能实现工业化生产。锂二次电池的突破性发展起源于 1980 年阿曼德（Annand）的"摇椅电池（Rocking Chair Batteries）"的构想，即采用低插锂电势的嵌锂化合物替代金属锂作为负极，与高插锂电势的嵌锂化合物组成二次锂离子电池。1987 年，Auburn 等报道 $Mo/LiPF_6$-$PC/LiCoO_2$ 型锂离子电池，使锂离子二次电池的研究取得了巨大的进步。1989 年日本 SONY 公司研发了以石油焦作为负极，以能够可逆嵌入和脱出锂离子的高电位 $LiCoO_2$ 作为正极的锂离子电池，并实现了商业化生产，首次提出了"锂离子电池"这一全新的概念，最终被广为接受。

锂离子电池主要由正极材料、负极材料、电解质和隔膜等组成。正极材料一般为含锂的过渡金属氧化物，要求其具有较高于金属锂电极的电势并且能稳定存在于空气中，如 $LiCoO_2$ 等；负极材料则为可嵌锂的化合物，要求电势尽可能接近金属锂的电势，如石墨等；电解液为锂盐溶解于有机溶剂中形成的溶液，常见的锂盐有 $LiClO_4$、$LiPF_6$、$LiBF_4$ 等，而有机溶剂则主要为碳酸乙烯酯（CEC）、二乙基碳酸酯（CDEC）、二甲基碳酸酯（DMC）等。隔膜材料一般选用聚烯烃系树脂，用来将正负极材料隔开。

锂离子电池充放电的过程实际上是 $Li^+$ 在正负极材料之间脱出和嵌入的过程。如图 1 所示，充电时，$Li^+$ 从正极材料中脱出，通过电解质和隔膜，嵌入到负极材料中，与此同时电子从外电路流向负极，即充电电流。放电时，$Li^+$ 从负极材料中脱出，通过电解质和隔膜，嵌入到正极材料中，同时电子从外电路流向正极，形成放电电流。$Li^+$ 在正负极之间的脱出和嵌入是可逆的，在理想状态下，$Li^+$ 的脱出和嵌入只引起原子层间距的变化而不改变材料的晶体结构。锂离子工作原理示意图如图 1 所示。

$$\text{正极：} LiMO_2 \rightleftharpoons Li_{1-x}MO_2 + xe^- + xLi^+$$

$$\text{负极：} nC + xLi^+ + xe^- \rightleftharpoons Li_xC_n$$

$$\text{电池反应：} LiMO_2 + nC \rightleftharpoons Li_{1-x}MO_2 + Li_xC_n$$

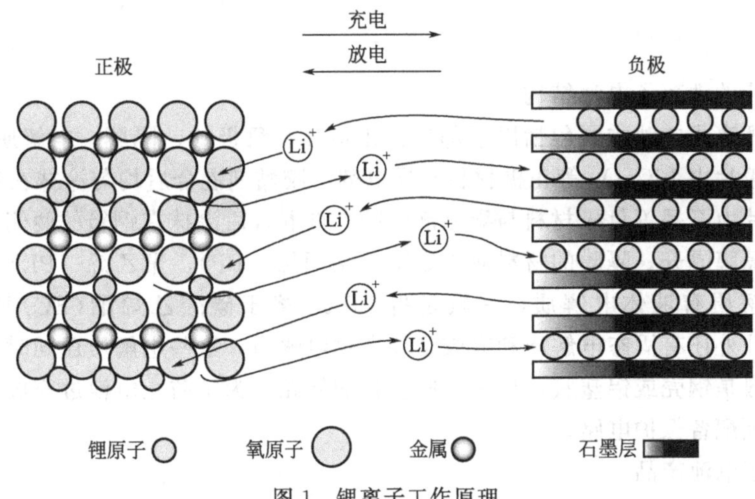


图 1　锂离子工作原理

**【仪器与试剂】**

仪器：研钵，压膜机，不锈钢网，不锈钢剪刀，圆规，滤纸，打孔器等。

试剂：电极活性材料（$LiFePO_4$ 等），聚四氟乙烯黏结剂（PTFE）溶液，乙炔黑导电剂，无水乙醇试剂均为市售分析纯。

**【实验步骤】**

（1）配膏　先准备一个干净干燥的小玛瑙研钵。称取 $LiFePO_4$ 80mg，乙炔黑 15 mg[1]，于干燥的玛瑙研钵中。充分研磨混合均匀后，滴加适量无水乙醇[2]，滴入一滴聚四氟乙烯溶液（约 5mg），研磨搅拌均匀，收拢成黑色团状浆料[3]。然后用压膜机压制成厚度约为 0.4 mm 的均匀薄膜[4]，在干燥箱中 120℃下充分干燥。

（2）制极片　取出干燥后的薄膜，称重（总质量 $m$）。用打孔器截取面积约为 0.7 $cm^2$ 的圆形膜（2 个），称量单个膜片的质量（$m_1$，$m_2$），然后用不锈钢模具将两个膜片分别压制[4]在剪好的集流体上[5]，制成 2 个电极片。

（3）计算　计算单极片中电极活性材料（$LiFePO_4$）的质量 $m_3$，$m_4$：

$$m_3=\frac{m_1\times 80}{m},\quad m_4=\frac{m_2\times 80}{m}$$

**【注意事项】**

[1] 乙炔黑密度很小，非常轻，取用、称量的时候要动作轻、慢，防止样品散落。

[2] 此处无水乙醇不能加太多，淹没粉末样品即可。

[3] 此处操作动作要快，可以边搅拌边滴加乙醇，防止浆料变硬。同时，应尽可能把研钵上的样品完全收拢，防止样品损失。

[4] 此处压膜应先厚再薄，防止膜撕裂。同时不能反复压制时间太长，否则膜变硬失去弹性。

[5] 此处集流体通常是不锈钢网、铝网等。

**【思考题】**

（1）实验中调浆料用的无水乙醇可以用其他溶剂代替吗？为什么？

（2）本实验中采用的 $LiFePO_4$ 通常是作为锂离子电池的正极还是负极材料？

【资料】

（1）商业化的锂离子电池结构

商业化的锂离子电池主要包括以下部件：正极片、负极片、隔膜、电解质、绝缘材料、电池壳等。正极片由 $LiCoO_2$ 等正极材料与导电剂、胶黏剂混合后均匀涂抹在铝箔的两侧制备而成。负极片由石墨等负极材料与导电剂、胶黏剂混合后涂抹在铜箔的两侧制备而成。正负电极之间用隔膜隔开，隔膜的材料通常是微孔聚丙烯（PP）、聚乙烯（PE）、或者两者的复合材料。电解质有液体电解质，一般是将 $LiPF_6$ 溶于碳酸乙烯酯(EC)和碳酸二乙酯(DEC)溶液；此外还有固态电解质和凝胶型聚合物电解质，这些电解质还同时具有隔膜的作用。电池壳一般是钢壳或铝塑膜，也有一些塑料的外壳。为了防止电池过充放电以及短路问题，通常还必须配备保护电路。

（2）锂离子电池产品

锂离子电池从产品外形上有圆柱形锂离子电池（Cylindrical Li-ion Battery）和方形锂离子电池（Prismatic Li-ion Battery）。圆柱形锂离子电池如图 2（a）所示。通常正负极和隔膜被绕卷到负极柱上，装入圆柱形钢壳中，然后再注入电解液，封口成型。图中数字 18650 是代表此种圆柱形钢壳锂离子电池的型号，5 个数字分别表示电池的直径和高度，即 18 代表直径是 18mm，650 表示高度是 65.0mm。方型锂离子电池外观如图 2（b）所示，其主要部件有正负极、电解质，以及外壳等。通常电解质为液态时，使用钢壳；若电解质为聚合物，外壳可以使用铝塑包装材料。与圆柱形锂离子电池类似，部分方型电池也用数字来表明型号，数字通常有 6 位，如图中的 053048，表示厚度为 5mm，宽度为 30mm，长度为 48mm。

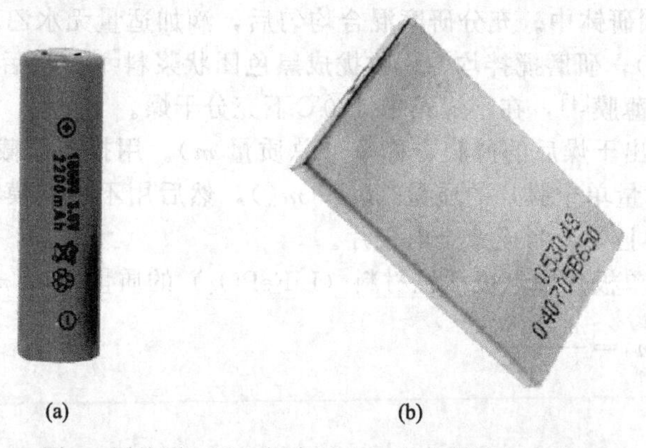


(a)　　　　　　　　(b)

图 2　圆柱形 18650 锂离子电池和方型锂离子电池

【实验安全提示】

（1）实验中用到的不锈钢网，剪后边缘有毛刺，会划伤手指，需戴手套小心操作。

（2）实验中用到的 PTFE 黏结剂、玛瑙研钵等属易耗易损且必需的公用贵重品，需节约规范使用。

# 实验六十　纳米 $MnO_2$ 的制备

**【实验目的】**

（1）了解交替滴加法制备纳米 $MnO_2$ 的方法。

（2）了解由高锰酸钾和醋酸锰制备 $MnO_2$ 的原理。

（3）巩固磁力搅拌器、循环水真空泵、布氏漏斗的使用等实验操作。

**【实验原理】**

锰氧化物作为一种多功能精细无机材料，在催化材料、传感器、离子交换材料、能量转换、分子吸附、磁性材料、电致变色材料等领域应用广泛，尤其在电极材料领域具有更广阔的应用前景，因此对于它的相关化合物的研究近年来逐渐成为人们研究的热点之一。其中，无定形 $MnO_2$ 因其资源丰富、环境友好、低成本、良好的准电容特性等特点已经成为替代贵金属和其他过渡金属氧化物的首选材料之一。另外纳米 $MnO_2$ 材料因具有大的比表面积和中空结构，可能成为更理想的用于电化学储能、表面化学等的有效材料。众所周知，材料的功能性质很大程度上取决于它们的形貌、颗粒尺寸、晶体结构和体积密度等，因此人们努力通过实验尝试控制这些参数来获得具有不同特性的锰氧化物。

制备无定形 $MnO_2$ 通常的方法有热氧化 Mn（Ⅱ）盐法、还原 Mn（Ⅶ）盐法、化学共沉淀法、电沉积法、模板辅助法、溶胶凝胶法等，这些方法存在不同程度的缺陷，有的要求高温水热，有的需要复杂的装置或熟练的技术，有的需要金属催化剂、有机还原剂或者模板剂等。在本实验中，采用简单的交替滴加法制备出无定形纳米结构的 $MnO_2$。该方法具有操作简便、反应条件温和、产品产率高和重现性好等优点。反应方程式及实验流程如下：

$$2KMnO_4 + 3Mn(CH_3CO_2)_2 + 2H_2O \longrightarrow 5MnO_2 + 2CH_3COOK + 4CH_3COOH$$

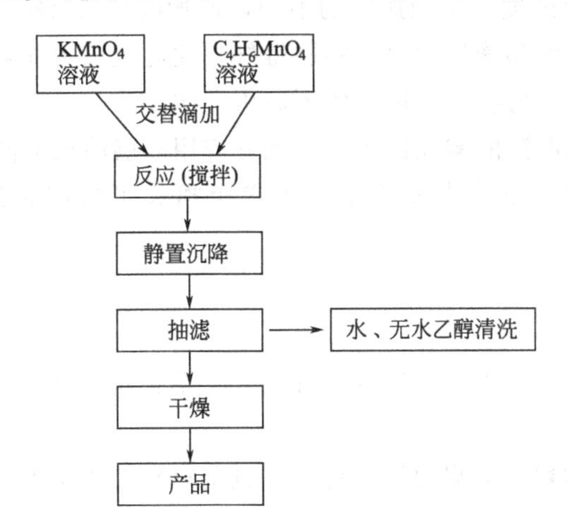


**【仪器及试剂】**

仪器：磁力搅拌器，布氏漏斗，循环水真空泵，恒温干燥箱，烧杯，磁子，天平等。

试剂：高锰酸钾（$KMnO_4$），乙酸锰 [$Mn(CH_3CO_2)_2 \cdot 4H_2O$]，无水乙醇等，试剂均为市售分析纯。

## 【实验步骤】

（1）$KMnO_4$ 溶液的配制

在 200mL 烧杯中，称取 3.95g 固体 $KMnO_4$，放于磁力搅拌器上，加入适量的去离子水，通过磁力搅拌使 $KMnO_4$ 完全溶解（如浓度较大，在搅拌的同时应进行加热），加少量水至 100mL，搅拌均匀，配成 100mL 0.25mol·$L^{-1}$的 $KMnO_4$ 溶液。

（2）$Mn(CH_3CO_2)_2$ 溶液的配制

在 200mL 烧杯中，称取 9.19g 固体 $Mn(CH_3CO_2)_2 \cdot 4H_2O$，加入适量的去离子水，搅拌，使其完全溶解，加少量水至 100mL，搅拌均匀，配成 100mL 0.375mol·$L^{-1}$的 $Mn(CH_3CO_2)_2$溶液。

（3）$MnO_2$ 的制备

交替滴加法制备 $MnO_2$ 是采用无水乙醇溶液作为基质溶液。在洗净的 500mL 大烧杯中装入 100mL 无水乙醇，将烧杯置于磁力搅拌装置上，调节中等搅拌速度。用滴管分别汲取等量的已配好的 $KMnO_4$ 溶液和 Mn（$CH_3COO)_2$ 溶液[1]，交替滴入乙醇溶液中，控制滴加的速度约为 3～4mL·$min^{-1}$，母液搅拌的速度使其始终保持漩涡状态[2]。重复操作，直至两种溶液均滴加完毕[3]，分别用少量去离子水洗涤烧杯后加入，得到约 350mL 黑色溶液，继续搅拌反应 2h，将溶液静置沉降[4]。最后，用布氏漏斗抽滤[5]、洗涤产物至中性，最后用少量无水乙醇进行洗涤、抽干。然后，将样品放在恒温干燥箱中于 100℃干燥 5h[6]，最终得到黑色粉末状 $MnO_2$。称量，计算产率。

## 【注意事项】

[1] 此处操作需谨慎，尽量使每次取用的两种溶液等量，使得反应均匀。

[2] 滴加过程中，溶液黏度变大，会使搅拌速度变慢，此时应适当调大转速。实验中发现随着反应物浓度，搅拌速度，滴加速度的不同，产物的性状有很大的差别。

[3] 如果每次滴加的量和滴加的速度控制得好，此时应该两种溶液同时滴完。

[4] 溶液静置分层后，可将上层清液倾倒后再抽滤。

[5] 由于反应后得到溶液的酸性比较大，此处应用双层滤纸抽滤。

[6] 抽滤后，由于产物黏附在滤纸上，为避免损失可将产物连同滤纸一起放入烘箱干燥。

## 【思考题】

（1）什么是纳米材料？它有什么特性？如果要证明你所得到的材料是纳米材料，可以采用什么表征方法？

（2）什么是无定型材料？如果要证明你所得到的材料是无定型材料，可以采用什么表征方法？

## 【实验安全提示】

（1）实验中用到的加热搅拌，需小心操作，以免烫伤。

（2）实验中用到高温烘箱，需规范使用，避免烫伤。

# 实验六十一　沉淀法制备 $Co_{1-x}Ni_x(OH)_2$ 正极材料前驱体

**【实验目的】**

制备 $Co_{1-x}Ni_x(OH)_2$ 正极材料前驱体

**【实验原理】**

层状复合氧化物 $LiNiO_2$ 和 $LiCoO_2$ 均可作为锂离子二次电池的正极材料，相应地 $LiCo_{1-x}Ni_xO_2$（$0<x<1$）正极材料将兼具 $LiCoO_2$ 和 $LiNiO_2$ 二者的优越性，把 $LiNiO_2$ 的价格优势和 $LiCoO_2$ 的性能优势结合起来，具有广阔的应用前景。因此，作为锂离子二次电池正极材料 $LiCo_{1-x}NixO_2$ 的前驱体，球形 $Co_{1-x}Ni_x(OH)_2$ 的制备方法和性能研究具有十分重要的意义。

一般采用共沉淀法制备 $Co_{1-x}Ni_x(OH)_2$ 正极材料前驱体，将一定浓度钴盐和镍盐混合溶液，使用氨碱溶液控制 pH 值，在一定温度和搅拌速度下，发生沉淀反应制备产物。反应如下：

$$Co^{2+}+nNH_3+(6-n)H_2O \longrightarrow [Co(NH_3)_n(H_2O)_{6-n}]^{2+}$$

$$Ni^{2+}+nNH_3+(6-n)H_2O \longrightarrow [Ni(NH_3)_n(H_2O)_{6-n}]^{2+}$$

$$(1-x)[Co(NH_3)_n(H_2O)_{6-n}]^{2+}+x[Ni(NH_3)_n(H_2O)_{6-n}]^{2+}+2OH^- \longrightarrow Co_{1-x}Ni_x(OH)_2\downarrow+nNH_3+(6-n)H_2O$$

控制反应条件（总盐浓度、Co/Ni 比例、pH 值、氨碱浓度、温度、时间、转速等），可以制备得到球形产物。据文献资料，共沉淀法制备球形 $Co_{1-x}Ni_x(OH)_2$ 所使用的钴/镍盐可以是 $MSO_4$，$M(NO_3)_2$，$MCl_2$，$M(Ac)_2$（M=Co、Ni）等；碱液一般用 NaOH 溶液，也可以用 KOH；$NH_3\cdot H_2O$ 一般是 25%的浓 $NH_3\cdot H_2O$。反应时，盐溶液的浓度为 0.5～4mol·L$^{-1}$，碱液的浓度为 2～10mol·L$^{-1}$，氨水的浓度为总盐浓度的 2～4 倍。当 $[NH_3]>5.0$mol·L$^{-1}$时，镍氨络合作用很强，只有在很高的 pH 值作用下才会有大量的 $Co_{1-x}Ni_x(OH)_2$ 生成，比较难以实现；当 0.1mol·L$^{-1}<[NH_3]<1$mol·L$^{-1}$时，络合作用适中，可以对沉淀反应速度进行控制，选择比较合适的 pH 值就可以得到球形 $Co_{1-x}Ni_x(OH)_2$；当 $[NH_3]<0.01$mol·L$^{-1}$时，络合作用很弱，无法对沉淀反应速度进行有效的控制。反应温度为 20～80℃，pH 值为 8～13，反应时间一般大于 12h。在反应过程中严格控制 pH 值的波动是制备球形 $Co_{1-x}Ni_x(OH)_2$ 的一个至关重要的因素。氢氧化物沉淀生成过程要经过两个阶段即晶核的形成和晶体的生长。这两个过程决定了形成的 $Co_{1-x}Ni_x(OH)_2$ 沉淀粒子的大小。如果晶核形成速率很快，而晶体的生长速度很慢或接近于停止，可得到粒径小，分散度高的溶胶；反之，则可以得到粒子很粗的沉淀。在本实验中，为了得到粒径比较大的球形沉淀粒子，就要严格地控制加液的速度，也即是严格控制反应中 pH 值的波动，以控制溶液的过饱和度，从而控制 $Co_{1-x}Ni_x(OH)_2$ 晶核的成核率，使之有利于球形的生长。

**【仪器与试剂】**

仪器：酸度计，磁力搅拌器，水浴恒温箱，电热恒温鼓风燥箱，X 射线粉末衍射仪，超声波清洗器，电子天平等。

试剂：$NiSO_4$，$Ni(NO_3)_2$，$CoSO_4$，$Co(NO_3)_2$，NaOH、$NH_3 \cdot H_2O$，$CH_3CH_2OH$ 等。

**【实验步骤】**

(1) 根据Co/Ni比例，配制一定浓度的盐溶液，如总盐浓度为1.0mol·L$^{-1}$，钴镍浓度分别为0.2mol·L$^{-1}$和0.8mol·L$^{-1}$。

(2) 配制氨碱溶液，如混合溶液中NaOH和$NH_3 \cdot H_2O$的浓度分别为0.5mol·L$^{-1}$和4mol·L$^{-1}$。

(3) 控制pH值（如pH＝10），在一定温度（如80℃）和搅拌速度（500r·min$^{-1}$）下，将以上两种溶液同时滴入圆底烧瓶，反应一段时间（如24h）。

(4) 沉淀经陈化、过滤、洗涤和干燥，收集产物。

(5) 产物进行物相分析和形貌表征。

具体操作例子：

实验1：$T$＝80℃，pH＝10，镍钴混合溶液中镍钴的浓度分别为0.8mol·L$^{-1}$、0.2mol·L$^{-1}$，氨碱混合溶液中NaOH、$NH_3$的浓度分别为1mol·L$^{-1}$、3mol·L$^{-1}$；反应22h后用2mol·L$^{-1}$ NaOH溶液陈化24h。

实验2：$T$＝80℃，pH＝10，镍钴混合溶液中镍钴的浓度分别为0.4mol·L$^{-1}$、0.1mol·L$^{-1}$，氨碱混合溶液中NaOH、$NH_3$的浓度分别为0.5mol·L$^{-1}$、1.5mol·L$^{-1}$；反应时间大于24h。

实验3：$T$＝80℃，pH＝10，镍钴混合溶液中镍钴的浓度分别为0.95mol·L$^{-1}$、0.05mol·L$^{-1}$，氨碱混合溶液中NaOH、$NH_3$的浓度分别为1mol·L$^{-1}$、3mol·L$^{-1}$；反应时间大于24h。

实验4：$T$＝60℃，pH＝10，镍钴混合溶液中镍钴的浓度分别为0.95mol·L$^{-1}$、0.05mol·L$^{-1}$，氨碱混合溶液中NaOH、$NH_3$的浓度分别为1mol·L$^{-1}$、3mol·L$^{-1}$；反应时间为19.5h。

**【思考题】**

(1) 根据盐溶液中钴镍离子浓度，计算共同沉淀时最佳pH值范围。

(2) 对产物进行X射线粉末衍射（XRD）分析，判断产物是$Co_{1-x}Ni_x(OH)_2$复合氢氧化物，还是$Co(OH)_2$和$Ni(OH)_2$的混合物。考察产物中Co/Ni比例是否与预期一致。

(3) 形貌表征。对产物进行扫描电子显微镜（SEM）分析，观察产物形貌和粒径的分布情况。

(4) 讨论制备条件对产物物相组成和形貌特征的影响。

# 实验六十二　$MoSe_2$ 纳米薄片的制备及其表征

**【实验目的】**

（1）了解二维过渡金属硫族化合物及其应用。

（2）掌握水热合成的相关技术与实验方法。

（3）了解二维纳米薄层材料的表征方法。

**【实验原理】**

湖北省恩施地区被称作“世界硒都”，硒资源相对丰富和集中，如何高效地开发利用硒资源成为该地区非常关注的问题。金属硒化物是一类非常重要的半导体材料，当金属硒化物中的金属 M 为 Mo 或者 W 时，形成的硒化物可以用 $MSe_2$ 来表示，属于过渡金属硫化物 $MX_2$ 中（M = Mo，W；X = S，Se，Te）中的一类，这些材料都具有 X-M-X 的单元层组成的层状结构，其单元层是由上下两层硫原子夹着中间一层过渡金属原子组成的，相邻层间由弱的范德华力相互作用。当将这类材料剥离为单层或者数层的超薄纳米片时，它们将具有特殊的类石墨烯结构，会产生出一些优异的光电磁学性能，在太阳能电池、催化、光电器件等领域都有广泛应用。目前，二维超薄 $MoSe_2$ 纳米片主要采用化学气相沉积法（CVD）制备，这种方法得到的产物纯度高，厚度可控，缺陷少；主要问题是设备昂贵且复杂，需要高温高真空度的操作条件。与 CVD 合成方法相比较，溶液化学合成条件温和，并且可以大量的进行材料的合成，本实验的目的为探索简单的液相化学法制备 $MoSe_2$ 超薄片层材料。

本实验采用简单水热法来制备 $MoSe_2$ 纳米薄片，选择硒粉、氧化钼作为原料，水合肼作为还原剂，水与乙醇作为溶剂。在水合肼的还原作用下，硒粉被还原为负价，与金属钼元素结合，在水热的作用下，根据自身结构特点，生成纳米薄片，通过调控溶剂链的长度，进一步控制纳米片层的厚度。

**【仪器与试剂】**

仪器：水热釜，磁力搅拌器。

试剂：去离子水，硒粉，水合肼，$MoO_3$，乙醇，氟化铵。

**【实验步骤】**

（1）配制 50mL 去离子水和无水乙醇的混合溶液，体积比 1∶1。

（2）称取 1.6450g $Na_2MoO_4 \cdot 2H_2O$ 加上述混合液，磁力搅拌至溶解。

（3）称取 1.1274g Se 粉加入上述溶液，磁力搅拌至硒粉分散均匀后加入 0.1930g 水合肼作为还原剂，搅拌均匀后，将该混合溶液转入 100mL 水热釜在 180℃下水热 8h。取出，用去离子水和乙醇洗涤，于 60℃，4h 烘干。

（4）调变水热时间，水热温度，溶剂链长。

**【思考题】**

(1) 为什么水热合成过程中反应条件的变化会影响纳米材料的形貌与性能？

(2) 根据表征结果，指出溶剂链长与二维纳米薄片片层厚度的关系？

(3) 通过文献资料调研，给出其他常见二维薄片材料及其相关应用？

# 实验六十三 $MoSe_2$ 纳米薄片的电催化产氢(HER) 性能研究

## 【实验目的】

(1) 了解电催化分解 $H_2O$ 的研究。

(2) 掌握电催化常用测试及数据分析方法。

(3) 了解电极的制备过程。

## 【实验原理】

随着全球人口不断增加，能源需求总量日益扩大，气候变化和环境问题日益严重，如何在发展社会经济的同时，保护地球的自然环境成为亟待解决的课题。通过环境友好的电催化分解水制氢是一种非常有前景的清洁能源提供方案，其中可以改变反应速率、效率和选择性的催化剂在这些析氢体系中扮演着关键的角色，大规模和可持续的析氢前提是需要使用高效、地球储量丰富的催化剂来取代目前商业化的铂和其他贵金属催化剂。电催化分解 $H_2O$ 制备氢气的过程中，材料的导电性能与缺陷位的数目至关重要，本实验将探索上述因素对于电催化产氢性能的影响。线性极化曲线（LSV）中的初始电位以及一定过电位下的电流值是表征材料电催化性能最为重要的指标，本实验将通过具体实例进行演示。

## 【仪器与试剂】

仪器：粉磨电极，电极，离心管。

试剂：去离子水，硫酸，无水乙醇，全氟磺酸膜溶液，上次实验制备 $MoSe_2$ 纳米薄片。

## 【实验步骤】

(1) 制备 $Al_2O_3$ 粉磨电极。

(2) 利用浓硫酸配制 $0.5mol \cdot L^{-1}$ 的稀硫酸溶液 500mL。

(3) 称取 10mg $MoSe_2$ 样品，取 1mL 一定比例的乙醇-水混合溶液，将 $MoSe_2$ 加入混合溶液中，加入 $10\mu L$ 的全氟磺酸膜溶液，超声 1h。

(4) 制备电极

(5) 利用三电极系统，Pt 片作为对电极，饱和甘汞电极作为参比电极，进行电催化性能测试，获得线性扫描极化曲线数据。

(6) 测试其他电化学数据。

(7) 数据分析，注意变换相对电压数值。

## 【思考题】

(1) 写出 $H_2O$ 分解制备 $H_2$ 的电极反应?

(2) 为什么绝大部分材料的电催化性能不及 Pt?

(3) 通过文献资料调研，给出其他常见电催化 HER 催化剂。

# 2.6 药物化学

## 实验六十四 苯妥英钠（Phenytoin Sodium）的合成

苯妥英钠（Phenytoin Sodium），化学名为5,5-二苯基-2,4-咪唑烷二酮钠盐，又名大伦丁钠（Dilantin Sodium），为乙内酰脲类抗癫痫药物。它抗惊厥作用强，虽然毒性较大，并有致畸形的副作用，但仍是控制癫痫大发作和部分性发作的首选药物，但对癫痫小发作无效。

**【实验目的】**

（1）掌握安息香缩合反应的基本原理和操作方法。

（2）熟悉乙内酰脲环合原理和操作。

（3）了解苯妥英合成的基本路线。

**【实验原理】**

本品为白色粉末，无臭，味苦，微有引湿性。在空气中渐渐吸收$CO_2$，转化成苯妥英。苯妥英钠的化学结构式：

分子式：$C_{15}H_{11}N_2NaO_2$，分子量：274.25。

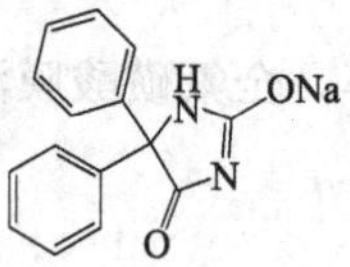

苯妥英钠通常用苯甲醛为原料，经安息香缩合，生成二苯乙醇酮，随后氧化为二苯乙二酮，再在碱性醇液中与脲缩合、重排制得。

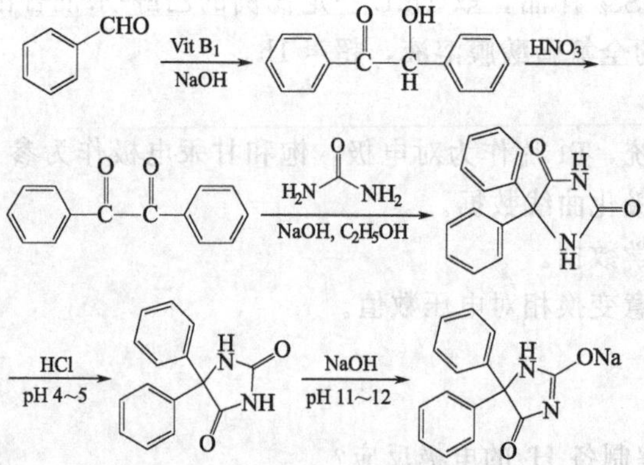

**【仪器与试剂】**

仪器：圆底烧瓶（100mL），球形冷凝管，布氏漏斗，抽滤瓶，循环水真空泵。

试剂：苯甲醛，$VitB_1$盐酸盐，95%乙醇，65%～68%硝酸，尿素，盐酸，氢氧化钠。

**【实验步骤】**

(1) 安息香缩合

在 200mL 圆底烧瓶中加入 $VitB_1$ 盐酸盐 3.6g、12mL 蒸馏水和 30mL 95%乙醇，塞住瓶口，不时摇动，待 $VitB_1$ 盐酸盐溶解后，放在冰浴中冷却。10min 后，将 $2mol \cdot L^{-1}$氢氧化钠溶液 10mL 加入圆底烧瓶中，充分摇动后立即加入苯甲醛 20mL，混合均匀，如图 1 所示然后在圆底烧瓶中加搅拌子，上面加冷凝管，放水浴中搅拌并加热回流，水浴温度控制在 60～75℃之间，回流 1h 后加热到 80～90℃再回流 1h。反应液呈橘红色均相溶液，冷却反应物至室温，抽滤得浅黄色晶体，冷水洗，抽干得粗品供下步使用。

(2) 二苯基乙二酮的制备

取 8.5g 粗制的安息香于 50mL 或 100mL 圆底烧瓶中，加 10mL 浓硝酸，安装回流冷凝器以及气体吸收装置，如图 2 所示，在沸水浴上加热，如果反应器太小，搅拌子不能正常搅拌，需加入沸石并随时振摇，直至二氧化氮气体逸去完全（约 2h)，趁热倾出反应物至盛有 200mL 冷水的烧瓶中，不断搅拌，直至油状物结晶成为黄色固体，抽滤，用水充分洗去 $HNO_3$（可用 pH 试纸测量判断)，干燥得二苯基乙二酮，溶点 89～92℃（纯二苯基乙二酮的熔点 95℃)。

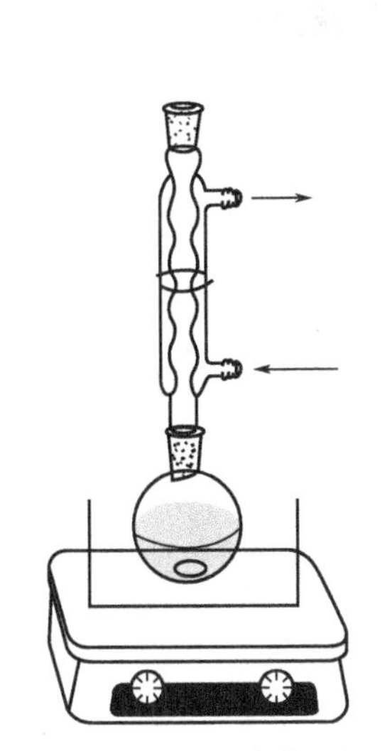

图 1　安息香缩合装置图

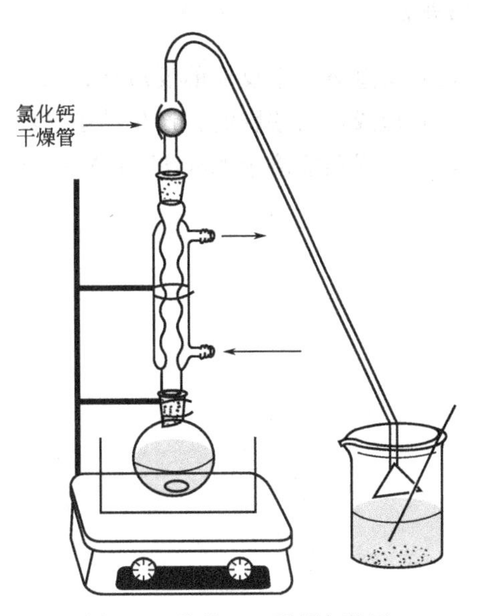


图 2　二苯基乙二酮制备装置

(3) 苯妥英钠的制备

将二苯基乙二酮粗品 8g、尿素 3g 置于 150mL 圆底烧瓶中，加入 15%氢氧化钠溶液 25mL，95%乙醇 40mL，回流 1h 后倾入 300mL 冷水中，放置半小时待沉淀完全，滤去黄色的二苯乙炔二脲沉淀，滤液用 15%盐酸酸化至沉淀完全析出，抽滤得白色苯妥英，如果产品颜色较深，应重新溶于碱液后，加活性炭煮沸 10min 左右，冷却后，再酸化得白色针状结晶，溶点：295～298℃。

将苯妥英混悬于 4 倍水中，水浴上温热至 40℃，搅拌下滴加 20% NaOH 溶液至全溶，加活性炭少许，加热 5min，趁热抽滤，放冷，析出结晶（如滤液析不出结晶，可加氯化钠至饱和)，抽滤，少量冰水洗涤，干燥得苯妥英钠，称重，计算收率。

【注意事项】

(1) 通常将生成的二苯乙醇酮称为安息香，所以这一类反应也称为安息香缩合反应。早些年此反应的催化剂是氰化钾或氰化钠，由于氰化物是剧毒物，如果使用不当会有危险性，本实验使用维生素 $B_1$ 作催化剂，其优点为原料易得、无毒、反应条件温和，而且产率也比较高。

(2) 苯甲醛极易氧化，长期放置有苯甲酸析出，本实验苯甲醛中不能含苯甲酸，因此使用前需蒸馏。

(3) 副产物二苯乙炔二脲的生成（结构式如下）：

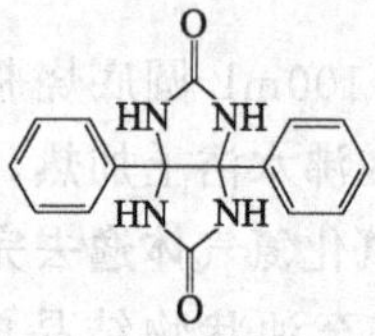

(4) 硝酸氧化时，有大量 $NO_2$ 逸出，必须用导管导入 NaOH 溶液中吸收。

【思考题】

(1) 安息香缩合反应的反应液，为什么自始至终要保持碱性？

(2) 形成乙内酰脲时，产生的副产物是什么？

(3) 苯妥英能溶于 NaOH 溶液中的原因是什么？

# 实验六十五　磺胺醋酰钠的制备

**【实验目的】**

（1）了解磺胺醋酰合成的基本路线。

（2）熟悉 pH、温度等条件在药物合成中的重要性。

（3）掌握利用理化性质的差异来分离纯化产品的方法。

**【实验原理】**

磺胺是临床上应用最早的磺胺类抗菌药，但水溶性小，不便应用，磺胺分子中的磺酰氨基近乎中性。虽可与 NaOH 成盐而水溶性增大，但极易水解，水溶液呈强碱性，也不能应用于临床，如果将磺酰氨基进一步酰化，酸性增强，成钠盐后，水解性降低，碱性减弱，能在临床上应用，乙酰化的产物为磺胺醋酰。其钠盐近中性，可配成滴眼剂使用。

在碱性条件下以磺胺为原料与乙酸酐反应，磺酰氨基乙酰化制备得到磺胺醋酰，再与氢氧化钠反应制备磺胺醋酰钠。

$$H_2N-C_6H_4-SO_2NH_2 \xrightarrow{NaOH} H_2N-C_6H_4-SO_2NH(Na) \xrightarrow[NaOH]{(CH_3CO)_2O}$$

$$H_2N-C_6H_4-SO_2N(Na)-COCH_3 \xrightarrow{HCl} H_2N-C_6H_4-SO_2NH-COCH_3$$

$$\xrightarrow{NaOH} H_2N-C_6H_4-SO_2N(Na)-COCH_3$$

乙酐酰化时有副产物双乙酰化物产生。

$$H_3C-CO-NH-C_6H_4-SO_2NH-COCH_3$$

**【仪器与试剂】**

仪器：圆底烧瓶（100mL），球形冷凝管，布氏漏斗，抽滤瓶，温度计，恒温磁力搅拌器，三颈瓶，抽滤瓶，布氏漏斗。

试剂：NaOH（分析纯），磺胺（药用），醋酐（分析纯），盐酸（分析纯），活性炭（化学纯）。

**【实验步骤】**

（1）磺胺醋酰的制备

在装有搅拌、温度计、回流冷凝管的 250mL 三颈烧瓶中，加入 26g 磺胺（SA）和 22.5%的 NaOH 溶液（33mL）。搅拌，水浴逐渐升温至 50～55℃，待物料溶解后，滴加

$Ac_2O$（7.5mL），5min后加入77% NaOH溶液4.5mL，并保持反应液pH在12～13之间，剩余13mL醋酐与14.5mL 77% NaOH溶液以每隔5min每次2mL交替加入。加料期间的反应温度维持在50～55℃及pH在12～14。加料完毕后，继续搅拌30min。反应结束后将反应液倾入250mL烧杯中，加水30mL稀释，滴加浓盐酸调节pH值至pH为7，于冰水浴中冷却1h左右，析出未反应原料磺胺，过滤，滤饼用少量冰水洗涤，滤液与少量洗液合并后用浓盐酸调pH至4～5，有固体析出，过滤，将滤饼压紧抽干，滤饼用3倍量的10%盐酸溶液溶解，放置30min，抽滤除去不溶物，滤液加少量活性炭室温脱色10min，过滤，滤液用40%的NaOH溶液调pH至5，析出磺胺醋酰粗品，过滤，滤饼用10倍左右的水加热，使产品溶解，趁热过滤，滤液放冷，慢慢析出结晶，过滤，干燥得磺胺醋酰精制品，熔点179～182℃。

（2）磺胺醋酰钠的制备

将所得磺胺醋酰精制品放入100mL烧杯中，以少量水浸润后，于水浴上加热至90℃，用滴管滴加40%NaOH溶液至pH为7～8恰好溶解，趁热过滤，滤液移至烧杯中，冷却析出晶体，滤取结晶，干燥，得磺胺醋酰钠产品。

**【注意事项】**

（1）本实验中使用NaOH溶液有多种不同浓度，在实验中切勿用错，否则会导致实验失败。

（2）滴加醋酐和NaOH溶液是交替进行，每滴完一种溶液后，让其反应5min后，再滴加另一种溶液。滴加是用滴管加入，滴加速度以液滴一滴一滴滴下为宜。

（3）反应中保持反应液pH在12～13之间很重要，否则收率将会降低。

（4）在pH为7时析出的固体不是产物，应弃去。产物在滤液中，切勿搞错。在pH4～5析出的固体是产物。

（5）在本实验中，溶液pH的调节是反应能否成功的关键，应小心注意，否则实验会失败或收率降低。

（6）氢氧化钠固体及其溶液具有强腐蚀性，不慎粘有时，应及时用大量清水冲洗。

（7）醋酐具有催泪性和腐蚀性，取用时在通风橱中进行，不慎粘有时，应及时用大量清水冲洗。

**【思考题】**

（1）反应中用NaOH的作用是什么？

（2）在制备SA时，芳伯胺基可发生酰化吗？

（3）该制备中产生哪些副产物，应如何减少副产物提高收率？

# 实验六十六　阿魏酸哌嗪盐和阿魏酸川芎嗪盐的合成

我国中药资源丰富，从传统的中药中筛选出活性成分作为先导化合物，利用现代药物化学研究原理对先导化合物进行药物设计、合成，从中筛选出疗效更好、副作用少、生物利用度高的药物具有重要的理论意义和临床应用价值。川芎嗪（Ligustrazine，Lig）是川芎中主要活性成分，化学名为 2,3,5,6-四甲基吡嗪，简称四甲基吡嗪（Tetramethylpyrazine，TMP），现已人工合成。药理学研究表明，川芎嗪具有扩张血管、抑制血小板聚集、防止血栓形成、改善脑缺血等多种作用。川芎嗪衍生物的研究受到了人们的高度关注。阿魏酸是当归、川芎等传统活血化淤中草药的主要有效成分之一，现已人工合成。药理学研究表明，具有抑制血小板聚集、抑制 5-羟色胺从血小板中释放、阻止静脉旁路血栓形成、抗动脉粥样硬化、抗氧化、增强免疫功能等作用。阿魏酸分子结构中含有羧基和酚羟基，具有较强的酸性。阿魏酸较难溶于冷水，可溶于热水、乙醇、乙酸乙酯，易溶于乙醚。为增加阿魏酸的溶解度，以便于注射给药，同时结合药物拼合原理，人们利用阿魏酸的酸性，将其与无机碱（如 NaOH）、有机碱（如哌嗪、川芎嗪）等成盐，得到了阿魏酸钠、阿魏酸哌嗪、阿魏酸川芎嗪等盐类修饰物。其中阿魏酸钠在临床上主要用于动脉粥样硬化、冠心病、脑血管病、肾小球疾病、肺动脉高压、糖尿病性血管病变、脉管炎等血管性病症的辅助治疗；亦可用于偏头痛、血管性头痛的治疗。阿魏酸哌嗪适用于各类伴有镜下血尿和高凝状态的肾小球疾病的治疗，以及冠心病、脑梗死、脉管炎等疾病的辅助治疗。阿魏酸川芎嗪具有抗血小板聚集、扩张微血管、解除血管痉挛、改善微循环、活血化淤作用；并对已聚集的血小板有解聚作用。

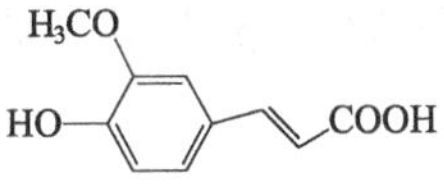

$H_3CO$　HO　COOH　　$H_3C$　N　$CH_3$　$H_3C$　N　$CH_3$　　HN　NH

阿魏酸 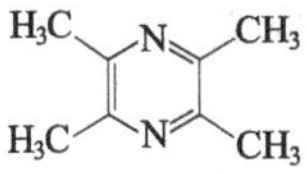　　川芎嗪 　　哌嗪

**【实验目的】**

（1）阿魏酸哌嗪盐的合成。

（2）阿魏酸川芎嗪盐的合成。

（3）阿魏酸哌嗪盐和阿魏酸川芎嗪盐的精制。

（4）熟悉药物拼合原理及其应用。

（5）掌握中药有效成分的结构修饰原理及其在新药开发中应用。

（6）掌握阿魏酸哌嗪、阿魏酸川芎嗪的制备原理及操作方法。

**【实验原理】**

阿魏酸分子结构中含有羧基和酚羟基，具有较强的酸性。阿魏酸较难溶于冷水，可溶于热水、乙醇、乙酸乙酯，易溶于乙醚。为增加阿魏酸的溶解度，以便于注射给药，同时结合药物拼合原理，人们利用阿魏酸的酸性，将其与无机碱（如 NaOH）、有机碱（如哌嗪、川芎嗪）等成盐，得到了阿魏酸钠、阿魏酸哌嗪、阿魏酸川芎嗪等盐类修饰物。

**【仪器与试剂】**

仪器：磁力搅拌器，100mL 圆底烧瓶，250mL 烧杯，布氏漏斗，抽滤瓶。

试剂：六水合哌嗪，盐酸川芎嗪，无水乙醇，阿魏酸，蒸馏水，活性炭，氢氧化钠。

**【实验步骤】**

（1）阿魏酸哌嗪盐的合成与精制

① 投料比

| 化学试剂 | 六水合哌嗪 | 阿魏酸 | 无水乙醇 | 蒸馏水 | 活性炭 |
|---|---|---|---|---|---|
| 分子量 | 194 | 194 | | | |
| 投料量/g | 1.94 | 3.90 | 60mL | | 适量 |
| 摩尔数/mol | 0.01 | 0.02 | | | |

② 操作步骤

在圆底烧瓶中加入阿魏酸（3.9g，0.02mol）、无水乙醇 30mL，加热溶解。在烧杯中加入六水合哌嗪（1.94g，0.01mol），加乙醇 10mL，加热溶解备用。在搅拌下将哌嗪乙醇溶液趁热加到阿魏酸乙醇溶液中，水浴温度控制在 60℃左右，再搅拌 1h，冷却，过滤，滤饼用无水乙醇洗涤。干燥得阿魏酸哌嗪盐白色针状晶体 4g 左右，收率约为 75%。熔点 157～160℃。

（2）阿魏酸川芎嗪盐的合成与精制

① 投料比

| 化学试剂 | 川芎嗪 | 阿魏酸 | 无水乙醇 | 蒸馏水 | 活性炭 |
|---|---|---|---|---|---|
| 分子量 | 136 | 194 | | | |
| 投料量/g | 1.36 | 3.90 | 60mL | | 适量 |
| 摩尔数/mol | 0.01 | 0.02 | | | |

② 操作步骤

在圆底烧瓶中加入阿魏酸（3.9g，0.02mol）、无水乙醇 30mL，加热溶解。在烧杯中加入川芎嗪（1.36g，0.01mol），加乙醇 7mL，加热溶解备用。在搅拌下将川芎嗪乙醇溶液趁热加到阿魏酸乙醇溶液中，水浴温度控制在 60℃左右，再搅拌 1h，冷却，过滤，滤饼用无水乙醇洗涤。用 25%乙醇重结晶，干燥得阿魏酸川芎嗪盐白色针状晶体 4g 左右，计算收率。熔点 168～170℃。

**【思考题】**

（1）阿魏酸哌嗪盐和阿魏酸川芎嗪盐的设计原理是什么？

（2）请思考阿魏酸哌嗪盐和阿魏酸川芎嗪盐的含量测定方法。

（3）增加难溶性药物的吸收，有哪些方法？

# 实验六十七　扑热息痛的制备

**【实验目的】**

（1）通过扑热息痛的制备，熟悉芳胺乙酰化反应的基本原理和具体操作。

（2）了解固体化合物精制的常用方法，掌握扑热息痛的精制方法。

（3）对最终产品进行红外光谱、紫外光谱、核磁共振氢谱、碳谱的测定以确证本品的结构，并对上述图谱进行解析，掌握结构确证的具体过程。

**【实验原理】**

对氨基酚与醋酸经乙酰化反应生成对乙酰氨基酚，反应式如下：

$$HO-C_6H_4-NH_2 + HO\overset{\overset{O}{\|}}{C}CH_3 \rightleftharpoons HO-C_6H_4-NH\overset{\overset{O}{\|}}{C}CH_3 + H_2O$$

常用的乙酰化剂有醋酸、醋酐、乙酰氯等。

使用醋酸时，由于该反应为可逆反应，水分的存在不利于正反应的进行，为使反应完全，要蒸除稀醋酸。

**【仪器与试剂】**

仪器：50mL 三颈瓶，电热套，冷凝管，布氏漏斗，抽滤瓶，红外光谱仪，核磁共振仪。

试剂：对氨基酚，冰醋酸，活性炭，亚硫酸氢钠。

**【实验原料】**

| 原料名称 | 分子量 | 规格 | 摩尔数 | 摩尔比 | 投料量 |
|---|---|---|---|---|---|
| 对氨基酚 | 109.13 | 工业 | 0.09163 | 1 | 10g |
| 冰醋酸 | 60.05 | C. P. | 0.4192 | 4.535 | 16mL+8mL |

**【实验步骤】**

（1）合成

将 10g 对氨基酚及 16mL 冰醋酸依次加入 50mL 三颈瓶中，电热套上加热回流 1h，（温度约 120～122℃）。蒸除稀醋酸至内温 150℃，然后再加冰醋酸 8mL，同上法回流 1h 后，蒸除稀醋酸至内温 150℃。停止蒸馏，降温至 120℃，反应完毕，于反应物中加水 30mL，振摇使其溶解后，加入活性炭 1g，煮沸脱色，

趁热过滤，将滤液冷却至 5℃，析出结晶，过滤，得粗品。

（2）精制

将粗品移入 100mL 烧杯中，加水 40mL，加 10%亚硫酸氢钠液 0.5mL。加热，溶解后，加入活性炭 1g 煮沸，趁热过滤。滤液冷却至 5℃，析出结晶，过滤、烘干，即得扑热息痛。如颜色深可再精制。扑热息痛为白色结晶或结晶性粉末，味微苦，熔点 168～171℃，微溶

于冷水，易溶于热水。

（3）结构确证

取经干燥的精品适量，进行红外光谱（IR）、紫外光谱（UV）、核磁共振氢谱（$^{1}$H-NMR）、碳谱的测定（$^{13}$C-NMR），并对图谱进行解析以确证本品的结构。

**【注意事项】**

（1）反应阶段所用仪器需干燥后才可以使用。

（2）趁热过滤前仪器需预热，防止结晶阻塞。

（3）冰醋酸是腐蚀性液体，使用时要注意安全。

**【思考题】**

（1）试比较冰醋酸、醋酐、乙酰氯三种乙酰化剂的优缺点，工业生产上为何以醋酸为此反应的主要酰化剂？

（2）精制产品时选水为溶剂有哪些必要条件？应注意哪些操作上的问题。

# 实验六十八 扑炎痛（Benorylate）的合成

**【实验目的】**

（1）通过乙酰水杨酰氯的制备，了解氯化试剂的选择及操作中的注意事项。

（2）通过本实验了解拼合原理在化学结构修饰方面的应用。

（3）通过本实验了解 Schotten-Baumann 酯化反应原理。

**【实验原理】**

扑炎痛为一种新型解热镇痛抗炎药，是由阿司匹林和扑热息痛经拼合原理制成，它既保留了原药的解热镇痛功能，又减小了原药的毒副作用，并有协同作用。适用于急、慢性风湿性关节炎，风湿痛，感冒发烧，头痛及神经痛等。扑炎痛化学名为2-乙酰氧基苯甲酸-乙酰胺基苯酯，化学结构式为：

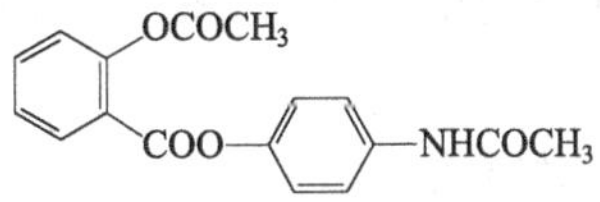

扑炎痛为白色结晶性粉末，无臭无味。熔点 174～178℃，不溶于水，微溶于乙醇，溶于氯仿、丙酮。

合成路线如下：

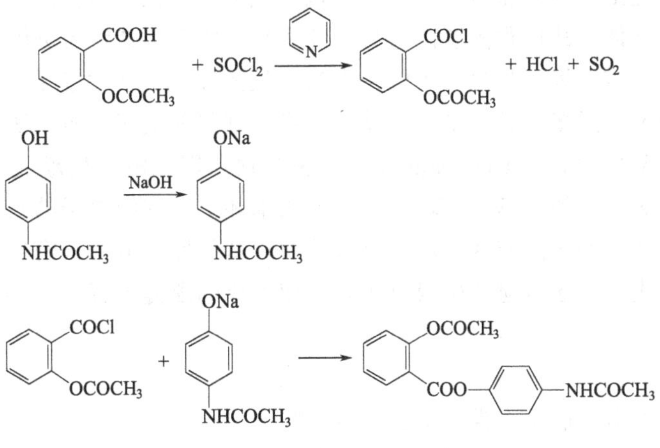

**【仪器与试剂】**

仪器：100mL 圆底烧瓶，球形冷凝管，油浴锅，250mL 三颈烧瓶，温度计，搅拌器，布氏漏斗，红外光谱仪，核磁共振仪。

试剂：阿司匹林，氯化亚砜，无水丙酮，扑热息痛，氢氧化钠，95%乙醇，活性炭。

**【实验步骤】**

（1）乙酰水杨酰氯的制备

在干燥的 100mL 圆底烧瓶中，依次加入吡啶 2 滴，阿司匹林 10g，氯化亚砜 5.5mL，迅速安上球形冷凝器（顶端附有氯化钙干燥管，干燥管连有导气管，导气管另一端通到水池下水口）。置油浴上慢慢加热至70℃（约10～15min），维持油浴温度在70℃±2℃反应70min，冷却，加入无水丙酮10mL，将反应液倾入干燥的100mL滴液漏斗中，混匀，密闭备用。

（2）扑炎痛的制备

在装有搅拌棒及温度计的250mL三颈瓶中，加入扑热息痛10g，水50mL。冰水浴冷至10℃左右，在搅拌下滴加氢氧化钠溶液（氢氧化钠3.6g加20mL水配成，用滴管滴加）。滴加完毕，在8～12℃之间，在强烈搅拌下，慢慢滴加上次实验制得的乙酰水杨酰氯丙酮溶液（在20min左右滴完）。滴加完毕，调至pH≥10，控制温度在8～12℃之间继续搅拌反应60min，抽滤，水洗至中性，得粗品，计算收率。

（3）精制

取粗品5g置于装有球形冷凝管的100mL圆底瓶中，加入10倍量95%乙醇，在水浴上加热溶解。稍冷，加活性炭脱色（活性炭用量视粗品颜色而定），加热回流30min，趁热抽滤（布氏漏斗、抽滤瓶应预热）。将滤液趁热转移至烧杯中，自然冷却，待结晶完全析出后，抽滤，压干；用少量乙醇洗涤两次（母液回收），压干，干燥，测熔点，计算收率。

（4）结构确证

① 红外光谱法、标准物TLC对照法。

② 核磁共振氢谱法。

**【注意事项】**

（1）二氯亚砜是由羧酸制备酰氯最常用的氯化试剂，不仅价格便宜而且沸点低，生成的副产物均为挥发性气体，故所得酰氯产品易于纯化。二氯亚砜遇水可分解为二氧化硫和氯化氢，因此所用仪器均需干燥；加热时不能用水浴。反应用阿司匹林需在60℃干燥4h。吡啶作为催化剂，用量不宜过多，否则影响产品的质量。制得的酰氯不应久置。

（2）扑炎痛制备采用Schotten-Baumann方法酯化，即乙酰水杨酰氯与对乙酰氨基酚钠缩合酯化。由于扑热息痛酚羟基与苯环共轭，加之苯环上又有吸电子的乙酰胺基，因此酚羟基上电子云密度较低，亲核反应性较弱；成盐后酚羟基氧原子电子云密度增高，有利于亲核反应；此外，酚钠成酯，还可避免生成氯化氢，使生成的酯键水解。

**【思考题】**

（1）乙酰水杨酰氯的制备，操作上应注意哪些事项？

（2）扑炎痛的制备，为什么采用先制备对乙酰胺基酚钠，再与乙酰水杨酰氯进行酯化，而不直接酯化？

（3）通过本实验说明酯化反应在结构修饰上的意义。

# 实验六十九　阿司匹林铝（Aluminum Acetylicylate）的合成

**【实验目的】**

（1）了解药物结构修饰方法。

（2）掌握减压蒸馏的基本操作。

**【实验原理】**

阿司匹林临床应用极为广泛，但在大剂量口服时，对胃黏膜有刺激作用，甚至引起胃出血。为克服这一缺点，常做成盐、酯和酰胺。阿司匹林铝即是其中之一，它的疗效和阿司匹林相近，但对胃黏膜刺激性较小。阿司匹林铝化学名为羟基双（乙酰水杨酸）铝，化学结构式为：

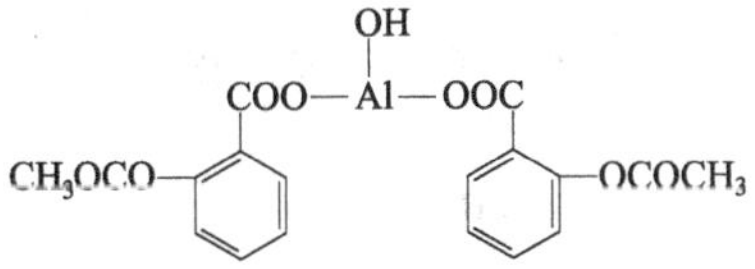

OH
COO—Al—OOC
$CH_3OCO$— —$OCOCH_3$

阿司匹林铝为白色或类白色粉末，几乎不溶于水和有机溶剂，溶于氢氧化钠或碳酸钠水溶液中，同时分解。

合成路线如下：

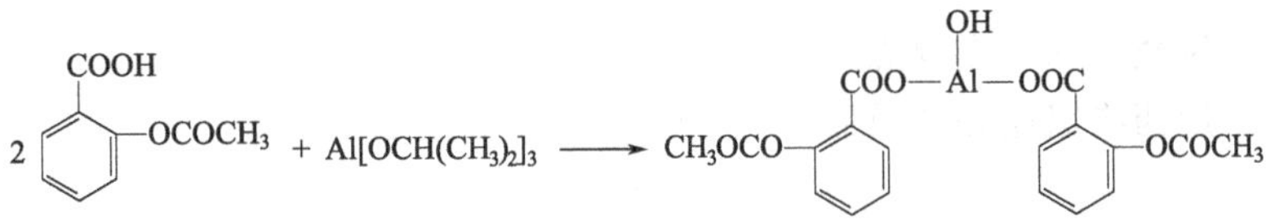

$$2\ \text{(COOH, }OCOCH_3\text{-benzene)} + Al[OCH(CH_3)_2]_3 \longrightarrow CH_3OCO\text{-}C_6H_4\text{-}COO\text{-}Al(OH)\text{-}OOC\text{-}C_6H_4\text{-}OCOCH_3$$

**【仪器与试剂】**

仪器：100mL 圆底烧瓶，球形冷凝管，油浴锅，油泵，循环水泵，100mL 三颈瓶，布氏漏斗，红外光谱仪，核磁共振仪。

试剂：铝片，二氯化汞，异丙醇，四氯化碳，阿司匹林。

**【实验步骤】**

（1）异丙醇铝的制备

称取 1.8g 铝片，剪细，置 100mL 圆底烧瓶中，加入少许二氯化汞，异丙醇 20mL，装好回流冷凝管及干燥管，油浴加热至沸腾，从冷凝管上口加入四氯化碳 2 滴，维持油浴温度 120℃左右，加热回流至铝片全部消失（约 1.5～2h），溶液呈黑灰色，改为减压蒸馏装置。水泵减压回收异丙醇，然后用油泵减压蒸出异丙醇铝（142～150℃/25mmHg）。得透明油状物或白色蜡状物。计算收率。

（2）阿司匹林羟基铝的制备

称取异丙醇铝 6.8g，置 100mL 三颈瓶中，加异丙醇 14mL，开动搅拌，于油浴中加热至 45℃（内温），溶液呈乳白色混浊，搅拌下加入阿司匹林 12g，几分钟后溶液呈透明，控制反应温度 55～57℃（不要超过 60℃），搅拌 30min，冷却至 30℃，搅拌下加入 40mL 异丙醇和水的混合液（37mL 异丙醇和 3mL 水），形成大量白色沉淀，再于 30℃下搅拌 30min，抽滤，用异丙醇 10mL 洗一次，干燥得白色粉末状产品。计算收率。

（3）结构确证

① 红外光谱法、标准物 TLC 对照法。

② 核磁共振氢谱法。

## 【注意事项】

（1）加入的二氯化汞的量以直径为 1mm 大小的颗粒为宜，颗粒过大反而反应慢。

（2）加入异丙醇和水的混合液进行水解反应时，由于阿司匹林分子中的乙酰氧基和铝原子呈络合状态，故在本实验条件下，乙酰基不会水解下来。

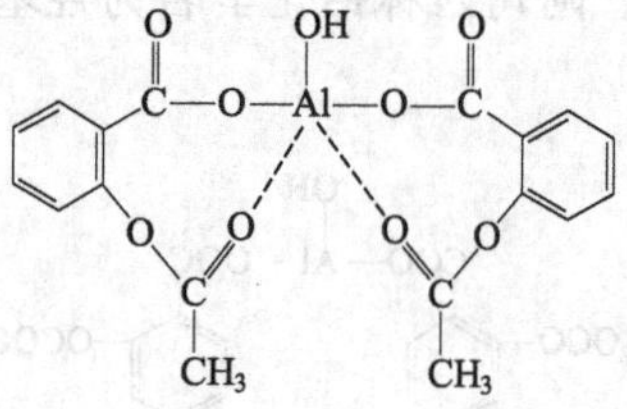

（3）铝片应剪成细丝，要剪成细长状，长短均匀，如有少量铝丝不溶，也应水泵减压蒸出异丙醇，不影响产量。

## 【思考题】

（1）试述减压蒸馏的操作要点。

（2）试述常用药物成盐方法及意义。

# 附录

## 附录 1　常用实验数据

表 1-1　常用元素的元素符号及其相对原子质量（原子量）

| 元素名称 | 元素符号 | 原子量 | 元素名称 | 元素符号 | 原子量 |
|---|---|---|---|---|---|
| 银 | Ag | 107.868 | 锂 | Li | 6.941 |
| 铝 | Al | 26.9815 | 镁 | Mg | 24.305 |
| 溴 | Br | 79.904 | 锰 | Mn | 54.938 |
| 钡 | Ba | 137.34 | 钼 | Mo | 95.94 |
| 钙 | Ca | 40.08 | 镍 | Ni | 58.71 |
| 碳 | C | 12.011 | 氮 | N | 14.0067 |
| 氯 | Cl | 35.453 | 钠 | Na | 22.9898 |
| 铬 | Cr | 51.996 | 氧 | O | 15.9994 |
| 钴 | Co | 58.9332 | 铅 | Pb | 207.20 |
| 铜 | Cu | 63.546 | 钯 | Pd | 106.4 |
| 铁 | Fe | 55.847 | 磷 | P | 30.9738 |
| 氟 | F | 18.9984 | 铂 | Pt | 195.09 |
| 氢 | H | 1.008 | 硅 | Si | 28.086 |
| 汞 | Hg | 200.59 | 硫 | S | 32.06 |
| 碘 | I | 126.9045 | 锡 | Sn | 118.69 |
| 钾 | K | 39.102 | 锌 | Zn | 65.37 |
| 铍 | Be | 9.012 | 硼 | B | 10.811 |
| 钪 | Sc | 44.956 | 钛 | Ti | 47.9 |
| 钒 | V | 50.9415 | | | |

## 表 1-2 水在不同温度下的蒸气压

| 温度/℃ | $p$/mmHg | 温度/℃ | $p$/mmHg | 温度/℃ | $p$/mmHg | 温度/℃ | $p$/mmHg |
|---|---|---|---|---|---|---|---|
| 0 | 4.579 | 15 | 12.788 | 30 | 31.824 | 85 | 433.6 |
| 1 | 4.926 | 16 | 13.634 | 31 | 33.695 | 90 | 525.76 |
| 2 | 5.294 | 17 | 14.530 | 32 | 35.663 | 91 | 546.05 |
| 3 | 5.685 | 18 | 15.477 | 33 | 37.729 | 92 | 566.99 |
| 4 | 6.101 | 19 | 16.477 | 34 | 39.898 | 93 | 588.60 |
| 5 | 6.543 | 20 | 17.535 | 35 | 42.175 | 94 | 610.90 |
| 6 | 7.013 | 21 | 18.650 | 40 | 55.324 | 95 | 633.90 |
| 7 | 7.513 | 22 | 19.827 | 45 | 71.88 | 96 | 657.62 |
| 8 | 8.045 | 23 | 21.068 | 50 | 92.51 | 97 | 682.07 |
| 9 | 8.609 | 24 | 22.377 | 55 | 118.04 | 98 | 707.27 |
| 10 | 9.209 | 25 | 23.756 | 60 | 149.38 | 99 | 733.24 |
| 11 | 9.844 | 26 | 25.209 | 65 | 187.54 | 100 | 760.00 |
| 12 | 10.518 | 27 | 26.739 | 70 | 233.7 | | |
| 13 | 11.231 | 28 | 28.349 | 75 | 289.1 | | |
| 14 | 11.987 | 29 | 30.043 | 80 | 355.1 | | |

## 表 1-3 实验室常用酸、碱的浓度

| 试剂名称 | 密度(20℃)/g·mL$^{-1}$ | 浓度/mol·L$^{-1}$ | 质量分数 |
|---|---|---|---|
| 浓硫酸 | 1.84 | 18.0 | 0.960 |
| 浓盐酸 | 1.19 | 12.1 | 0.372 |
| 浓硝酸 | 1.42 | 15.9 | 0.704 |
| 磷酸 | 1.70 | 14.8 | 0.855 |
| 冰醋酸 | 1.05 | 17.45 | 0.998 |
| 浓氨水 | 0.90 | 14.53 | 0.566 |
| 浓氢氧化钠 | 1.54 | 19.4 | 0.505 |

## 表 1-4 常用酸碱溶液的质量分数和相对密度

| 溶液 | 质量分数/% | 相对密度 | 溶液 | 质量分数/% | 相对密度 |
|---|---|---|---|---|---|
| 盐酸 | 10 | 1.0474 | 氢氧化钠 | 10 | 1.1089 |
| 盐酸 | 20 | 1.0980 | 氢氧化钠 | 20 | 1.2191 |
| 盐酸 | 30 | 1.1492 | 氢氧化钠 | 40 | 1.4300 |
| 盐酸 | 36 | 1.1789 | 氢氧化钠 | 50 | 1.5253 |
| 硫酸 | 10 | 1.0661 | 碳酸钠 | 2 | 1.0190 |
| 硫酸 | 20 | 1.1394 | 碳酸钠 | 10 | 1.1029 |

续表

| 溶液 | 质量分数/% | 相对密度 | 溶液 | 质量分数/% | 相对密度 |
|---|---|---|---|---|---|
| 硫酸 | 50 | 1.3951 | 碳酸钠 | 14 | 1.1463 |
| 硫酸 | 98 | 1.8361 | 碳酸钠 | 20 | 1.2132 |
| 硝酸 | 20 | 1.1150 | 碳酸氢钠 | 2 | 0.0190 |
| 硝酸 | 30 | 1.1800 | 碳酸氢钠 | 6 | 1.0606 |
| 硝酸 | 50 | 1.3100 | 碳酸氢钠 | 10 | 1.1029 |
| 硝酸 | 60 | 1.3667 | 碳酸氢钠 | 20 | 1.2132 |

**表 1-5　萃取水溶液常用溶剂**

| 溶剂 | 沸点/℃ | 可燃性 | 毒性 | 注 |
|---|---|---|---|---|
| 苯 | 80.1 | 3 | 3 | 易成乳浊液;很适宜从缓冲液中提取生物碱及酚类 |
| 2-丁醇 | 99.5 | 1 | 3 | 高沸点;很适宜从缓冲液中提取水溶性物质 |
| 正丁醇 | 118.0 | 1 | 3 | 水饱和后使用,常用作从水中萃取中等极性物质的溶剂 |
| 四氯化碳 | 76.5 | 0 | 4 | 易干燥;很适宜非极性物质 |
| 氯仿 | 61.7 | 0 | 4 | 能形成乳浊液;易干燥 |
| 二乙醚 | 34.5 | 4 | 2 | 能吸收大量水;优良的通用溶剂 |
| 二异丙醚 | 69 | 5 | 2 | 长期储存后能形成爆炸性过氧化物;很适宜从磷酸盐缓冲的溶液中提取羧酸 |
| 乙酸乙酯 | 77.1 | 3 | 1 | 吸附大量水;很适宜极性物质 |
| 二氯甲烷 | 40 | 0 | 1 | 会形成乳浊液,易干燥 |
| 正戊烷 | 36.1 | 4 | 1 | 烃类,易于干燥 |
| 正己烷 | 69 | 4 | 1 | 对于极性物质均为不良溶剂 |
| 正庚烷 | 98.4 | 3 | 1 | 烃类,易于干燥 |

**表 1-6　一些溶剂与水形成的二元共沸物**

| 溶剂 | 沸点/℃ | 共沸点/℃ | 含水量/% | 溶剂 | 沸点/℃ | 共沸点/℃ | 含水量/% |
|---|---|---|---|---|---|---|---|
| 氯仿 | 61.2 | 56.1 | 2.5 | 甲苯 | 110.5 | 85.0 | 20 |
| 四氯化碳 | 77.0 | 66.0 | 4.0 | 正丙醇 | 97.2 | 87.7 | 28.8 |
| 苯 | 80.4 | 69.2 | 8.8 | 异丁醇 | 108.4 | 89.9 | 88.2 |
| 丙烯腈 | 78.0 | 70.0 | 13.0 | 二甲苯 | 137-40.5 | 92.0 | 37.5 |
| 二氯乙烷 | 83.7 | 72.0 | 19.5 | 正丁醇 | 117.7 | 92.2 | 37.5 |
| 乙腈 | 82.0 | 76.0 | 16.0 | 吡啶 | 115.5 | 94.0 | 42 |
| 乙醇 | 78.3 | 78.1 | 4.4 | 异戊醇 | 131.0 | 95.1 | 49.6 |
| 乙酸乙酯 | 77.1 | 70.4 | 8.0 | 正戊醇 | 138.3 | 95.4 | 44.7 |
| 异丙醇 | 82.4 | 80.4 | 12.1 | 氯乙醇 | 129.0 | 97.8 | 59.0 |
| 乙醚 | 35 | 34 | 1.0 | 二硫化碳 | 46 | 44 | 2.0 |

**表 1-7 常见有机溶剂间的共沸混合物**

| 共沸混合物 | 组分的沸点/℃ | 共沸物的组成(质量分数)/% | 共沸物的沸点/℃ |
|---|---|---|---|
| 乙醇-乙酸乙酯 | 78.3,78.0 | 30∶70 | 72.0 |
| 乙醇-苯 | 78.3,80.6 | 32∶68 | 68.2 |
| 乙醇-氯仿 | 78.3,61.2 | 7∶93 | 59.4 |
| 乙醇-四氯化碳 | 78.3,77.0 | 16∶84 | 64.9 |
| 乙酸乙酯-四氯化碳 | 78.0,77.0 | 43∶57 | 75.0 |
| 甲醇-四氯化碳 | 64.7,77.0 | 21∶79 | 55.7 |
| 甲醇-苯 | 64.7,80.4 | 39∶61 | 48.3 |
| 氯仿-丙酮 | 61.2,56.4 | 80∶20 | 64.7 |
| 甲苯-乙酸 | 101.5,118.5 | 72∶28 | 105.4 |
| 乙醇-苯-水 | 78.3,80.6,100 | 19∶74∶7 | 64.9 |

**表 1-8 常用有机溶剂的物理常数**

| 溶剂 | 熔点/℃ | 沸点/℃ | $d_4^{20}$ | $n_D^{20}$ | $e$ | $R_D$ | $m$ |
|---|---|---|---|---|---|---|---|
| 乙酸 | 17 | 118 | 1.049 | 1.3716 | 6.15 | 12.9 | 1.68 |
| 丙酮 | −95 | 56 | 0.788 | 1.3587 | 20.7 | 16.2 | 2.85 |
| 乙腈 | −44 | 82 | 0.782 | 1.3441 | 37.5 | 11.1 | 3.45 |
| 苯甲醚 | −3 | 154 | 0.994 | 1.5170 | 4.33 | 33 | 1.38 |
| 苯 | 5 | 80 | 0.879 | 1.5011 | 2.27 | 26.2 | 0.00 |
| 溴苯 | −31 | 156 | 1.495 | 1.5580 | 5.17 | 33.7 | 1.55 |
| 二硫化碳 | −112 | 46 | 1.274 | 1.6295 | 2.6 | 21.3 | 0.00 |
| 四氯化碳 | −23 | 77 | 1.594 | 1.4601 | 2.24 | 25.8 | 0.00 |
| 氯苯 | −46 | 132 | 1.106 | 1.5248 | 5.62 | 31.2 | 1.54 |
| 氯仿 | −64 | 61 | 1.489 | 1.4458 | 4.81 | 21 | 1.15 |
| 环己烷 | 6 | 81 | 0.778 | 1.4262 | 2.02 | 27.7 | 0.00 |
| 丁醚 | −98 | 142 | 0.769 | 1.3992 | 3.1 | 40.8 | 1.18 |
| 邻二氯苯 | −17 | 181 | 1.306 | 1.5514 | 9.93 | 35.9 | 2.27 |
| 1,2-二氯乙烷 | −36 | 84 | 1.253 | 1.4448 | 10.36 | 21 | 1.86 |
| 二氯乙烷 | −95 | 40 | 1.326 | 1.4241 | 8.93 | 16 | 1.55 |
| 二乙胺 | −50 | 56 | 0.707 | 1.3864 | 3.6 | 24.3 | 0.92 |
| 乙醚 | −117 | 35 | 0.713 | 1.3524 | 4.33 | 22.1 | 1.30 |
| 1,2-二甲氧基乙烷 | −68 | 85 | 0.863 | 1.3796 | 7.2 | 24.1 | 1.71 |
| *N*,*N*-二甲基乙酰胺 | −20 | 166 | 0.937 | 1.4384 | 37.8 | 24.2 | 3.72 |
| *N*,*N*-二甲基甲酰胺 | −60 | 152 | 0.945 | 1.4305 | 36.7 | 19.9 | 3.86 |
| 二甲基亚砜 | 19 | 189 | 1.096 | 1.4783 | 46.7 | 20.1 | 3.90 |
| 1,4-二氧六环 | 12 | 101 | 1.034 | 1.4224 | 2.25 | 21.6 | 0.45 |

续表

| 溶剂 | 熔点/℃ | 沸点/℃ | $d_4^{20}$ | $n_D^{20}$ | $e$ | $R_D$ | $m$ |
|---|---|---|---|---|---|---|---|
| 乙醇 | −114 | 78 | 0.789 | 1.3614 | 24.5 | 12.8 | 1.69 |
| 乙酸乙酯 | −84 | 77 | 0.901 | 1.3724 | 6.02 | 22.3 | 1.88 |
| 苯甲酸乙酯 | −35 | 213 | 1.050 | 1.5052 | 6.02 | 42.5 | 2.00 |
| 甲酰胺 | 3 | 211 | 1.133 | 1.4475 | 111.0 | 10.6 | 3.37 |
| Hexamethylphosphoramide | 7 | 235 | 1.027 | 1.4588 | 30.0 | 47.7 | 5.54 |
| 异丙醇 | −90 | 82 | 0.786 | 1.3772 | 17.9 | 17.5 | 1.66 |
| 异丙醚 | −60 | 68 | | 1.36 | | | |
| 甲醇 | −98 | 65 | 0.791 | 1.3284 | 32.7 | 8.2 | 1.70 |
| 2-甲基-2-丙醇 | 26 | 82 | 0.786 | 1.3877 | 10.9 | 22.2 | 1.66 |
| 硝基苯 | 6 | 211 | 1.204 | 1.5562 | 34.82 | 32.7 | 4.02 |
| 硝基甲烷 | −28 | 101 | 1.137 | 1.3817 | 35.87 | 12.5 | 3.54 |
| 吡啶 | −42 | 115 | 0.983 | 1.5102 | 12.4 | 24.1 | 2.37 |
| 叔丁醇 | 25.5 | 82.5 | | 1.3878 | | | |
| 四氢呋喃 | −109 | 66 | 0.888 | 1.4072 | 7.58 | 19.9 | 1.75 |
| 甲苯 | −95 | 111 | 0.867 | 1.4969 | 2.38 | 31.1 | 0.43 |
| 三氯乙烯 | −86 | 87 | 1.465 | 1.4767 | 3.4 | 25.5 | 0.81 |
| 三乙胺 | −115 | 90 | 0.726 | 1.4010 | 2.42 | 33.1 | 0.87 |
| 三氟乙酸 | −15 | 72 | 1.489 | 1.2850 | 8.55 | 13.7 | 2.26 |
| 2,2,2-三氟乙醇 | −44 | 77 | 1.384 | 1.2910 | 8.55 | 12.4 | 2.52 |
| 水 | 0 | 100 | 0.998 | 1.3330 | 80.1 | 3.7 | 1.82 |
| 邻二甲苯 | −25 | 144 | 0.880 | 1.5054 | 2.57 | 35.8 | 0.62 |

**表 1-9　用于有机溶剂的中等强度的干燥剂**

| 干燥剂 | 容量 | 速率 | 注 |
|---|---|---|---|
| $CaSO_4$ | $1/2H_2O$ | 极快(1) | 以商品名 Drieritt 出售,加或不加颜色指示剂;非常有效,干时,指示剂($CoCl_2$)呈蓝色,吸水后变成粉红色(容量 $CoCl_2 \cdot H_2O$);适用的温度范围为−50～+86℃。某些有机溶剂能使 $CoCl_2$ 沥出或改变颜色(如丙酮,醇类,吡啶等) |
| $CaCl_2$ | $6H_2O$ | 极快(2) | 不是很有效;只用于烃或卤代烃(与含氮和含氮化合物形成溶剂化物、络合物或发生反应) |
| $MgSO_4$ | $7H_2O$ | 极快(4) | 出色的通用干燥剂;非常惰性,可能呈弱酸性(避免用于对酸极敏感的化合物),可能溶于某些有机溶剂 |
| 4A 分子筛 | 高 | 快(30) | 非常有效;建议先用普通干燥剂后用 4A 分子筛;3A 分子筛也是出色的干燥剂 |
| $Na_2SO_4$ | $10H_2O$ | 慢(290) | 非常温和,非常有效,便宜,高容量;很适用于初步干燥,但不可以使溶剂受热 |

续表

| 干燥剂 | 容量 | 速率 | 注 |
| --- | --- | --- | --- |
| $K_2CO_3$ | $2H_2O$ | 快 | 对于酯、腈、酮，特别是醇，是良好的干燥剂，不可以用于酸性化合物 |
| NaOHKOH | 极高 | 快 | 高效，但只适用于不会使它们溶解的惰性溶液；特别适用于胺 |
| $H_2SO_4$ | 极高 | 极快 | 极为有效，但只限于用来干燥饱和烃或芳香烃或卤代烃（硫酸会与烯或其他碱性化合物作用而使之损失） |
| 氧化铝或硅胶($SiO_2$) | 极高 | 极快 | 特别适用于烃，应该研细；用过后加热（$SiO_2$ 为 300℃，$Al_2O_3$ 为 500℃）就可以重新活化 |

## 表 1-10　干燥剂使用指南

| 干燥剂 | 适合干燥的物质 | 不适合干燥的物质 | 吸水量/$g \cdot g^{-1}$ | 活化温度/℃ |
| --- | --- | --- | --- | --- |
| 氧化铝 | 烃，空气，氨气，氩气，氦气，氮气，氧气，氢气，二氧化碳，二氧化硫 | | 0.2 | 175 |
| 氧化钡 | 有机碱，醇，醛，胺 | 酸性物质，二氧化碳 | 0.1 | |
| 氧化镁 | 烃，醛，醇，碱性气体，胺 | 酸性物质 | 0.5 | 800 |
| 氧化钙 | 醇，胺，氨气 | 酸性物质，酯 | 0.3 | 1000 |
| 硫酸钙 | 大多数有机物 | | 0.066 | 235 |
| 硫酸铜 | 酯，醇，（特别适用于苯和甲苯的干燥） | | 0.6 | 200 |
| 硫酸钠 | 氯代烷烃，氯代芳烃，醛，酮，酸 | | 1.2 | 150 |
| 硫酸镁 | 酸，酮，醛，酯，腈 | 对酸敏感物质 | 0.2　0.8 | 200 |
| 氯化钙(<20目) | 氯代烷烃，氯代芳烃，酯，饱和芳香烃，芳香烃，醚 | 醇，胺，苯酚，醛，酰胺，氨基酸，某些酯和酮 | 0.2($1H_2O$)<br>0.3($2H_2O$) | 250 |
| 氯化锌 | 烃 | 氨，胺，醇 | 0.2 | 110 |
| 氢氧化钾 | 胺，有机碱 | 酸，苯酚，酯，酰胺，酸性气体，醛 | | |
| 氢氧化钠 | 胺 | 酸，苯酚，酯，酰胺 | | |
| 碳酸钾 | 醇，腈，酮，酯，胺 | 酸，苯酚 | 0.2 | 300 |
| 钠 | 饱和脂肪烃和芳香烃，醚 | 酸，醇，醛，酮，胺，酯，氯代有机物，含水过高的物质 | | |

续表

| 干燥剂 | 适合干燥的物质 | 不适合干燥的物质 | 吸水量/g·g$^{-1}$ | 活化温度/℃ |
| --- | --- | --- | --- | --- |
| 五氧化二磷 | 烷烃，芳香烃，醚，氯代烷烃，氯代芳烃，腈，酸酐，腈，酯 | 醇，酸，胺，酮，氟化氢和氯化氢 | 0.5 | |
| 浓硫酸 | 惰性气体，氯化氢，氯气，一氧化碳，二氧化硫 | 基本不能与其他物质接触 | | |
| 硅胶(6～16目) | 绝大部分有机物 | 氟化氢 | 0.2 | 200～350 |
| 3A分子筛 | 分子直径>3Å | 分子直径<3Å | 0.18 | 117～260 |
| 4A分子筛 | 分子直径>4Å | 分子直径<4Å，乙醇，硫化氢，二氧化碳，二氧化硫，乙烯，乙炔，强酸 | 0.18 | 250 |
| 5A分子筛 | 分子直径>5Å，如支链化合物和有4个碳原子以上的环 | 分子直径<5Å，如丁醇，正丁烷到正22烷 | 0.18 | 250 |

## 表1-11 常用溶剂极性表

| 溶剂 | 溶剂极性 | 黏度 | 沸点/℃ | 紫外/nm |
| --- | --- | --- | --- | --- |
| 异戊烷 | 0.00 | — | 30 | — |
| 正戊烷 | 0.00 | 0.23 | 36 | 210 |
| 石油醚 | 0.01 | 0.30 | 30～60 | 210 |
| 己烷 | 0.06 | 0.33 | 69 | 210 |
| 环己烷 | 0.10 | 1.00 | 81 | 210 |
| 异辛烷 | 0.10 | 0.53 | 99 | 210 |
| 三氟乙酸 | 0.10 | — | 72 | — |
| 三甲基戊烷 | 0.10 | 0.47 | 99 | 215 |
| 环戊烷 | 0.20 | 0.47 | 49 | 210 |
| 正庚烷 | 0.20 | 0.41 | 98 | 200 |
| 丁基氯；丁酰氯 | 1.00 | 0.46 | 78 | 220 |
| 三氯乙烯；乙炔化三氯 | 1.00 | 0.57 | 87 | 273 |
| 四氯化碳 | 1.60 | 0.97 | 77 | 265 |
| 三氯三氟代乙烷 | 1.90 | 0.71 | 48 | 231 |
| 异丙基醚；丙醚 | 2.40 | 0.37 | 68 | 220 |
| 甲苯 | 2.40 | 0.59 | 111 | 285 |
| 对二甲苯 | 2.50 | 0.65 | 138 | 290 |
| 氯苯 | 2.70 | 0.80 | 132 | — |
| 邻二氯苯 | 2.70 | 1.33 | 180 | 295 |

续表

| 溶剂 | 溶剂极性 | 黏度 | 沸点/℃ | 紫外/nm |
|---|---|---|---|---|
| 二乙醚;醚 | 2.90 | 0.23 | 35 | 220 |
| 苯 | 3.00 | 0.65 | 80 | 280 |
| 异丁醇 | 3.00 | 4.70 | 108 | 220 |
| 二氯甲烷 | 3.40 | 0.44 | 40 | 245 |
| 二氯化乙烯 | 3.50 | 0.79 | 84 | 228 |
| 正丁醇 | 3.90 | 2.95 | 117 | 210 |
| 醋酸丁酯;乙酸丁酯 | 4.00 | — | 126 | 254 |
| 丙醇 | 4.00 | 2.27 | 98 | 210 |
| 甲基异丁基酮 | 4.20 | — | 119 | 330 |
| 四氢呋喃 | 4.20 | 0.55 | 66 | 220 |
| 乙醇 | 4.30 | 1.20 | 79 | 210 |
| 醋酸乙酯 | 4.30 | 0.45 | 77 | 260 |
| 异丙醇 | 4.30 | 2.37 | 82 | 210 |
| 氯仿 | 4.40 | 0.57 | 61 | 245 |
| 甲基乙基酮 | 4.50 | 0.43 | 80 | 330 |
| 二噁烷;二氧六环;二氧杂环己烷 | 4.80 | 1.54 | 102 | 220 |
| 吡啶 | 5.30 | 0.97 | 115 | 305 |
| 丙酮 | 5.40 | 0.32 | 57 | 330 |
| 硝基甲烷 | 6.00 | 0.67 | 101 | 380 |
| 乙酸 | 6.20 | 1.28 | 118 | 230 |

# 附录 2　危险化学品

## (1) 危险化学品标志

许多国家要求在化学品容器上粘贴危险化学品标志。这些标志含有以下意义。

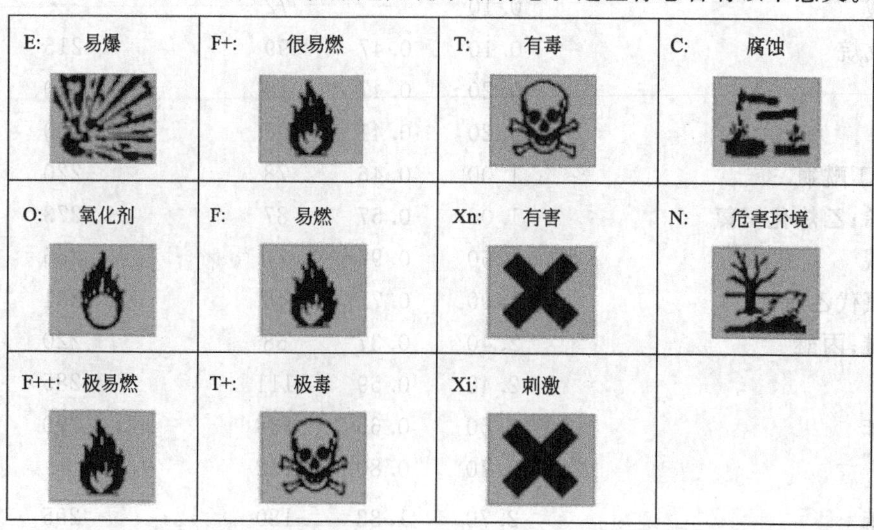

### (2) 危险试剂及其保存

危险性试剂或化学危险品，具有能燃烧、爆炸、毒害、腐蚀或放射性等危险性质。在受到摩擦、震动、撞击、接触火源、遇水或受潮、强光照射、高温、跟其他物质接触等外界因素影响时，能引起强烈的燃烧、爆炸、中毒、灼伤、致命等灾害性事故。在采购、保管和使用各种化学危险品的过程中，必须严格遵照国家的有关规定和产品说明书的条文办理。化学实验中可能用到的化学危险品有以下几类。特性：易挥发，遇明火易燃烧；蒸气与空气的混合物达到爆炸极限范围，遇明火、星火、电火花均能发生猛烈的爆炸。

① 易燃液体

特性：易挥发，遇明火易燃烧；蒸气与空气的混合物达到爆炸极限范围，遇明火、星火、电火花均能发生猛烈的爆炸。

实例：汽油、苯、甲苯、乙醇、乙醚、乙酸乙酯、丙酮、乙醛、氯乙烷、二硫化碳等。

保管与使用时的注意事项：要密封（如盖紧瓶塞）防止倾倒和外溢，存放在阴凉通风的专用橱中，要远离火种（包括易产生火花的器物）和氧化剂。

② 易燃固体

特性：着火点低，易点燃，其蒸气或粉尘与空气混合达一定程度，遇明火或火星、电火花能激烈燃烧或爆炸；跟氧化剂接触易燃烧或爆炸。

实例：硝化棉、萘、樟脑、硫黄、红磷、镁粉、锌粉、铝粉等。

保存及使用时的注意事项：跟氧化剂分开存放于阴凉处，远离火种。

③ 自燃品

特性：跟空气接触易因缓慢氧化而引起自燃。

实例：白磷（白磷同时又是剧毒品）。

保管及使用时的注意事项：放在盛水的瓶中，白磷全部浸没在水下，加塞，保存于阴凉处。使用时注意不要与皮肤接触，防止体温引起其自燃而造成难以愈合的烧伤。

④ 遇水燃烧物

特性：与水激烈反应，产生可燃性气体并放出大量热。

实例：钾、钠、碳化钙、磷化钙、硅化镁、氢化钠等。

保管与使用时的注意事项：放在坚固的密闭容器中，存放于阴凉干燥处。少量钾、钠应放在盛煤油的瓶中，使钾、钠全部浸没在煤油里，加塞存放。

⑤ 爆炸品

特性：摩擦、震动、撞击、碰到火源、高温能引起激烈的爆炸。

实例：三硝基甲苯、硝化甘油、硝化纤维、苦味酸、雷汞等。

保管与使用时的注意事项：装瓶单独存放在安全处。使用时要避免摩擦、震动、撞击、接触火源。为避免造成有危险性的爆炸，实验中的用量要尽可能少些。

⑥ 强氧化剂

特性：与还原剂接触易发生爆炸。

实例：过氧化钠、过氧化钡、过硫酸盐、硝酸盐、高锰酸盐、重铬酸盐、氯酸盐等。

保管及使用时的注意事项：跟酸类、易燃物、还原剂分开，存放于阴凉通风处。使用时要注意其中切勿混入木屑、炭粉、金属粉、硫、硫化物、磷、油脂、塑料等易燃物。

⑦ 强腐蚀性物质

特性：对衣物、人体等有强腐蚀性。

实例：浓酸（包括有机酸中的甲酸、乙酸等）、固态强碱或浓碱溶液、液溴、苯酚等。

保管与使用时的注意事项：盛于带盖（塞）的玻璃或塑料容器中，存放在低温阴凉处。使用时勿接触衣服、皮肤，严防溅入眼睛中造成失明。

⑧ 毒品

特性：摄入人体造成致命的毒害。

实例：氰化钾、氰化钠等氰化物，三氧化二砷、硫化砷等砷化物，升汞及其他汞盐，汞和白磷等均为剧毒品，人体摄入极少量即能中毒致死。可溶性或酸溶性重金属盐以及苯胺、硝基苯等也为毒品。

保管与使用时的注意事项：剧毒品必须锁在固定的铁橱中，专人保管，购进和支用都要有明白无误的记录，一般毒品也要妥善保管。使用时要严防摄入和接触身体。

### (3) 化学品危险信息的代码

许多国家提供的化学品数据表含有标志某种“危险信息”的代码，比如R23、R45等。这些危险信息代码有以下意义。

R1　干燥时易爆。

R2　遇到震动、摩擦、火焰或者其他引燃物有爆炸危险。

R3　遇到震动、摩擦、火焰或者其他引燃物有极端爆炸危险。

R4　生成非常敏感的易爆炸金属化合物。

R5　加热会引起爆炸。

R6　接触空气或者未接触空气会爆炸。

R7　会导致起火。

R8　遇到易燃物会导致起火。

R9　与易燃物混合会爆炸。

R10　易燃。

R11　非常易燃。

R12　极端易燃。

R13　极端易燃的液化气体。

R14　遇水会猛烈反应。

R15　遇水会释放出极端易燃的气体。

R16　与氧化物质混合会爆炸。

R17　在空气中能够自燃。

R18　使用时可能生成易燃易爆的蒸气-空气混合物。

R19　可能生成易爆的过氧化物质。

R20　吸入有害。

R21　与皮肤接触有害。

R22　吞咽有害。

R23　吸入有毒。

R24　与皮肤接触有毒。

R25　吞咽有毒。

R26　吸入极毒。
R27　与皮肤接触极毒。
R28　吞咽极毒。
R29　遇水释放出有毒气体。
R30　使用时可能转化为高度易燃物质。
R31　与酸接触释放出有毒气体。
R32　与酸接触释放出毒性很高的气体。
R33　有累积作用的危险。
R34　会导致灼伤。
R35　会导致严重灼伤。
R36　刺激眼睛。
R37　刺激呼吸道。
R38　刺激皮肤。
R39　有非常严重的不可挽回的作用的危险。
R40　有限证据表明其致癌作用。
R41　有严重损伤眼睛的危险。
R42　吸入会产生过敏反应。
R43　皮肤接触会产生过敏反应。
R44　密封下加热有爆炸危险。
R45　可能致癌。
R46　可能引起遗传基因损害。
R47　可能引起生殖缺陷。
R48　长期接触有严重损害健康的危险。
R49　吸入会致癌。
R50　对水生生物极毒。
R51　对水生生物有毒。
R52　对水生生物有害。
R53　对水生环境有长期的有害作用。
R54　对植物有毒。
R55　对动物有毒。
R56　对土壤生物有毒。
R57　对蜜蜂有毒。
R58　对环境可能导致长期有害的作用。
R59　对臭氧层有危害。
R60　可能降低生殖能力。
R61　可能对未出生的婴儿导致伤害。
R62　有削弱生殖能力的危险。
R63　可能危害未出生婴儿。
R64　可能导致伤害哺乳期婴儿。
R65　若吞咽可能伤害肺部器官。

R66　反复接触可能导致皮肤干燥或皴裂。
R67　蒸气可能导致嗜睡和昏厥。
R68　可能有不可挽回的作用的危险。
R20/21：吸入及与皮肤接触有害。
R20/21/22：吸入、皮肤接触和不慎吞咽有害。
R20/22：吸入和不慎吞咽有害。
R21/22：皮肤接触和不慎吞咽有害。
R23/24/25：吸入、皮肤接触和不慎吞咽有毒。
R23/25：吸入和不慎吞咽有毒。
R26/27/28：吸入、皮肤接触和不慎吞咽极毒。
R26/28：吸入和不慎吞咽极毒。
R36/37：对眼睛和呼吸道有刺激作用。
R36/37/38：对眼睛、呼吸道和皮肤有刺激作用。
R36/38：对眼睛和皮肤有刺激作用。
R37/38：对呼吸道和皮肤有刺激作用。
R42/43：吸入和皮肤接触会导致过敏。
R48/22：长期接触或不慎吞咽会严重损害健康。
R50/53：对水生生物极毒，可能导致对水生环境的长期不良影响。
R51/53：对水生生物有毒，可能导致对水生环境的长期不良影响。
R52/53：对水生生物有害，可能导致对水生环境的长期不良影响。